仪器分析简明教程

丁 杰 主编
黄 靖 副主编

西南交通大学出版社
·成都·

图书在版编目（CIP）数据

仪器分析简明教程 / 丁杰主编. —成都：西南交通大学出版社，2014.10
ISBN 978-7-5643-3494-9

Ⅰ. ①仪… Ⅱ. ①丁… Ⅲ. ①仪器分析－高等学校－教材 Ⅳ. ①O657

中国版本图书馆 CIP 数据核字（2014）第 240499 号

仪器分析简明教程

丁 杰 主编

责任编辑	牛 君
封面设计	米迦设计工作室
出版发行	西南交通大学出版社 （四川省成都市金牛区交大路 146 号）
发行部电话	028-87600564 028-87600533
邮政编码	610031
网 址	http://www.xnjdcbs.com
印 刷	成都勤德印务有限公司
成品尺寸	185 mm × 260 mm
印 张	15.25
字 数	381 千字
版 次	2014 年 10 月第 1 版
印 次	2014 年 10 月第 1 次
书 号	ISBN 978-7-5643-3494-9
定 价	29.50 元

课件咨询电话：028-87600533
图书如有印装质量问题 本社负责退换

前　言

近年来，以高新技术为依托的医药行业发展迅猛，相关专业（制药工程、生物制药等）的办学规模发展较快。培养适应新世纪医药企业发展需要的高素质人才，是当前工程教育面临的重要课题。以“强实践，重创新，知识、素质、能力协调发展”为培养原则，以培养学生的实践、创新能力为目标，探索培养模式的多样化，满足培养医药行业应用型创新人才的需要。

“药物仪器分析”课程是制药工程等专业重要的专业基础课。国内相关仪器分析教材内容偏多，多在 50 万字以上，篇幅过大，闲置内容多，对总学时数 30 左右，且学生基础相对较差的地方普通理工类高校制药工程专业，针对性不强，既造成教师难教、学生难学的局面，又使学生的经济负担过重。为此，针对工科院校开设的少学时仪器分析课程，编写一部内容起点适当、结构紧凑、定位准确、针对性强的仪器分析教材对该课程教学质量的提高、学生自学能力和创新意识的培养是相当重要的，《仪器分析简明教程》正是在这样的背景条件下编写而成的。现代仪器分析方法的范围相当广泛，本教材编写中努力做到：

（1）突出实际应用。强调联系实际，突出应用，开阔学生视野，使学生的学习更主动，激发学生的求知欲望。

（2）注重能力和思维方法的培养。注意介绍知识的过程中有意识地强化对科学思维和创新能力的培养。例如，既讲“是什么”，也讲“为什么”和“怎么做”，使学生“会”提问，“会”思维，“会”解决，启发学生，增强其创新意识。

（3）充实和强化课前预习和课后训练。在每章（节）前编写较多的思考题，通过对这些问题的分析或讨论，让学生在课堂教学前对有关内容做到心中有数，提高其学习的主动性；同时减少一些简单的模仿性习题，增加一些联系实际、涉及面广、综合性强的题目，以引导学生举一反三；通过阅读参考书、查阅文献资料，深入探讨遇到的问题，从而提高学生解决问题的能力。

本教材由丁杰主编，负责全书的策划、编排、审订及最后的统稿工作，黄靖任副主编。全书共八章，第一至四章由丁杰编写；第五、六章由张英编写；第七、八章由黄靖编写。

本书在编写过程中，参考了国内外出版的一些优秀教材和专著，引用了其中某些数据和图表，在此向有关作者表示衷心的感谢。

本教材根据总学时 30～45 学时教学计划编写，加*号的部分为选讲内容，可根据需要灵活选择。本书可作为制药工程、生物制药、药学、化学、化工、生物工程、材料等专业及其他相关专业的教材或参考书，也可供社会读者阅读。

限于作者的学识和水平，书中错漏不妥之处在所难免，敬请广大师生在使用过程中提出批评指正。

编　者

2014 年 7 月

目　录

第一章　绪　论

【教学要求】

（1）了解仪器分析概况、特点及发展趋势。

（2）了解仪器性能的主要指标及应用。

（3）明确本课程性质、目的和学习要求。

【思　考】

（1）学习仪器分析有何重要性？

（2）仪器分析法有何特点？它的测定对象与化学分析方法有何不同？

（3）仪器分析主要有哪些分析方法？请用图或表的方式进行归纳。

一、仪器分析概况

分析化学是研究获得物质化学组成、结构信息、组分含量的分析方法及相关理论的一门学科，它是生命科学、环境科学、能源科学、材料科学和宇宙探测获取信息的重要手段。根据分析所依据的信息，可分为化学分析和仪器分析两类。

1. 化学分析

化学分析是以化学反应为基础建立的分析方法，利用化学反应及其计量关系来进行定性和定量分析，如“滴定”分析法和“重量”分析法。化学分析是分析化学的基础。

2. 仪器分析

仪器分析是基于物质的物理或物理化学性质建立的分析方法，通常是测量光、电、磁、热等物理量来得到分析结果。而测量这些物理量，一般要使用比较特殊的仪器，故称为“仪器分析”。仪器分析除了可用于定性和定量分析外，还可用于结构、状态、表面分析、微区和薄层分析等，是分析化学发展的方向。

化学分析是基础，试样的处理（分离、富集及干扰的掩蔽等）涉及化学分析；建立仪器分析测定方法过程中，要把分析结果与已知的标准法进行比较，而标准则常以化学分析法测定。随着科学技术的发展，化学分析方法也在逐步实现仪器化和自动化（如自动滴定）。

二、仪器分析分类

仪器分析包括的分析方法很多，每一种分析方法所依据的原理不同，所测量的物理量不同，操作过程及应用情况也不同。但某些方法具有共性（测量的信号相同等），仪器分析方法可分为若干类（表 1-1）。

表 1-1　仪器分析方法的分类

分类	被测对象性质	分析方法
光学分析法	辐射的发射	原子发射光谱、荧光光谱法等
	辐射的吸收	原子吸收、核磁共振、紫外、可见、红外分光光度法等
	辐射的折射	折射法、干涉法
	辐射的散射	拉曼光谱
	辐射的衍射	X 射线衍射、电子衍射等
电化学分析法	电位	电位分析法
	电导	电导分析法
	电流-电压	伏安法、极谱分析法
	电量	库仑分析法
色谱分析法	两相间分配	气相、液相、离子色谱法等
其他		质谱法、热重法、差热分析法等

1. 光学分析法

基于物质与电磁辐射相互作用（吸收、发射、散射、反射、折射、衍射、干涉和偏振等）而建立起来的分析方法，测量信号都是电磁辐射，通称为光学分析。基于光的吸收、发射、散射等作用，通过测量光谱的波长或强度进行分析，称为光谱法；按光信号谱区的不同，有紫外、可见、红外、X 射线、核磁共振等分析；根据光与物质相互作用方式，可分为吸收、发射、散射、衍射分析等。

2. 电化学分析

基于物质的电学或电化学性质而建立起来的分析方法，测量的物理量是电信号。

3. 色谱分析方法

基于物质在两相（流动相和固定相）的分配比 k 不同，当两相做相对运动时，由于各组分 k 存在差异，当它们随流动相流动时，流动速度不同，经过一段时间后达到分离，如纸色谱和薄层色谱。

4. 其他分析方法

如质谱法、热分析法等。

三、仪器性能主要指标及仪器分析的特点

在实际分析中，仪器性能指标对正确选用仪器是非常重要的。

（一）仪器性能主要指标

分析仪器种类多，检测原理不同，很难有完全统一的性能指标体系，本书仅进行一般性

描述。

分析仪器的主要性能指标包括灵敏度、噪音、检出限、线性范围、精度以及响应时间等，除响应时间是动态性能指标外，其余的都是静态性能指标。

1. 灵敏度 S

灵敏度指待测物质单位浓度的变化所引起的响应量（信号）变化的程度，它反映了仪器识别微小浓度或含量变化的能力。由于检测原理不同，灵敏度的表示方式也有所不同。

$$S = \frac{\mathrm{d}x}{\mathrm{d}c}$$

仪器分析通常测定的是微量、痕量组分，故要求仪器具有高灵敏度。

2. 信噪比 S/N

信号即仪器对被测物质的响应，理想的情况是仪器仅对待测组分有响应，但由于仪器本身的不足及干扰的存在，无待测组分时仪器也可能有响应，称为噪声，噪声增加了信号的不确定性。没有样品产生的信号，称为本底信号（仪器响应）；当样品中无待测组分时仪器所产生的信号称为空白信号（仪器和干扰响应）。通常用仪器输出信号与仪器噪声的比值来衡量仪器的性能好坏，称信噪比。仪器的信噪比越高表明它产生的干扰越少。

影响噪声的因素是多方面的，有外界干扰组分的贡献，有仪器本身元件材料和仪器的灵敏度大小的影响。在外界干扰相同时，提高仪器的灵敏度，往往噪音也会成比例增加，因此在调试仪器时，要兼顾这两方面的影响因素。

3. 最小检测量 LOD

最小检测量又称为检测限、检出限，指能被仪器检出的最小待测组分含量。检出限以浓度（或质量）表示，是指由特定的分析方法能够合理地检测出的最小分析信号对应的最低浓度或质量。

最小检测量这个指标在药物分析中很重要，是一种限度检验效能指标。在分析药物活性组分含量时，其含量往往是很低的，有时可达 10^{-9}～10^{-12} g，要求所用的分析仪器能测出其含量，即其最小检测量要足够小。

一般以信噪比 S/N=3（或 2）时的相应浓度或注入仪器的量确定 LOD 值。

4. 线性范围

线性是在给定范围内获取与样品中待测组分浓度呈正比关系的程度，就是待测组分浓度的变化与试验结果（或测得的响应信号）呈线性关系。线性范围是指输入与输出呈线性关系输入量的范围，就是精密度、准确度均符合要求的试验结果，呈线性的待测组分浓度变化范围，其最大量与最小量之间的间隔，可用 mg/L～mg/L、μg/mL～μg/mL 等表示。线性范围的确定可用统计学方法，计算回归方程来研究建立。

准确配制一系列待测组分标准浓度（应包括一定梯度的 5～8 个浓度）的溶液，以测得的响应值作为被测物浓度的函数作图，观察是否呈线性，再用最小二乘法进行线性回归。对于含量测定，一般要求浓度上限为样品最高浓度的 120%，下限为样品最低浓度的 80%，相关系数 r＞0.990 0

在实际应用中，线性范围至少有 2 个数量级，某些方法的应用浓度可达 5～6 个数量级。

5. 响应时间

响应时间指在样品含量发生变化以后输出信号随着发生变化的快慢程度。样品的浓度突然发生变化，仪器的指示就按反应曲线变化，反应最快，即响应时间最短。

6. 精密度

精密度指在规定的测试条件下，同一个均匀供试品，用该仪器多次测定所得结果之间接近的程度。它反映了仪器的稳定性，外界环境波动对仪器本身的影响程度。

（二）仪器分析的特点

1. 优　点

（1）灵敏度高，比化学分析法高得多。如原子吸收可达 10^{-9}（火焰法）和 10^{-12}（石墨炉法），因此，特别适用于微量及痕量成分的分析，这对于超纯物质的分析、环境监测以及生命科学研究具有重要意义。如电子工业中用的半导体材料单晶硅，要求 $w(\mathrm{Si})>99.999\,999\%$，而在剩余的 0.000 001%的杂质中要求要检测出 20 余种杂质元素的含量。这样高的要求，化学分析法根本无法实现，只能借助于仪器分析方法实现。

（2）易于实现自动化，操作简便。被测组分的浓度变化或物理性质变化能转变成某种电学参数（如电阻、电导、电位、电流等），易于连接计算机，实现自动化。计算机技术的普及和应用，使分析速度大大加快。仪器分析方法的分析速度一般较快，往往试样经预处理后，数十秒至几分钟即可得到分析结果。

（3）选择性好，适应复杂物质的分析。一般来说，仪器分析比化学分析法的选择性好得多。如化学分析中的 EDTA 配位滴定，干扰因素多，选择性较差。

（4）取样量少，可用于无损分析。如 X 射线荧光法，可在不损坏样品的情况下进行分析，这对考古、文物分析、生命科学有重要意义。

（5）用途广、能适应各种分析要求。除可用于定性、定量分析外，还可以用于结构分析、价态分析、状态分析、微区和薄层分析，还可以测定有关的物理化学常数。

2. 局限性

（1）相对误差较大，准确度不高，一般不适合常量和高含量组分的分析。

（2）仪器分析方法大多都是相对的分析方法，一般要用标准溶液来对照，而标准溶液需要用化学分析方法来标定。

（3）仪器设备复杂，价格昂贵。

（4）专业化要求，对使用及维护者的要求较高。

（三）发展趋势

现代科学的进步和工业生产的发展，不仅对分析化学在提高准确度、灵敏度和分析速度等方面提出更高的要求，而且还不断提出更多的新课题、新任务，要求分析化学能提供更多、更复杂的信息。包括从常量分析到超微量分析；从整体成分分析到微区分析，表面、区域分析；从成分分析到结构分析、状态分析；从静态分析到快速化学反应的跟踪等。对近代分析化学的这些新任务和新要求，仪器分析有很大的适应性和发展潜力。因此，仪器分析已成为近代分析化学的发展方向。其发展趋势概括起来有以下几个特点：

（1）计算机化。将计算机技术与分析仪器结合，实现分析仪器的自动化，是仪器分析的一个非常重要的发展趋势。在分析工作者的指令控制下，计算机不仅能处理分析结果，而且还可以优化操作条件、控制完成整个分析过程，包括进行数据采集、处理、计算等。现在，由于计算机性价比的大幅度提高，随着硬件和软件的发展，分析仪器将更为智能化、高效、多用途。因此，计算机技术对仪器分析的发展影响极大，已成为现代分析仪器一个不可分割的部件。

（2）联用技术：把几种不同的分析方法联合起来使用。试样的复杂性、测量难度、要求信息量及响应速度在不断提高，这就需要将几种方法结合起来，组成联用分析技术，可以取长补短，起到方法间的协同作用，从而提高方法的灵敏度、准确度及对复杂混合物的分辨能力，同时还可获得两种手段各自单独使用时所不具备的某些功能，所以联用分析技术是仪器分析方法的主要方向之一。例如，将分离方法（GC、HPLC）与鉴定方法（MS、IR）结合起来。

（3）现代科学技术相互交叉、渗透，各种新技术的引入、应用等，使仪器分析不断开拓新领域、创立新方法。如电感耦合等离子体发射光谱、傅立叶变换红外光谱、傅立叶变换核磁共振波谱、激光拉曼光谱、激光光声光谱等。

从仪器分析的特点看，它与化学分析相比有许多优点，但仪器分析和化学分析是相辅相成的。化学分析是分析化学的基础，仪器分析是分析化学的主干。一般情况下，精密仪器较昂贵，需要较好的工作环境，在安装调试和维护保养等方面花费也大，因此仪器分析的普遍推广受到了一定的限制。仪器分析在测量前一般要进行预处理，其中主要是化学分析步骤，如试样的溶解，共存组分的掩蔽、分离等；另外，仪器分析中需要纯试剂作为标准进行对照分析，这些化学品的准确含量常用化学分析来确定。所以，仪器分析虽有其优越性，但在实际分析试样时仍离不开化学分析手段。

如何在化学分析的基础上发挥仪器分析的独特性能，在解决实际问题时，应根据具体情况，参照各种方法的特点，选择适宜的分析方法。

（四）仪器分析技术在医药领域中的应用

当今全球竞争已从政治转向经济，实际上就是科技竞争，整个社会要长期发展须考虑人类社会的五大危机：资源、能源、人口、粮食和环境。这些问题的解决都与分析化学特别是仪器分析密切相关，仪器分析在工业、农业生产、科学技术和保障人民健康等领域发挥了重要作用，下面主要叙述仪器分析在医药领域中的作用。

仪器分析是从事药物研究和应用的重要工具和手段。在新药研究、药物分析、临床检验、病因研究等方面应用广泛。

药物的报批，需提交有关生产工艺、药效、药理、毒性的资料，还需提供涉及分析化学特别是仪器分析的多种资料：确定化学结构或组成的试验资料、质量研究工作的资料、稳定性研究试验资料、临床研究用样品及其检验报告书、药代动力学试验资料等。

药物分析包括药物控制、新药研制、临床药学、毒理分析、兴奋剂检测和中草药检验等。可以说，没有药物分析的同步发展，就谈不上药学领域其他学科的突飞猛进。因此，在信息时代来临的今天，中国药学事业若要有长足的发展，就必须在药物分析领域紧紧跟上发展步伐，争取带动和促进相关学科的巨变。

中药化学成分十分复杂，有效成分难于确定，与合成药相比，中药材及其制剂的质量控制和安全性评价，就更为复杂和困难。随着仪器分析方法的推广和使用，在我国广大药物分析工作者的努力下，近年来逐步建立起现代中药质量标准体系。《中国药典》（2010 年版）中现代分析技术得到了进一步扩大应用，收载药材及饮片、提取物、成方制剂和单味制剂 4567 种中有 1138 个品种项的含量测定采用高效液相色谱法（HPLC），15 个品种项的含量测定采用薄层色谱法（TLC），40 个品种项的含量测定采用气相色谱法（GC），25 个品种项的含量测定采用紫外-可见分光光度法（UV-Vis）。此外，这些方法还广泛地应用于原料和制剂的鉴别和检查等，如 UV 主要用于药物制剂的含量测定、均匀度或溶出度检查，为《中国药典》仪器分析方法中应用频率最高的一种方法。红外光谱法（IR）则是有机原料药最有效的鉴别方法，可进行有机结构的“指纹”分析，新版药典有 580 个品种用 IR 鉴别。

药物的质量好坏，最终要靠临床效果判定。药物的药理作用强度取决于血药浓度而不完全取决于剂量，血药浓度应控制在一定范围内，该范围称为有效血药浓度（治疗浓度）。由于进入血液中的药物浓度很低，波动范围很大，血液样品又不能大量采集，再加上血液成分复杂，药物要降解，还可能和血液成分结合等，所以血液中药物成分的分析成为仪器分析研究中的一大难题。近年来，HPLC-MS 等方法的成熟和应用，才使得血药浓度的检测成为可能。

医学检验是医学的一个重要分支，它所涉及的范围相当广泛。医学各专业为了获得自身所需要的信息，发展了各专业的医学检验。为了病人的诊断、治疗、预后而发展了临床医学检验，其中包括临床血液学检验、临床细菌学检验、临床免疫学检验、临床化学检验等。后者检验的项目有蛋白质、氨基酸、酶、糖类、激素、pH 和血气等，这些检测项都与生物化学有关，所以也称临床生物化学分析，分析上述各检测项所采用的都是仪器分析方法。在基础医学的各个领域中，都发展了相应的分析检验，如药物分析、毒物分析、卫生学检验、免疫学校验、预防医学检验等，在这些范畴，也不同程度地使用仪器分析方法。

与医学紧密相关的生命科学研究已经兴起，并取得了迅速发展。它所提出的新课题目前集中在多肽、蛋白质、核酸等生物大分子的分析上；还包括生物药品分析、超痕量生物活性物质的分析，如单细胞内神经传递物质多巴胺的分析、活体分析等（生物传感器微电极技术的应用）。在生物无机分析领域中，痕量元素分析已深入研究元素在生物组织层、单细胞（甚至细胞膜中）、人体蛋白质碎片内的微分布及蛋白质结合形式等（离子选择性电极的应用）。由此可见，仪器分析和医学检验之间的关系非常密切，它在医学检验中占有重要位置。

仪器分析是一门实验技术性很强的课程，想要有效地利用仪器分析法来获得所需要的信息，就必须经过严格的实验训练，包括实验方案的设计、实验操作和技能、实验数据的处理和谱图解析以及实验结果的表述等。

第二章　色谱分析法

【教学要求】

（1）了解色谱法的分类。

（2）掌握色谱分析的基本原理。

（3）理解柱效率的物理意义及其计算方法。

（4）理解速率理论方程对色谱分离的指导意义。

（5）掌握分离度的计算及影响分离度的重要色谱参数。

【思　考】

（1）色谱法作为分析方法的最大特点是什么？

（2）色谱定性的主要方法有哪些？

（3）色谱定量常用哪几种方法？简述它们的主要优缺点。

（4）气相色谱仪一般由哪几部分组成，各有什么作用？

（5）试述热导、氢火焰离子化检测器的基本原理，它们各有什么特点？

（6）对载体和固定液的要求分别是什么？如何选择固定液？

（7）液相色谱仪的组成有哪些？从仪器构造、分离原理及应用范围等方面比较气相色谱与液相色谱的异同。

（8）什么叫梯度洗脱？液相色谱中，提高柱效的途径有哪些？

（9）选择流动相和检测器时应注意什么？

【内容提要】

在科研工作中，凡涉及复杂物质分析的领域都离不开分离分析技术，分离分析技术已经发展成分析化学中的一个重要组成部分。色谱法是一门发展迅速、涉及物理和物理化学的现代分离、分析技术，是各种分离分析技术中效率最高和应用最广的一种方法，广泛应用于医药、食品、环境监测等领域。色谱分析将分离和测定过程合二为一，降低了混合物分析难度，缩短了分析的周期，是主流的分析方法。它利用被分离的诸物质在互不相溶的两相中分配系数的微小差异进行分离。当两相作相对移动时，使被检测物质在两相之间进行反复多次分配，使原来微小的差异累加产生很大的效果，形成差速迁移，使各组分在柱内移动的同时逐渐分离，以达到分离、分析及测定一些物理化学常数的目的。在《中华人民共和国药典》中，共有超过 600 种化学合成药和超过 1 000 种中药的质量控制应用了色谱的方法。

本章着重介绍气相色谱和高效液相色谱分析。

第一节　色谱法概述及理论基础

色谱法最早是由俄国植物学家茨维特（Tswett）于 20 世纪初提出来的。他在研究植物叶子的色素成分时，将植物叶子的萃取物倒入填有碳酸钙的直立玻璃管内，然后加入石油醚，使其自由流下，结果色素中各组分互相分离，形成各种不同颜色的色谱带，因此得名为色谱法。以后，此法逐渐应用于无色物质的分离，“色谱”二字虽已失去原来的含义，但仍沿用至今。色谱法真正作为一种分析方法，是从 20 世纪 50 年代开始的，1952 年，英国科学家 A. J. P. Martin 和 R. L. M. Synge 因开创了气液分配色谱法而获得了 Nobel 化学奖。今天，色谱法作为一种分离技术，以其具有高分离效能、分析速度较快等特点而成为现代仪器分析方法中应用广泛的一种方法。它的分离原理是，使混合物中各组分在两相间进行分配，其中一相是不动的，称为固定相（如上例中的 $CaCO_3$），另一相是携带混合物流过此固定相的流体，称为流动相（如上例中的石油醚）。

一、色谱法分类

色谱法有多种类型，从不同的角度可以有不同的分类法。

1. 按流动相和固定相的物理状态分类

按流动相的物态，色谱法可分为气相色谱法（流动相为气体）和液相色谱法（流动相为液体）；

再按固定相的物态，又可分为气固色谱法（固定相为固体吸附剂）、气液色谱法（固定相为涂在固体担体上或毛细管壁上的液体）、液固色谱法和液液色谱法等。

2. 按固定相使用的形式分类

（1）柱色谱法：固定相装在色谱柱中。

（2）纸色谱法：滤纸为固定相。

（3）薄层色谱法：将吸附剂粉末制成薄层作固定相等。

3. 按分离过程的机制分类

（1）吸附色谱法：利用吸附剂表面对不同组分的物理吸附性能的差异进行分离。

（2）分配色谱法：利用不同组分在两相中有不同的分配系数来进行分离。

（3）离子交换色谱法：利用离子交换原理。

（4）排阻色谱法：利用多孔性物质对不同大小分子的排阻作用等进行分离。

二、色谱法的特点

色谱法与其他分析方法相比，以其高超的分离能力为特点，分离效率远远高于其他分离技术，如蒸馏、萃取、离心等方法，同时能在分析过程中分离出纯物质，并测定该物质的含量。

1. 优　点

（1）分离效率高。色谱法能很好地分离性质相近的混合物，如同系物、同分异构体，甚至同位素。

（2）应用范围广。几乎可用于所有化合物的分离和测定，无论是有机物、无机物、低分子或高分子化合物，甚至有生物活性的生物大分子也可以进行分离检测。

（3）高分析效率。一般在几分钟到几十分钟就可以完成一次复杂样品的分离和分析。气相色谱在 12 min 就可完成含有 12 个组分的混合物的分离分析，高效液相色谱在 15～20 min 即可完成对血浆蛋白质等的分离分析工作，毛细管色谱柱一次可完成含有 100 多个组分的烃类混合物的分离分析工作。

（4）样品用量少。属微量分析，用极少的样品就可以完成一次分离和测定。

（5）分离和测定同时完成，可以和多种波谱分析仪器联用。

（6）易于自动化，可在线检测。

2. 局限性

（1）在定量分析中需要标准品。

（2）色谱过程本身定性较弱，不能解决物质的结构问题，需要对照品或其他检测方法支持。

（3）色谱系统维护要求高，特别是液相色谱。

三、色谱术语

1. 色谱流出曲线——色谱图

样品被流动相带入色谱柱，经色谱柱分离后，样品中各组分随流动相依次进入检测器，检测器将组分的浓度（或质量）变化转化为电信号，电信号经放大后，由记录仪记录下来，称为色谱流出曲线，即色谱图（图 2-1）。

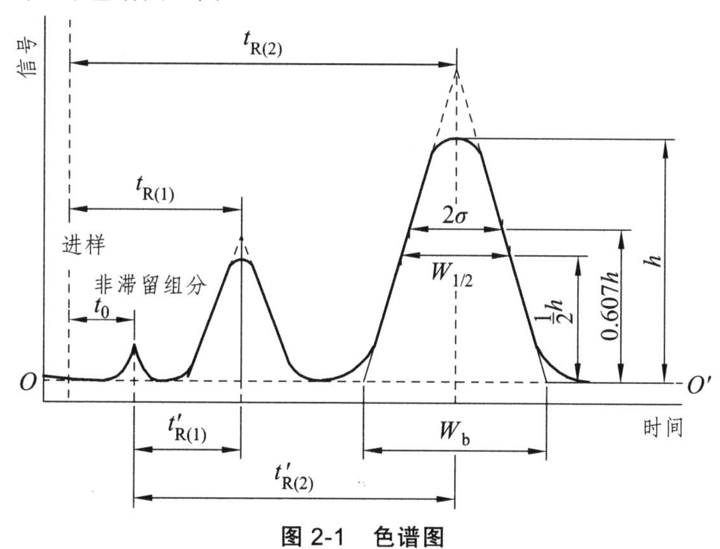

图 2-1　色谱图

2. 基　线

当色谱柱后没有组分进入检测器时，在实验操作条件下，反映检测器系统噪声随时间变化的线称为基线，稳定的基线是一条直线（图 2-1 中 O-O'）。

（1）基线漂移——指基线随时间定向地缓慢变化。

（2）基线噪声——指由各种因素所引起的基线起伏。

3. 保留值

表示试样中各组分在色谱柱中滞留时间的数值。通常用时间或将组分带出色谱柱所需流动相的体积来表示。在一定的固定相和操作条件下，任何一种物质都有一确定的保留值，所以，可将其作为定性的依据。

（1）死时间 t_0：指不被固定相吸附或溶解的组分（如空气）从进样开始到柱后出现浓度最大值时所需的时间。显然，它反映了流动相流过色谱系统所需的时间，也可称为流动相保留时间，正比于色谱柱的空隙体积。

（2）保留时间 t_R：指被测组分从进样开始到柱后出现浓度最大值时所需的时间。

（3）调整保留时间 t'_R：指扣除死时间后的保留时间，即

$$t'_R = t_R - t_0$$

它表示某组分因溶解或吸附于固定相，比不被固定相作用的组分在色谱柱中多停留的时间，即组分在色谱柱中的滞留时间。

（4）死体积 V_0：指色谱柱在填充后固定相颗粒间所留的空间、色谱仪中管路和连接头间的空间以及检测器的空间的总和。

$$V_0 = t_R \times F_0$$

式中　F_0——流动相的体积流量（流速）。

（5）保留体积 V_R：指从进样开始到柱后被测组分出现浓度最大值时所通过的流动相体积，即

$$V_R = t_R \times F_0$$

（6）调整保留体积 V'_R：指扣除死体积后的保留体积，即

$$V'_R = t'_R \times F_0 \quad 或 \quad V'_R = V_R - V_0$$

同样，V'_R 与流动相流速无关，死体积 V_0 反映了柱和仪器系统的几何特性，它与被测物的性质无关，故保留体积值中扣除死体积后将更合理地反映被测组分的保留特性。

4. 区域宽度

色谱峰区域宽度是色谱流出曲线中一个重要的参数。从色谱分离角度着眼，希望区域宽度越窄越好。通常表征色谱峰区域宽度有三种方式：

（1）标准偏差 σ：即 0.607 倍峰高处色谱峰宽度的一半。

（2）半峰宽度 $W_{1/2}$：又称半宽度或区域宽度，即峰高为一半处的宽度，它与标准偏差的关系为

$$W_{1/2} = 2\sigma\sqrt{2\ln 2} = 2.35\sigma$$

（3）峰底宽度 W_b：自色谱峰两侧的转折点所作切线在基线上的距离。

$$W_b = 4\sigma$$

5. 峰面积 A

即峰与峰底之间的面积，色谱峰的面积可由色谱系统中的微机处理得到，峰面积是定量分析的依据。

从色谱流出曲线中，可得到许多重要信息：

（1）根据色谱峰的个数，可以判断样品中所含组分的最少个数；

（2）根据色谱峰的保留值，可以进行定性分析；

（3）根据色谱峰的面积或峰高，可以进行定量分析；

（4）色谱峰的保留值及其区域宽度，是评价色谱柱分离效能的依据；

（5）色谱峰两峰间的距离，是评价固定相（或流动相）选择是否合适的依据。

四、色谱分离效能表征——分离效能指标

色谱分析的目的是将样品中各组分彼此分离。组分要达到良好的分离，两峰间的距离必须足够远；但是两峰间虽有一定距离，如果每个峰都很宽，以致彼此重叠，还是不能分开。两峰间的距离是由组分在两相间的分配系数决定的，即与色谱过程的热力学性质有关，峰的宽或窄是由组分在色谱柱中传质和扩散行为决定的，即与色谱过程中的动力学性质有关。常用选择性、分配比、分离度等来表征色谱柱分离效能。

1. 相对保留值 r_{21}

指某组分 2 的调整保留值与另一组分 1 的调整保留值之比，也称选择因子。

$$r_{21}=\frac{t'_{R(2)}}{t'_{R(1)}}=\frac{V'_{R(2)}}{V'_{R(1)}}$$

r_{21} 值越大，相邻两组分的 t'_R 相差越大，分离得越好，$r_{21}=1$时，两组分不能被分离。

对确定的色谱系统，温度不变，两组分的相对保留值为常数，仅与柱温、固定相性质有关，与其他色谱条件（长短粗细等）无关，所以 r_{21} 表示了固定相对不同组分的选择性，是较理想的定性指标，也可作为色谱柱分离选择性指标。

2. 分配系数和分配比

（1）分配系数 K：一定温度下两相达平衡后，组分在固定相和流动相浓度的比值

$$K=\frac{\text{组分在固定相中的浓度}}{\text{组分在流动相中的浓度}}=\frac{C_s}{C_M}$$

一定温度下，各物质在两相之间的分配系数是不同的。色谱分离原理是基于不同物质在两相间具有不同的分配系数，两相作相对运动时，试样中的各组分就在两相间进行反复多次的分配，使原来分配系数只有微小差异的各组分产生很大的分离效果，从而使各组分彼此分离开来。

【思考】K 与流出顺序的关系是什么？

（2）分配比 k（容量因子）：一定温度下两相达平衡后，组分在固定相和流动相中的质量比。

$$k=\frac{m_s}{m_M}$$

k 值越大，说明组分在固定相中的量越多，相当于柱的容量越大，因此 k 又称分配容量或容量因子。它是衡量色谱柱对被分离组分保留能力的重要参数。k 值由组分及固定相的热力学性质决定，它不仅随柱温、柱压变化而变化，而且还与流动相及固定相的体积有关。

（3）相比 β：色谱柱中流动相与固定相体积的比值。

$$\beta = \frac{V_M}{V_s}$$

（4）分配系数 K 与分配比 k 的关系

$$K = \frac{C_s}{C_M} = \frac{m_s / V_s}{m_M / V_M} = k\frac{V_M}{V_s} = k\beta$$

由此可见：

① 分配系数是组分在两相中浓度之比，分配比则是组分在两相中分配总量之比。它们都与组分及固定相的热力学性质有关，并随柱温、柱压的变化而变化。

② 分配系数只决定于组分和两相性质，与两相体积无关。分配比不仅决定于组分和两相性质，且与相比有关，即组分的分配比随固定相的量而改变。

③ 对于一给定色谱体系，组分的分离最终决定于组分在每相中的相对量，而不是相对浓度，因此分配比是衡量色谱柱对组分保留能力的参数。

（5）容量因子 k 与保留值的关系：

色谱过程是物质在相对运动的两相间平衡分配的过程，设流动相在柱内的线速度为 u、组分在柱内线速度为 u_s，由于固定相对组分有保留作用，所以 $u_s<u$，两速率之比称为滞留因子 Rs，Rs 越小，说明固定相对组分的保留作用越大。

$$Rs = \frac{u_s}{u}$$

当组分和流动相通过长度为 L 的色谱柱，其所需时间分别为

$$t_R = \frac{L}{u_s}$$

$$t_0 = \frac{L}{u}$$

$$Rs = \frac{u_s}{u} = \frac{t_0}{t_R}$$

当达到动态平衡，组分在流动相中出现的概率，即为滞留因子 Rs。组分在流动相中出现的概率（即组分在流动相中的量）越小，滞留因子越小，则在固定相中出现的概率（$1-Rs$）就越大，固定相对组分的保留作用越大。组分在流动相和固定相中的量分别为 $C_M \times V_M$ 和 $C_s \times V_s$，因此有

$$\frac{1-Rs}{Rs} = \frac{C_s}{C_M}\frac{V_s}{V_M} = k$$

$$Rs = \frac{1}{1+k}$$

整理得

$$Rs = \frac{t_0}{t_R} = \frac{1}{1+k}$$

$$t_R = t_0(1+k)$$

$$k = \frac{t_R - t_0}{t_0} = \frac{t_R'}{t_0}$$

所以，分配比 k 值可直接从色谱图得到。

【例 2.1】 一根 2 m 长的 2 色谱柱上，A、B 两个组分的保留时间分别为 3.20 min、4.20 min，峰分别为 0.45 min 和 0.65 min，非滞留组分的保留时间为 1.00 min。求：

（1）A、B 组分的调整保留时间；

（2）A 与 B 的相对保留时间；

（3）A、B 组分的容量因子。

解：（1）
$$t'_{\mathrm{R}} = t_{\mathrm{R}} - t_0$$
$$t'_{\mathrm{R(A)}} = 3.20 - 1.00 = 2.20\ (\mathrm{min})$$
$$t'_{\mathrm{R(B)}} = 4.20 - 1.00 = 3.20\ (\mathrm{min})$$

（2）
$$r_{21} = \frac{t'_{\mathrm{R(B)}}}{t'_{\mathrm{R(A)}}} = \frac{3.20}{2.20} = 1.45$$

（3）
$$k = \frac{t'_{\mathrm{R}}}{t_0}$$
$$k_{\mathrm{A}} = \frac{t'_{\mathrm{R}}}{t_0} = \frac{2.20}{1.00} = 2.20$$
$$k_{\mathrm{B}} = \frac{t'_{\mathrm{R}}}{t_0} = \frac{3.20}{1.00} = 3.20$$

3. 分离度 R

分离度指相邻两个组分峰的分离程度。两个组分怎样才算达到完全分离？首先是两组分的色谱峰之间的距离必须相差足够大；此外，若两峰间仅有一定距离，而每一个峰都很宽，致使彼此重叠，则两组分仍无法完全分离，所以峰必须窄。只有同时满足这两个条件，两组分才能完全分离。

为判断相邻两组分在色谱柱中的分离情况，可用分离度 R 作为色谱柱的分离效能指标。定义为相邻两组分色谱峰保留值之差与两个组分色谱峰峰底宽度总和的一半之比值：
$$R = \frac{2(t_{\mathrm{R2}} - t_{\mathrm{R1}})}{(W_{\mathrm{b1}} + W_{\mathrm{b2}})}$$

或
$$R' = \frac{2(t_{\mathrm{R2}} - t_{\mathrm{R1}})}{(W_{1/2(1)} + W_{1/2(2)})}$$
$$R = 0.59R'$$

R 值越大，就意味着相邻两组分分离得越好。两色谱峰保留值之差主要反映固定相对两组分的热力学性质的差别，色谱峰的宽窄则反映色谱过程的动力学因素、柱效能高低。因此，分离度是柱效能、选择性影响因素的总和，故可用其作为色谱柱的总分离效能指标。

从理论上可以证明，若峰形对称且满足于正态分布，则当 R=1 时，分离程度可达 98%；当 R=1.5 时，分离程度可达 99.7%。因而可用 R=1.5 来作为相邻两峰已完全分开的标志。

【例 2.2】 计算例 2.1 中两组分的分离度 R。

解：
$$R = \frac{2(t_{\mathrm{R2}} - t_{\mathrm{R1}})}{(W_{\mathrm{b1}} + W_{\mathrm{b2}})}$$

$$R=\frac{2(4.20-3.20)}{(0.45+0.65)}=1.82$$

分离程度超过 99.7%。

五、色谱分离基本理论

【问题】色谱峰是如何形成的？如何解释色谱流出曲线呈正态分布？在什么条件下，试样中各组分能彼此分离？影响分离效果的因素有哪些？如何选择合适的分离条件？这些都是分析工作者必须搞清楚的问题，也是色谱基本理论要回答的。

色谱峰之间的距离取决于组分在固定相和流动相之间的分配系数，即与色谱过程的热力学因素有关，可以用塔板理论来描述；色谱峰的宽度则与组分在柱中的扩散和运行速度有关，即所谓的动力学因素有关，需要用速率理论来描述。

（一）塔板理论

最早由 Martin 等人提出的塔板理论将一根色谱柱当作一个由许多塔板组成的精馏塔，用塔板概念来描述组分在两相间的分配行为。塔板是从精馏中借用的，是一种半经验理论，它成功地解释了色谱流出曲线呈正态分布。

把色谱柱看作是由许多假想的塔板组成（即色谱柱可分为许多个小段），在每一小段（塔板）内，组分在两相之间达成一次分配平衡，然后随流动相向前转移，遇到新的固定相再次达成分配平衡，依此类推。由于流动相在不停地移动，组分在这些塔板间就不断达成分配平衡，最后 K 大的组分与 K 小的组分彼此分离。

1. 塔板理论假定

（1）色谱柱中的每一个小段长度 H 内，组分可以迅速在两相间达到分配平衡，这一小段称为理论塔板（实际在柱内并不存在），其长度称为理论塔板高度，简称板高，用 H 表示。

（2）流动相以脉冲式（间歇式）流过色谱柱，每次通过一个塔板体积（流动相）。

（3）样品开始时都加在第 1 块塔板上，且组分沿色谱柱纵向扩散忽略不计。

（4）组分的分配系数在各塔板上是常数。

设色谱柱由 5 块塔板（n=5）组成，n 为柱子的理论塔板数，并以 r 表示塔板编号，$r=0,1,2,\cdots,n-1$。为方便计算处理，设某组分的分配比 k=1，则根据上述假定，色谱分离过程中该组分的分布计算如下：

若开始时组分为单位质量，即 m =1（1 mg 或 1 μg），该组分加到第 0 号塔板上，分配达平衡后，由于 k =1，即 $m_s=m_M$，故 $m_s=m_M=0.5$。

当一个板体积（1 ΔV）的流动相以脉动形式进入 0 号板时，就将 0 号板含有部分组分的流动相 m_M 顶到 1 号板上，此时 0 号板固定相中 m_s 部分组分及 1 号板流动相中的 m_M 部分组分将各自在两相间重新分配，故 0 号板上所含组分总量为 0.5，其中气液两相各为 0.25；而 1 号板上所含总量同样为 0.5，气液两相也各为 0.25。

以后每当一个新的板体积载气以脉动式进入色谱柱时，上述过程就重复一次，如表 2-1

所示。

表 2-1　k=1 的组分在 n=5 的色谱柱各塔板内的分配情况

流动相板体积数 \ 塔板数		0	1	2	3	4	出口
1 ΔV	流动相		0.500 0				
	固定相	0.500 0					
2 ΔV	流动相		0.250 0	0.250 0			
	固定相	0.250 0	0.250 0				
3 ΔV	流动相		0.125 0	0.250 0	0.125 0		
	固定相	0.125 0	0.250 0	0.125 0			
4 ΔV	流动相		0.062 5	0.187 5	0.187 5	0.062 5	
	固定相	0.062 5	0.187 5	0.187 5	0.062 5		
5 ΔV	流动相		0.031 3	0.125 0	0.187 5	0.125 0	0.031 3
	固定相	0.031 3	0.125 0	0.187 5	0.125 0	0.031 3	
6 ΔV	流动相		0.015 6	0.078 1	0.156 3	0.156 3	0.078 1
	固定相	0.015 6	0.078 1	0.156 3	0.156 3	0.078 1	
7 ΔV	流动相		0.007 8	0.046 9	0.117 2	0.156 3	0.117 2
	固定相	0.007 8	0.046 9	0.117 2	0.156 3	0.117 2	
8 ΔV	流动相		0.003 9	0.027 3	0.082 0	0.136 7	0.136 7
	固定相	0.003 9	0.027 3	0.082 0	0.136 7	0.136 7	
9 ΔV	流动相		0.002 0	0.015 6	0.054 7	0.109 4	0.136 7
	固定相	0.002 0	0.015 6	0.054 7	0.109 4	0.136 7	
10 ΔV	流动相		0.001 0	0.008 8	0.035 2	0.082 0	0.123 0
	固定相	0.001 0	0.008 8	0.035 2	0.082 0	0.123 0	
11 ΔV	流动相		0.000 5	0.004 9	0.022 0	0.058 6	0.102 5
	固定相	0.000 5	0.004 9	0.022 0	0.058 6	0.102 5	
12 ΔV	流动相		0.000 2	0.002 7	0.013 4	0.040 3	0.080 6
	固定相	0.000 2	0.002 7	0.013 4	0.040 3	0.080 6	
13 ΔV	流动相		0.000 1	0.001 5	0.008 1	0.026 9	0.060 4
	固定相	0.000 1	0.001 5	0.008 1	0.026 9	0.060 4	
14 ΔV	流动相		0.000 1	0.000 8	0.004 8	0.017 5	0.043 6
	固定相	0.000 1	0.000 8	0.004 8	0.017 5	0.043 6	

当第 5 个板体积的流动相进入后，组分开始流出色谱柱。柱出口处组分的浓度可由检测器检测。当通入了第 10、11 个板体积的流动相，柱出口组分浓度达到最大，随后减小。18 个板体积的流动相后，所给出的色谱流出曲线如图 2-2 所示，流出曲线呈峰形但不对称。色谱峰不对称是因为柱的塔板数太少。当理论塔板数（n）很大时，色谱峰趋于正态分布，流出曲线可用数学的正态分布方程描述。

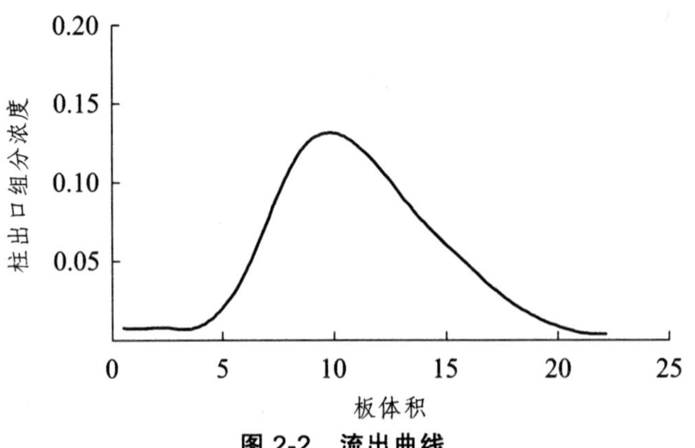

图 2-2　流出曲线

对于多组分试样，只要各组分的 k 或 K 值不同，则各色谱峰在流出曲线上的位置也不相同，当柱的塔板数 n（分配平衡的次数）足够多时（$>10^3$ 次），就可使各峰获得良好的分离。

2. 理论塔板数 n 和板高 H 的计算（结论性）

由塔板理论可导出 n 与色谱峰半峰宽度或峰底宽度的关系：

$$n = 5.54(\frac{t_R}{W_{1/2}})^2$$

或

$$n = 16(\frac{t_R}{W_b})^2$$

若色谱柱长为 L，则理论板高 H 为

$$H = \frac{L}{n}$$

可见，色谱峰越窄，理论塔板数 n 越多，塔板高度 H 就越小，柱效能越高，因而 n 或 H 可作为描述柱效能的一个指标。

【例 2.3】　用高效液相色谱法分析甲、乙两个组分，色谱柱长 150 mm，测得死时间为 0.50 min，甲组分的保留时间为 5.50 min，半峰宽为 0.20 min；乙组分的保留时间为 6.50 min，半峰宽为 0.24 min。计算色谱柱对甲、乙两组分的选择因子、理论塔板数 n、板高 H 及分离度 R。

解：

$$r_{21} = \frac{t'_{R(B)}}{t'_{R(A)}} = \frac{6.50-0.50}{5.50-0.50} = 1.20$$

$$n_1 = 5.54(\frac{t_R}{W_{1/2}})^2 = 5.54(\frac{5.50}{0.20})^2 = 4\,190$$

$$n_2 = 5.54(\frac{t_R}{W_{1/2}})^2 = 5.54(\frac{6.50}{0.24})^2 = 4\,064$$

$$H_1 = \frac{L}{n} = \frac{150}{4\,190} = 0.036 \ (\text{mm/块})$$

$$H_2 = \frac{L}{n} = \frac{150}{4\,064} = 0.037 \ (\text{mm/块})$$

$$R' = \frac{2(t_{R2}-t_{R1})}{(W_{1/2(1)}+W_{1/2(2)})} = \frac{2(6.50-5.50)}{(0.20+0.24)} = 4.54$$

$$R = 0.59R' = 4.54\times0.59 = 2.68$$

3. 有效塔板数 $n_{有效}$ 和有效塔板高度 $H_{有效}$

由于死时间 t_0（或死体积 V_0）的存在，组分在这段时间并不参与柱内分配，与分离无关，所以，理论塔板数 n 和理论塔板高度 H 并不能真实反映色谱分离的好坏。为此提出了扣除 t_0 的有效塔板数 $n_{有效}$（effective plate number）和有效塔板高度 $H_{有效}$（effective plate height）作为柱效能指标。其计算式为

$$n_{有效} = 5.54(\frac{t'_R}{W_{1/2}})^2 = 16(\frac{t'_R}{W_b})^2$$

$$H_{有效} = \frac{L}{n_{有效}}$$

【例 2.4】 计算例 2.3 中的有效塔板数 $n_{有效}$ 和有效塔板高度 $H_{有效}$。

解：

$$n_{有效1} = 5.54(\frac{t'_{R1}}{W_{1/2}})^2 = 5.54(\frac{5.50-0.50}{0.20})^2 = 3\,462$$

$$n_{有效2} = 5.54(\frac{t'_{R2}}{W_{1/2}})^2 = 5.54(\frac{6.50-0.50}{0.24})^2 = 3\,462$$

有效塔板数和有效塔板高度消除了死时间的影响，能较为真实地反映柱效能的好坏，有效塔板数越大，固定相的作用越显著，对分离越有利。此外，塔板数与柱长有关，塔板高度为单位塔板的柱长度，与柱长无关，用板高比较柱效更合理。

同时应注意，同一色谱柱对不同物质的柱效能是不一样的。用塔板数和板高表示柱效能时，必须注明对什么物质而言。

塔板理论较好地解释了色谱流出曲线，给出了衡量色谱柱效能的指标，计算塔板数和板高是成功的。但它是建立在一系列假设基础上的，这些假设条件与实际色谱分离过程不完全符合，只能定性地给出塔板高度的概念，而不能指出影响板高的因素，且柱效并不能表示多组分的实际分离效果，如两组分在某色谱柱的分配系数相同，无论该色谱柱的塔板数有多大，这两种组分都无法被分离。此外色谱柱存在纵向扩散，分配系数与浓度无关，只在有限的浓度范围内成立，而且色谱体系几乎没有真正的平衡状态。因此塔板理论不能解释塔板高度受哪些因素影响，为什么同一色谱柱流动相在不同流速下测得 H 不同，不能为操作和应用色谱法提供提高色谱柱效率的途径等。这是因为塔板理论只考虑了色谱系统的热力学因素，没有关注柱内的动力学因素，导致了塔板理论的局限性。

（二）速率理论*

1956 年，荷兰学者范弟姆特（Van deemter）等提出了色谱过程的动力学理论，他们吸收了塔板理念的概念，认为色谱过程是动态非平衡过程，考虑组分在两相的扩散和传质，并把影响塔板高度的动力学因素结合进去，提出了 Van deemter 方程式，即塔板高度 H 与载气线速度 u 的关系：

$$H = A+\frac{B}{u}+C\cdot u$$

式中　A——涡流扩散项；

B——分子扩散项；

C——传质阻力项。

由关系式可见，减少 A、B、C 的值可提高柱效 H，下面分别讨论各项的意义。

1. 涡流扩散项 A

流动相带着组分分子在色谱柱中运动，组分分子碰到填充物颗粒时，不断改变流动方向，组分在流动相中形成类似“涡流”的流动。由于填充物颗粒大小的不同或填充的不均匀性，组分分子通过填充物的路径不同，流出时间不同，从而引起色谱的扩张（展宽）。

研究表明，A 与填充物的平均颗粒直径（d_p）大小和填充是否均匀（λ）有关，而与载气性质、线速度和组分无关。

$$A = 2\lambda d_p$$

式中　λ——固定相填充的不规则因子，填充越均匀，λ 值越小；

d_p——固定相颗粒的平均直径。

因此，使用适当细粒度和颗粒均匀的担体，并尽量填充均匀，是减少涡流扩散，提高柱效的有效途径。

2. 分子扩散项 B

由于试样组分被流动相带入色谱柱后，是以“塞子”的形式存在于柱的很小一段空间中，在“塞子”的前后（纵向）存在着浓度梯度，使组分分子从高浓度处向低浓度处扩散（纵向扩散），导致色谱峰变宽。

分子扩散与组分所通过路径的弯曲程度和扩散系数有关，即

$$B = 2rD$$

式中　r——因载体填充在柱内而引起流动相扩散路径弯曲的因数（弯曲因子），它表示固定相几何形状对分子扩散的阻碍情况；

D——组分在流动相中的扩散系数，与组分及流动相的性质有关。

对气相色谱，相对分子质量大的组分，其 D 较小，所以采用相对分子质量较大的流动相，可使 B 项降低；D 随柱温增高而增加，随柱压增高而降低，可使 B 项降低。另外，纵向扩散与组分在色谱柱内停留时间有关，流动相流速小，组分停留时间长，纵向扩散就大。因此，为降低纵扩散影响，要加大流动相流速。对液相色谱，组分在流动相的纵向扩散很小，可以忽略。

3. 传质项系数 C

包括流动相传质阻力系数 C_m 和固定相传质阻力系数 C_s 两项。

$$C = C_m + C_S$$

组分在流动相的推动下向色谱柱移动，在两相中不断分配扩散，进行质量传递，这种过程是动态的。传质过程中，组分浓度达到平衡需要一定时间，但柱内不断向前推进的运动，使组分产生阻力，达不到完全平衡状态，引起色谱峰展宽。这种由组分在两相传质过程中产生的阻力称为传质阻力。

C_m 从流动相扩散到两相需要一定时间，与扩散经过的路径成正比，而后者由填充物的平

均颗粒直径（d_p）决定，所以采用细颗粒可使流动相的传质阻力减小，提高柱效。C_s 与固定液液膜厚度成正比，液膜薄，利于分配平衡建立，传质阻力小。

对确定的色谱柱，分析 A、B、C 三项中对柱效影响大的，进而采取相应措施以改善柱效能。

A 项与流速无关，与固定相填充颗粒直径和均匀性有关，所以，对毛细管色谱，分离柱为中空毛细管，A=0。B、C 两项对柱效的影响随流动相的流速产生不同影响，流速较大时，分子扩散是次要的，传质阻力是影响柱效的主要因素，流速增加，传质不能快速达到分配平衡，柱效下降；流速较小时，分子扩散成为主要影响因素，流速增加，分子纵向扩散减弱，柱效增加，可见流速对 B、C 两项是相反作用，必有一最佳流速，即速率方程式中塔板高度 H 对流速 u 的一阶导数有一极小值（图 2-3）。

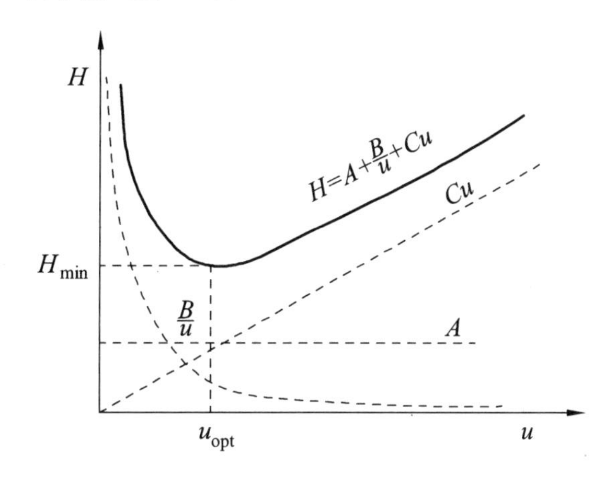

图 2-3　板高与流速关系

由上述讨论可知，范弟姆特方程式对于分离条件的选择具有指导意义。它可以说明，填充均匀程度、粒度、流动相种类、流速等对柱效、色谱峰扩张的影响。

（三）色谱基本分离方程（$n_{有效}$ 或 n、r_{21}、k、R 之间的关系）

对于两个相邻组分的色谱峰，分配比相差不大，可假设 $k_1 \approx k_2 = k$，峰底宽度相等 $W_{b1} \approx W_{b2} = W$，可推导出：

$$R = \frac{\sqrt{n}}{4} \cdot \frac{r_{21}-1}{r_{21}} \cdot \frac{k}{1+k}$$

上式即为基本色谱分离方程，它表明了分离度 R、理论塔板数 n、相对保留值 r_{21} 以及分配比（容量因子）k 之间的关系。要改善组分的分离，提高分离度，可采取以下措施：

1. 提高柱效

分离度 R 与塔板数 n 的平方根成正比，增加 n，可以增加 R。但若通过增加 L 来增加 n，会延长分析时间，所以降低塔板高度 H 是增大分离度的有效途径。实际工作中，为达到所需的分离度，根据下式可计算出给定分离度下应具有的塔板数：

$$n = 16R^2 \left(\frac{r_{21}}{r_{21}-1}\right)^2 \left(\frac{1+k}{k}\right)^2$$

2. 增大分配比 k

增大分配比 k 可以增加分离度 R，但 k 大于 10 后，对 R 值的增加不大，且会使分析时间大大延长，引起色谱峰展宽，所以控制 $1<k<10$，k 与固定相含量和流动相性质及温度有关。

3. 提高选择性系数 r_{21}

r_{21}（与固定相有关）增大，可使分离度增大。r_{21} 是由相邻两色谱峰的相对位置决定的，取决于固定相和流动相的性质。在气相色谱法中，通过改变固定相来改善 r_{21} 值（流动相惰性）；在液相色谱法中，通过改变流动相来改善 r_{21} 值（固定相昂贵）。当 $r_{21}=1$ 时，无论柱效有多高，R 为零，两组分不可能分离。

实际应用中，往往用有效理论塔板数 $n_{有效}$ 代替 n

$$n = n_{有效}\left(\frac{k}{k+1}\right)^2$$

处理后

$$R = \frac{\sqrt{n_{有效}}}{4} \cdot \frac{r_{21}-1}{r_{21}}$$

或

$$n_{有效} = 16R^2\left(\frac{r_{21}}{r_{21}-1}\right)^2$$

（四）应　用

在实际工作中，基本分离方程是很有用的，它将柱效能、选择因子、分离度三者联系起来，知道了其中两个指标，就可算出第三个指标。

【例 2.5】 用一根长 1.5 m 的柱子分离两组分，得到如图 2-4 所示的色谱图。

（1）求两种组分在该色谱柱上的分离度和色谱柱的有效塔板数。

（2）如要使两组分完全分离，色谱柱应加到多长？

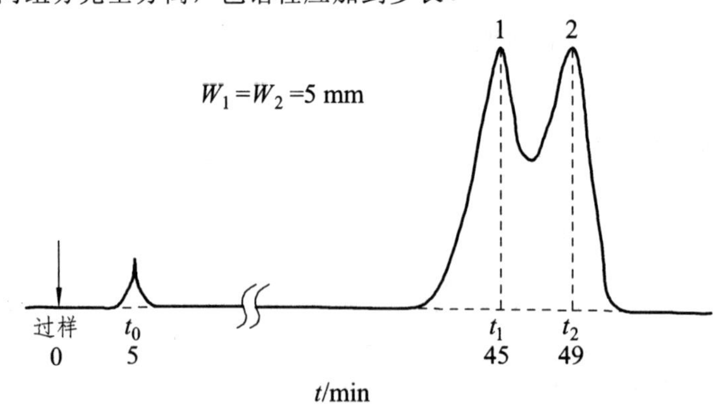

图 2-4　色谱图

解：（1）求分离度：

$$R = \frac{2(t_{R2}-t_{R1})}{(W_{b1}+W_{b2})} = \frac{2(49-45)}{(5+5)} = 0.8$$

$R<1$，分离效果不理想。

求有效塔板数：

$$n_{有效}=16(\frac{t'_R}{W_b})^2=16(\frac{49-5}{5})^2=1239\ (块)$$

（2）求相对保留值：

$$r_{21}=\frac{t'_{R(2)}}{t'_{R(1)}}=\frac{49-5}{45-5}=1.1$$

计算该柱有效塔板高度 H：

$$H_{有效}=\frac{L}{n_{有效}}=\frac{1\,500}{1\,239}=1.21\,(mm)$$

要使两组分完全分离，取 R=1.5，则

$$n_{有效}=16R^2(\frac{r_{21}}{r_{21}-1})^2=16\times1.5^2(\frac{1.1}{1.1-1})^2=4356\ (块)$$

柱长应为

$$L=n_{有效}\times H_{有效}=1.21\times4356=5271\,(mm)$$

第二节　色谱定性和定量方法

色谱法是分离混合物的重要方法，分离后可直接对组分进行定性和定量分析。

一、色谱定性

色谱定性分析就是确定各色谱峰所代表的化合物。目前人们虽然已经建立了许多定性分析方法，如保留值定性法、化学反应定性法等。但总的来说，这些方法都不能令人满意。近年来出现的 GS-MS、GS-OS 等联用技术，即利用了色谱的高效分离能力，又利用了质谱、光谱的高鉴定能力，加上计算机对数据的快速处理和检索，为未知化合物的定性分析开拓了广阔的前景。

（一）根据色谱保留值定性

各种物质在一定的色谱条件下均有确定不变的保留值，因此，保留值是最常用的一种定性指标。这种方法简单，不需要其他仪器设备，但由于不同物质在相同的条件下，往往具有相近甚至完全相同的保留值，因此有很大的局限性。其应用仅限于当未知物通过其他方法分析可能为某几种化合物或属于某种类时进行最后确证，其可靠性不足以鉴定完全未知的化合物。

1. 利用纯物质对照定性

在一定的色谱条件下，一种物质只有一个确定的保留时间。因此将已知纯物质在相同的

色谱条件下的保留时间与未知物的保留时间进行比较，就可以定性鉴定未知物。若二者相同，则未知物可能是已知的纯物质；不同，则未知物就不是该纯物质。

纯物质对照法定性只适用于组分性质已有所了解、组成比较简单，且有纯物质的未知物。

2. 根据相对保留值 r_{21} 定性

相对保留值 r_{21} 仅与柱温和固定液性质有关，与其他操作条件无关。

相对保留值测定方法：在某一固定相及柱温下，分别测出组分 i 和基准物质 s 的调整保留值，再按公式计算即可。

通常选容易得到纯品的，而且与被分析组分相近的物质作为基准物质，如正丁烷、环己烷、正戊烷、苯、对二甲苯、环己醇、环己酮等。

在色谱手册中列有各种物质在不同固定液上的保留数据，用已求出的相对保留值与文献相应值比较即可定性。

3. 加入已知物峰高增加法定性

当未知样品中组分较多，所得色谱峰过密，用上述方法不易辨认时，或仅作未知样品指定项目分析时均可用此法。首先作出未知样品的色谱图，然后在未知样品中加入某已知物，又得到一个色谱图。峰高增加的组分即可能为这种已知物。

4. 保留指数 I 定性

保留指数又叫 Kovats 指数，是一种重现性比其他保留数据都好的定性参数。它表示物质在固定液上的保留行为，是目前使用最广泛并被国际上公认的定性指标。

保留指数 I 也是一种相对保留值，它把正构烷烃中某两个组分的调整保留值的对数作为相对尺度，并假定正构烷烃的保留指数为 n×100。被测物的保留指数值可用内插法计算。

某物质的保留指数可由下式计算而得：

$$I = 100\left(\frac{\lg X_{\mathrm{i}} - \lg X_Z}{\lg X_{Z+1} - \lg X_Z} + Z\right)$$

式中　X——保留值，可以用调整保留时间 t_R'、调整保留体积 V_R' 或相应的记录纸的距离表示；

i——被测物质；

Z，Z+1——具有 Z 个和 Z+1 个碳原子数的正构烷烃。

被测物质的 X 值应恰在这两个正构烷烃的 X 值之间，即 $X_Z < X_{\mathrm{i}} < X_{Z+1}$。正构烷烃的保留指数则人为地定为它的碳数乘以 100，如正戊烷、正己烷、正庚烷的保留指数分别为 500、600、700。因此，欲求某物质的保留指数，只要与相邻的正构烷烃混合在一起（或分别的），在给定条件下进行色谱实验，然后按公式计算其指数。

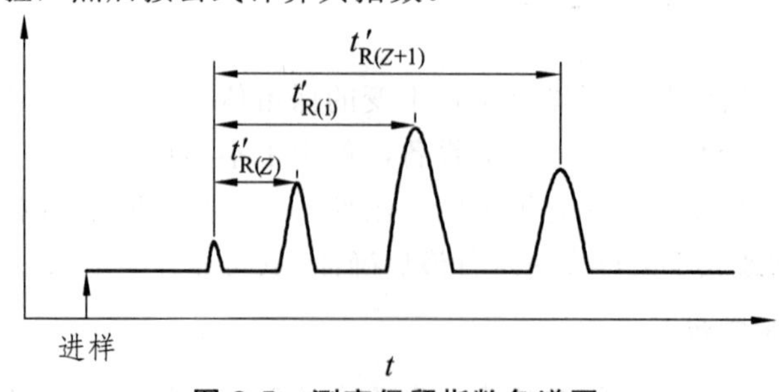

图 2-5　测定保留指数色谱图

测出组分的保留指数 I，就可查阅文献上保留指数进行定性。

保留指数的意义：它是与被测物质具有相同调整保留时间的假想的正构烷烃的碳数乘以100。保留指数仅与固定相的性质、柱温有关，与其他实验条件无关。其准确度和重现性都很好。只要柱温与固定相相同，就可应用文献值进行鉴定，而不必用纯物质相对照。

（二）与其他方法结合的定性

1. 与质谱、红外光谱等仪器联用

色谱法的优势在于分离混合物，但是用常规的色谱检测器（如紫外-可见检测器），却很难对组成复杂的未知试样直接进行定性。质谱、红外光谱和核磁共振等在鉴别未知物结构上有很强的优势，但却要求试样成分尽可能为纯物质。因此，仪器分析的发展方向是将两者的优势结合起来，以“在线”（on-line）的方式联机进行分离检测，可以取长补短，色谱仪成为质谱等分析仪器的试样预处理系统，质谱等分析仪器是色谱分离组分鉴定器。这种联用仪器集高效分离、多组分同时定性和定量于一体，目前已成为分离、鉴定复杂的未知试样最为有效的工具。

技术较成熟、已商品化的联用仪器有：气相色谱-傅里叶红外光谱联用仪（GC-FTIR)、气相色谱-质谱联用仪（GC-MS)、高效液相色谱-质谱联用仪（HPLC-MS）等，其中，色谱-质谱联用被认为是目前最经济、合理、有效的联用手段，已成为药物分析的重要手段，用于挥发油成分分析、治疗药物的鉴别、违禁药物的检测等。

2. 与化学反应配合进行定性

把色谱柱流出的待检组分通入官能团分类试剂中，观察是否发生反应（显色或产生沉淀)，可判断该组分的官能团或类别。例如，鉴定组分是否为醛、酮，可将该色谱馏分通入 2, 4-二硝基苯阱试剂中，若产生橙色沉淀，则说明组分为1～8 碳原子的醛或酮。

利用官能团专属反应，通过柱前预处理使某些组分生成衍生物，根据处理前后色谱峰的位置变化或消失，对相应组分进行定性。

常见的官能团鉴定反应及反应条件，可从色谱手册或相关参考书上查阅。

3. 利用检测器的选择性进行定性

同一种检测器对不同种类的化合物的响应值是不同的，而不同的检测器对同一种化合物的响应也是不同的。当某一组分同时被两种或两种以上检测器检测时，几个检测器对被测组分检测灵敏度比值是与被测化合物的性质密切相关的，可以用来对被测化合物进行定性分析。

二、色谱定量

定量分析的任务是求出混合样品中各组分的含量。色谱定量分析的依据是在一定操作条件下，待测组分 i 的质量（m_i）或其在流动相中的浓度与检测器的响应信号（色谱图上表现为峰面积 A_i 或峰高 h_i）呈正比，即

$$m_i = f_i'A_i \quad 或 \quad m_i = f_i'h_i$$

式中 f_i'——定量校正因子或信号相应因子，检测器对不同物质的响应值不同。

因此，在色谱定量分析中需要准确测量峰面积或峰高和准确得到比例常数 f_i'，下面分别讨论。

（一）峰面积测量

1. 峰高乘半峰宽法

将色谱峰近似看作一个等腰三角形，根据等腰三角形面积计算方法，可近似认为峰面积等于峰高乘以半峰宽，即

$$A = h \times W_{1/2}$$

这样测得的峰面积为实际峰面积的 0.94 倍，因此，实际峰面积应为

$$A = 1.065\ h \times W_{1/2}$$

此法适应于对称峰，呈高斯分布的情况；对于不对称峰，峰形窄或很小时，由于 $W_{1/2}$ 测量误差较大，不能用此法。

2. 峰高乘平均峰宽法

对于不对称峰的测量，在峰高 0.15 和 0.85 处分别测出峰宽，用下式计算峰面积：

$$A = h \times \frac{1}{2} \times (W_{0.15} + W_{0.85})$$

此法测量时比较麻烦，但结果较准确。

3. 自动积分法

具有微处理机（色谱工作站）的色谱系统，能自动测量色谱峰面积，对不同形状的色谱峰可以采用相应的计算程序自动计算，得出准确的结果，并由打印机打出保留时间和 A 或 h 等数据。

（二）定量校正因子

色谱定量分析的依据是被测组分的量与其峰面积呈正比。但是峰面积的大小不仅取决于组分的质量，而且还与它的性质有关。即当两个质量相同的不同组分在相同条件下使用同检测器进行测定时，所得的峰面积却不相同。

因此，混合物中某一组分的含量并不等于该组分的峰面积在各组分峰面积总和中所占的比例。所以不能直接利用峰面积计算物质的含量。为了使峰面积能真实反映出物质的质量，就要对峰面积进行校正，即在定量计算时引入校正因子。

1. 绝对校正因子 f_i'

在一定操作条件下，某组分 i 的进样量（m_i）与检测器的相应信号（A_i 或 h_i）呈正比：

$$m_i = f_i' A_i \quad 或 \quad f_i' = \frac{m_i}{A_i}$$

式中 f_i'——绝对校正因子，也就是单位峰面积所代表的组分的量。

f_i' 与检测器性能、组分和流动相性质及操作条件有关。要测量 f_i' 是比较困难的，在实际工作中常用相对校正因子。

2. 相对校正因子 f_i

f_i是指某一组分与标准物质的绝对校正因子之比：

$$f_i=\frac{f_i'}{f_s'}=\frac{m_i}{m_s}\cdot\frac{A_s}{A_i}$$

式中 A_i，A_s——组分和标准物质的峰面积；

m_i，m_s——组分和标准物质的量。

m_i、m_s 可以用质量或摩尔质量表示，所得的相对校正因子分别称为相对质量校正因子和相对摩尔校正因子，用 f_m 和 f_M 表示。使用时常将“相对”二字省去。

相对校正因子的测定：相对校正因子值只与被测物和标准物以及检测器的类型有关，而与操作条件无关。因此，f_i 值可从文献中查出引用。若文献中查不到所需的 f_i 值，也可以自己测定。

测定时首先准确称量标准物质和待测物的纯品，配制成溶液，然后将它们混合均匀进样，分别测出其峰面积，再代入上式进行计算。

（三）几种常用的定量方法

1. 归一化法

如果试样中所有组分均能流出色谱柱，并在检测器上都有响应信号，出现色谱峰，可用此法计算各组分的含量。

假设试样中有 n 个组分，每个组分的质量分别为 m_1，m_2，⋯，m_n，各组分含量的总和为 m，其中组分 i 的质量分数可按下式计算：

$$w_i=\frac{m_i}{m_1+m_2+\cdots+m_n}\times100\%=\frac{A_if_i}{A_1f_1+A_2f_2+\cdots+A_nf_n}\times100\%$$

若各组分的 f_i 值近似或相同，如同系物中沸点接近的各组分，则上式可简化为

$$w_i=\frac{A_i}{A_1+A_2+\cdots+A_n}\times100\%$$

归一化法的优点是简单、准确，进样量多少不影响定量的准确性，操作条件对定量结果影响不大。但此法在实际工作中仍有一些限制，要求所有组分必须全部流出，且出峰。某些不需要定量的组分也必须测出其峰面积及 f_i 值。此外，测量低含量尤其是微量杂质时，误差较大。

2. 内标法

当只需要测定试样中某几个组分，且试样中所有组分不能完全出峰时，可采用此法。

内标法是将一定量的纯物质作为内标物，加入准确称取的试样中，根据被测物和内标物的质量及其在色谱图上相应的峰面积比，求出某组分的含量。例如，测定试样（质量为 m）中组分 i（质量为 m_i）的质量分数 w_i，在试样中加入质量为 m_s 的内标物，则

$$\frac{m_i}{m_s}=\frac{f_iA_i}{f_sA_s}$$

$$w_i=\frac{m_i}{m}\times100\%=\frac{f_iA_i}{f_sA_s}\cdot\frac{m_s}{m}\times100\%=\frac{f_iA_i}{A_s}\cdot\frac{m_s}{m}\times100\%$$

一般以内标物为基准，则f_s=1。

可见，内标法是通过测量内标物及待测组分的峰面积的比值来计算的，所以不要求严格控制进样量和操作条件，试样中含有不出峰的组分时也能使用；但每次分析都要准确称取或量取试样和内标物的量，比较费时。同时内标物必须满足以下要求：

（1）试样中不含有该物质；

（2）与被测组分性质（如挥发性、化学结构、极性以及溶解度等）比较接近；

（3）不与试样发生化学反应；

（4）出峰位置应位于被测组分附近，且无组分峰影响。

3. 外标法（标准曲线法）

取待测组分的纯物质（基准物）配成一系列不同浓度的标准溶液，取固定量标准溶液进样分析。从色谱图上测出峰面积（或峰高），以峰面积（或峰高）对含量作图即为标准曲线。然后在相同的色谱操作条件下，分析待测试样，从色谱图上测出试样的峰面积（或峰高），由上述标准曲线查出待测组分的含量。

外标法是最常用的定量方法，操作简便，其特点及要求如下：

（1）外标法不需要测定校正因子，计算简单，准确性较高；

（2）色谱操作条件的稳定性对结果准确性影响较大；

（3）对进样量的准确性和重现性控制要求较高，适用于大批量试样的快速分析。

第三节　气相色谱法

气相色谱法（GC）是流动相为气体的色谱法。由惰性气体带着气化后的样品通过色谱柱中的固定相，达到分离的目的。根据所用固定相的状态不同，可将气相色谱分为气固色谱和气液色谱。前者是用多孔性固体为固定相，分离对象主要是一些在常温常压下为气体和低沸点的化合物；后者的固定相是涂渍在载体上的高沸点有机化合物，由于可供选择的固定液种类很多，故选择性较好，应用广泛。

一、气相色谱分析流程

由高压钢瓶或气体发生器供给流动相载气。经减压阀、净化器、流量调节器和转子流量计后，以稳定的压力、恒定的流速连续流过气化室、色谱柱、检测器，最后放空。检测器将分离组分的浓度（或质量）变化转化为电信号，电信号经放大后，由记录仪记录下来，即色谱图，或将电信号输入计算机进行图谱处理与计算（图 2-6）。

二、气相色谱系统

由图 2-6 可知，气相色谱系统一般由载气系统、进样系统、分离系统、检测系统和数据处理系统 5 部分组成。

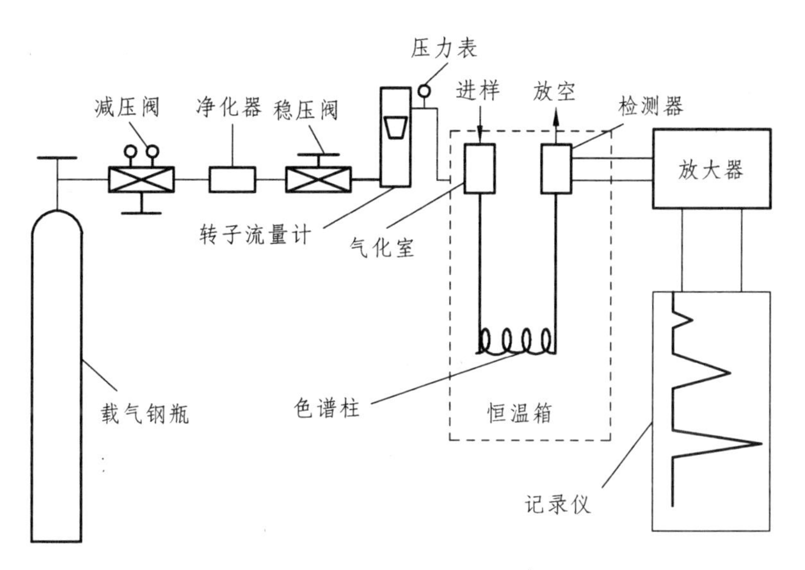

图 2-6　气相色谱分析流程示意图

1. 载气系统

包括气源、气体净化、气体流量控制和测量等装置。通过该系统，可获得纯净、连续、流速稳定的载气。系统的气密性、载气流速的稳定性以及测量流量的准确性，对色谱过程均有很大的影响。

2. 进样系统

进样系统包括进样器和气化室两部分。

进样器将试样快速定量地带入色谱分析系统，气化室的作用是将液体或固体试样在进入色谱柱之前瞬间气化，然后由载气携带进入色谱柱。

（1）进样器。

常采用微量注射器或六通阀。液体样品的进样一般采用微量注射器，其外形与医用注射器相似，常用规格有：0.5，1，5，10 和 50 μL。将样品吸入注射器，迅速刺入进样口硅橡胶垫。气体样品进样常用六通阀定量进样。

（2）气化室。

气化室一般为一根在外管绕有加热丝的不锈钢管，液体样品进入气化室后，受热而瞬间气化。为了让样品在气化室中瞬间气化而不分解，要求气化室热容量大，无催化效应。

进样量的多少、进样时间的长短、试样的气化速度等都会影响色谱的分离效果和分析结果的准确性和重现性。

3. 分离系统

由色谱柱和柱箱组成，色谱柱主要有填充柱和毛细管柱两类。

（1）填充柱。

由不锈钢或玻璃材料制成，内装固定相，一般内径为 2～4 mm，长 1～3 m。填充柱的形状有 U 形和螺旋形。

（2）毛细管柱。

空心毛细管柱材质为玻璃或石英，内径一般为 0.2～0.5 mm，长度 20～100 m，呈螺旋形。

色谱柱的分离效果除与柱长、柱径和柱形有关外，还与所选用的固定相和柱填料的制备技术以及操作条件等许多因素有关。

4. 检测系统

通常由检测元件、放大器等构成，它把色谱柱后流出物质的浓度（或质量）变化转化为电信号。根据其测定范围有通用型和选择型检测器。

5. 数据处理系统

最基本的功能是将检测器输出的信号进行采集、转换、输出、数据计算处理、报告结果等。目前多用计算机与专用色谱数据处理软件进行数据处理，称色谱工作站。其不仅能完成数据处理系统的所有任务，还能对色谱仪实现实时自动控制。

色谱柱和检测器是气相色谱仪的两个关键部件。

三、气相色谱固定相

（一）气-固色谱固定相

在气-固色谱法中作为固定相的吸附剂，常用的有非极性的活性炭，弱极性的氧化铝，极性的分子筛，氢键型硅胶等，它们对各种气体的吸附能力不同（表 2-2）。

表 2-2　气固色谱常用的吸附剂及性能

吸附剂	主要成分	最高使用温度/°C	性质	分析对象	活化方法
活性炭	C	＜300	非极性	永久性气体及低碳烃类	用苯浸泡除硫、焦油等杂质后，在 350 °C 通水蒸气至乳白色物质消失，最后在 180 °C 烘干
硅胶	$SiO_2 \cdot xH_2O$	＜400	氢键型	永久性气体及低碳烃类	用 6 mol·L^{-1} HCl 浸泡 1～2 h 后，用蒸馏水洗至无 Cl^-，在 180 °C 烘干，装柱，使用前在 200 °C 通载气活化 2 h
活性氧化铝	Al_2O_3	＜400	弱极性	烃类及有机异构物，低温下可分离氢的同位素	200～1000 °C 烘烤活化
分子筛	碱土金属的硅铝酸盐（沸石）	＜400	极性	用于 H_2、O_2、N_2、CH_4、CO 等的分离，测定 He、Ne、Ar、NO、N_2O 等	350～550 °C 活化 3～4 h，或 350 °C 真空活化 2 h
GDX 系列	高分子聚合物	＜300	聚合原料不同，极性不同	适用于水、气体及低级醇的分析	170～180 °C 烘干水分后，通 H_2 或 N_2 活化 10～20 h

（二）气-液色谱固定相

其由固定液和担体组成，是担体表面均匀涂渍一薄层固定液的细颗粒固体。

1. 担体（载体）

作用是为固定液提供一个涂渍附着表面，用以承担固定液，使固定液以薄膜状态分布在其表面上。担体应是一种化学惰性、多孔性的颗粒。

（1）对担体的要求：

① 多孔性，即表面积较大，使固定液与试样的接触面积较大。

② 热稳定性好，有一定的机械强度，不易破碎。

③ 粒度均匀、细小，有利于提高柱效。

④ 表面应是化学惰性的，即表面没有吸附性或吸附性很弱，更不能与被测物质起化学反应。

（2）担体主要有硅藻土型和非硅藻土型两类。非硅藻土型担体有氟担体、玻璃微球担体、高分子微担体等。目前主要使用的是硅藻土型担体，由天然硅藻土经煅烧而成，有红色担体和白色担体（煅烧时加 Na_2CO_3 之类的助熔剂，使氧化铁转化为白色的铁硅酸钠）。

① 红色担体：孔径较小，表面孔穴密集，比表面积较大（4 m^2/g），机械强度好。适宜分离非极性或弱极性组分的试样。缺点是表面存在活性吸附中心点。

② 白色担体：煅烧前原料中加入了少量助溶剂（碳酸钠）。颗粒疏松，孔径较大；表面积较小（1 m^2/g），机械强度较差。但吸附性显著减小，适宜分离极性组分的试样。

硅藻土类担体的预处理：

普通硅藻土类担体表面并非惰性，含有硅羟基及其他杂质，故既有吸附活性又有催化活性。若涂渍上极性固定液，会造成固定液分布不均匀；分析极性试样时，由于活性中心的存在，会造成色谱峰拖尾，甚至发生化学反应。因此，担体使用前应进行钝化处理，方法如下：

① 酸洗（除去碱性基团）、碱洗（除去酸性基团）：用浓 HCl、KOH 的甲醇溶液分别浸泡，以除去铁等金属氧化物及表面的氧化铝等杂质。

② 硅烷化：消除氢键结合力。用硅烷化试剂（二甲基二氯硅烷等）与担体表面的硅醇、硅醚基团反应，以消除担体表面的氢键结合力。

③ 釉化：主要改善载体的表面吸附和微孔结构。在载体表面产生玻璃状“釉层”，屏蔽或惰化活性中心，同时将微孔堵死，使载体空隙结构趋于均一。

2. 固定液

固定液一般为高沸点难挥发有机化合物，种类繁多，是组分分离的主体、关键成分。

（1）对固定液的要求：

① 挥发性小，在操作温度下有较低的蒸气压，防止流失。

② 稳定性好，在操作温度下不发生分解，呈液体状态。

③ 对试样各组分有适当的溶解能力，具有高的选择性。

④ 化学稳定性好，不与被测物质起化学反应。

⑤ 能均匀涂敷在担体表面形成液膜。

（2）固定液的分离特征。

固定液的分离特征是固定液选择的基础。组分与固定液分子间通常包括取向力、诱导力、色散力和氢键等作用力。一般根据“相似相溶”原理进行。在GC中，常用“极性”来说明固定液和被测组分的性质。如果组分与固定液分子性质（极性）相似，固定液和被测组分两种分子间的作用力就强，被测组分在固定液中的溶解度就大，分配系数K就大，也就是说，被测组分在固定液中溶解度或K的大小与被测组分和固定液两种分子之间相互作用的大小有关。

固定液的极性表示方法：

相对极性P_x：规定以强极性的固定液β, β'-氧二丙腈的相对极性为$P=100$，非极性的固定液角鲨烷的相对极性为$P=0$，然后用一对物质正丁烷-丁二烯（或环己烷-苯）进行试验，分别测得这一对试验物质在β, β'-氧二丙腈、角鲨烷及待测固定液的色谱柱上的调整保留值，然后按下列公式计算固定液的相对极性P_x：

$$P_x = 100\left(1 - \frac{q_1 - q_x}{q_1 - q_2}\right)$$

$$q = \lg \frac{t'_{R苯}}{t'_{R环乙烷}}$$

式中　1, 2, x——β, β'-氧二丙腈、角鲨烷及待测固定液。

测得的各种固定液的相对极性均在0～100，为了便于在选择固定液时参考，又将其分为5级，每20为一级，P在0～+1为非极性固定液，+1～+2为弱极性固定液，+3为中等极性固定液，+4～+5为强极性固定液，非极性亦可用“-”表示。如阿皮松L级别为“-”，是非极性固定液；邻苯二甲酸壬酯级别为“+2”，是弱极性固定液。

（3）固定液的选择。

一般是根据试样的性质（极性和官能团），按照“相似相溶”的原则选择适当的固定液。

① 分离非极性物质，一般选用非极性固定液，组分和固定液分子间的作用力主要是色散力。所以各组分按沸点次序先后流出色谱柱，沸点低的先出峰，沸点高的后出峰。

常用的固定液有角鲨烷（异三十烷）、十六烷、硅油等。

② 分离极性物质，选用极性固定液，组分和固定液分子间的作用力主要是取向力。所以各组分主要按极性顺序分离，极性小的先流出色谱柱，极性大的后流出色谱柱。

例如，用极性固定液聚乙二醇-20 M分析乙醛和丙烯醛时，极性较小的乙醛先出峰。

③ 分离非极性和极性混合物时，一般选用极性固定液，这时非极性组分先出峰，极性组分（或易被极化的组分）后出峰。

苯（b.p. 80.1 °C）和环己烷（b.p. 80.8 °C）沸点接近，偶极矩为零，均为非极性分子，若用非极性固定液却很难使其分离。但苯比环己烷容易极化，故采用极性固定液，能使苯产生诱导偶极矩，而在环己烷之后流出。固定液的极性越强，两者分离得越远。若用β, β'-氧二丙腈固定液分离苯（80.10）和环己烷（80.81），二者保留时间相差6.3倍。

④ 对于能形成氢键的试样，选用强极性或氢键型的固定液，如醇、酚、胺和水等的分离。这时试样中各组分按与固定液分子形成氢键的能力大小先后流出，不易形成氢键的先流出，最易形成氢键的最后流出。

⑤ 分离中等极性混合物一般选用中等极性固定液，组分和固定液分子间的作用力主要是色散力和诱导力。试样中各组分按沸点由低到高的顺序出峰。

四、气相色谱检测器

检测器的作用是将经色谱柱分离后，从柱末端流出的各组分的量转化为易于测量的电信号的装置。根据测量原理的不同，可分为浓度型检测器和质量型检测器。

（1）浓度型检测器：测量的是载气中某组分浓度瞬间的变化，即检测器的响应值和组分的浓度成正比，如热导池检测器和电子捕获检测器等。

（2）质量型检测器：测量的是载气中某组分进入检测器的速度变化，即检测器的响应值和单位时间内进入检测器某组分的质量成正比，如氢火焰离子化检测器和火焰光度检测器等。

（一）热导池检测器（TCD）

热导池检测器结构简单，是基于不同的物质具有不同的热导系数而设计的，对所有物质都有响应，灵敏度适中，稳定性较好，因此是应用广泛的检测器之一。

1. 热导池的结构

如图 2-7 所示，图（a）用于单柱单气路，图（b）用于双柱双气路。在金属池体上凿两个相同的孔道，里面各固定一根长短、粗细和电阻值相等的钨丝（或铼钨丝），钨丝是一种热敏元件，其阻值随温度的变化而灵敏地变化。

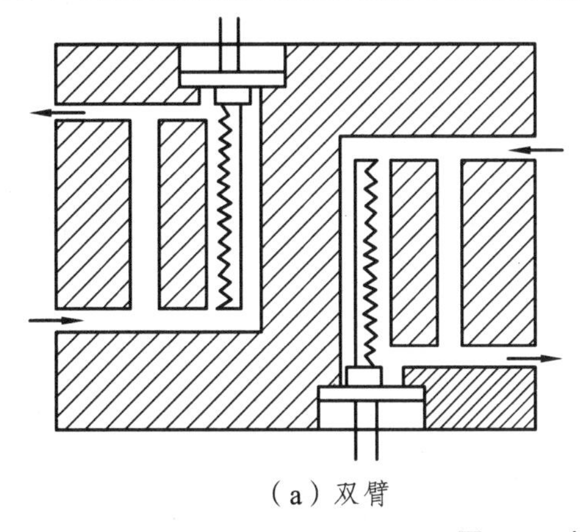

（a）双臂

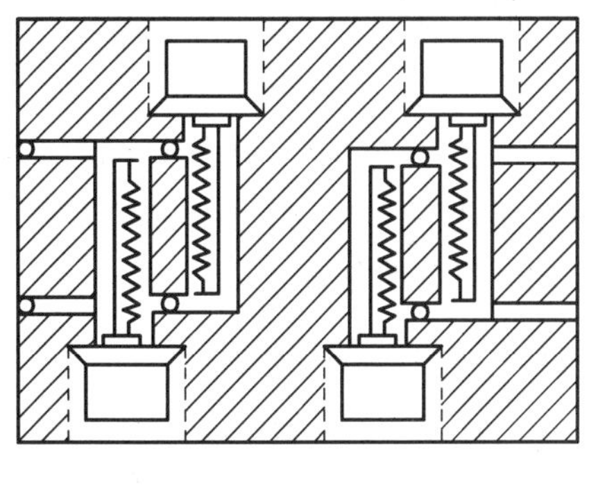

（b）四臂

图 2-7　热导池检测器示意图

双臂热导池中，一臂是参比池，另一臂为测量池；四臂热导池其中两臂是参比池，两臂是测量池。参比池仅通过载气，从色谱柱出来的组分由载气携带进入测量池。如将其接入惠斯登电桥，即可用于 GC 检测。

2. 热导池检测器的基本原理（图 2-8）

（1）当电桥未接通时，$R_1/R_2 = R_3/R_4$，即 $R_1 \cdot R_4 = R_2 \cdot R_3$。在没有任何外界条件影响的情况下，电桥处于平衡状态，ΔE_{CD}=0，没有电压输出。

（2）当电桥接通时，有电流通过钨丝，钨丝被加热，其温度升高，钨丝的电阻值也随之增加到一定值（钨丝的电阻值随温度升高而增加）。

（3）在未进试样时，通过热导池两个池孔（参比池和测量池）的都是载气。由于载气的热导作用使钨丝的温度下降，电阻减小，此时热导池的两个池孔中钨丝温度下降和电阻减小的数值是相同的，即 $\Delta R_1=\Delta R_2$，因此当两个池都通过载气时，处于平衡状态，仍满足 $(R_1+\Delta R_1)\cdot R_4=(R_2+\Delta R_2)\cdot R_3$，$C$、$D$ 两端的电位相等，$\Delta E_{CD}=0$，没有信号输出，电位差计记录的是一条零位直线，称为基线。

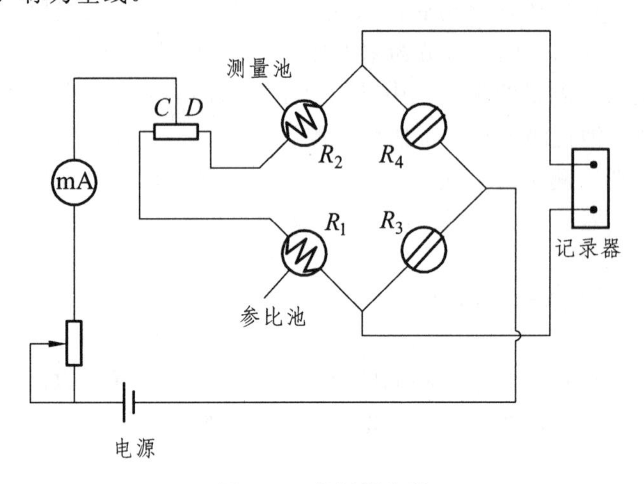

图 2-8　惠斯顿电桥

（4）如果从进样器注入试样（进样时），经色谱柱分离后，由载气先后带入测量池。此时由于被测组分与载气组成的二元导热系数与纯载气不同，使测量池中钨丝散热情况发生变化，导致测量池中钨丝温度和电阻值的改变，而与只通过纯载气的参比池内的钨丝的电阻值之间有了差异，即

$$\Delta R_1 \neq \Delta R_2$$

$$(R_1+\Delta R_1)\cdot R_4 \neq (R_2+\Delta R_2)\cdot R_3$$

这样电桥就不平衡，C，D 之间产生不平衡电位差，$\Delta E_{CD}\neq 0$，就有信号输出。在记录纸上即可记录出各组分的色谱峰。

3. 影响热导池检测器灵敏度的因素

（1）工作电流影响：桥路电流增加，使钨丝温度升高，钨丝和热导池体的温差加大，利于气体将热量传出去，灵敏度提高。热导检测器灵敏度与桥电流的三次方成正比，但桥电流不能太大，否则，噪声加大，基线不稳，甚至使钨丝被烧坏。一般用 N_2 作为载气，I=100～150 mA，H_2 作为载体，I=150～250 mA。

（2）热导池体温度的影响：当桥电流一定时，钨丝温度一定。池体与钨丝的温差越大，灵敏度越高，所以池体温度越低越好；但不能低于柱温，否则被测组分可能在检测器内冷凝。

（3）载气的影响：载气与试样的热导系数相差越大，则灵敏度越高。一般选 H_2 或 He 作为载气最好，桥电流也可适当提高。

（4）热敏元件阻值的影响：选择阻值高、电阻温度系数较大的热敏元件（钨丝、铼钨丝等），当温度有少量变化时，就能引起电阻明显变化，灵敏度就高。

（二）氢火焰离子化检测器（FID，简称氢焰检测器）

特点：灵敏度很高，比热导检测器的灵敏度高出 10^3 倍；检出限低，能检出 10^{-12} g · mL^{-1}

的痕量物质；对大多数有机化合物响应；死体积小，响应速度快，线性范围也宽，可达 10^6 以上；结构不复杂，操作简单。

缺点：不能检测永久性气体、水、一氧化碳、二氧化碳、氮的氧化物、硫化氢等物质。

所以 FID 是目前应用最广泛的色谱检测器之一。

1. 氢焰检测器的结构

该检测器的主要部件是离子室，离子室一般用不锈钢制成，包括气体入口、火焰喷嘴、一对电极和外罩。结构示意图见图 2-9。

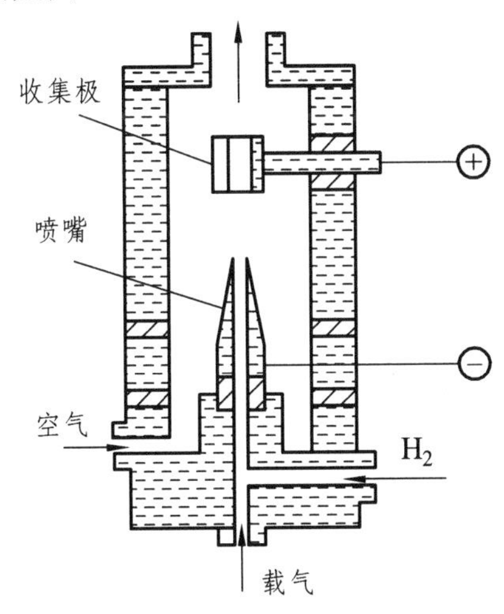

图 2-9　火焰离子化检测器

离子室是一金属圆筒，气体入口在离子室的底部，氢气和载气按一定的比例混合后，由喷嘴喷出，再与助燃气（空气）混合，点燃形成氢火焰。靠近火焰喷嘴处有一圆环状的发射极（通常是由铂丝制成），喷嘴的上方为一加有恒定电压（150～300 V）的圆筒形收集极（不锈钢制成），形成直流电场，从而使火焰中生成的带电粒子在电场作用下定向运动而产生电流。

2. 氢焰检测器的工作原理

氢焰检测器离子化的作用机理至今还不十分清楚，普遍认为是一个化学电离过程。由色谱柱流出的载气（样品）流经温度高达 2 100 °C 的氢火焰时，待测有机物组分在火焰中发生离子化作用，使两个电极之间出现一定量的正、负离子，在电场的作用下，正、负离子各被相应电极所收集。当载气中不含待测物时，火焰中离子很少，即基流很小，约 10^{-14} A。当待测有机物通过检测器时，火焰中电离的离子增多，电流增大（但仍很微弱，10^{-8}～10^{-12} A），经高电阻（10^8～10^{11}）检出电压信号后，在其两端产生电压降，由放大器放大，才能在记录仪上显示出足够大的色谱峰。该电流的大小在一定范围内与单位时间内进入检测器的待测组分的质量成正比，所以火焰离子化检测器是质量型检测器。

火焰离子化检测器对电离势低于 H_2 的有机物产生响应，而对无机物、永久性气体和水基本上无响应，所以火焰离子化检测器只能分析有机物（含碳化合物），不适于分析惰性气体、空气、水、CO、CO_2、CS_2、NO、SO_2 及 H_2S 等。

3. 操作条件的选择

（1）载气流量：主要考虑分离效率，通过理论知识和试验，得到最佳流速，使组分分离效果最好。

（2）氢气流量：决定火焰温度。氢气流量低，氢焰温度低，组分分子电离数目少，产生电流信号小，灵敏度低，而且易熄火。氢气流量太高，热噪音大。故对氢气必须维持足够流量。当用氮气做载气时，一般氢气与氮气流量之比是 1∶1～1∶1.5。

（3）空气流量：空气是助燃气，也决定火焰温度。空气流量在一定范围内对检测有影响。当空气流量低时，离子化效率随空气流速的增加而增大，灵敏度提高。空气流量高于某一数值后，对离子化效率几乎没有影响。一般选择氢气与空气流量之比为 1∶10。

（4）极化电压：极化电压的大小直接影响响应值。实践证明，在极化电压较低时，响应值随极化电压的增加呈正比增加，然后趋于一个饱和值。极化电压高于饱和值后与检测器的响应值几乎无关。一般选±100 V～±300 V。

（5）检测器温度：响应信号对温度变化不敏感，非主要因素。由于燃烧产生大量水蒸气，若温度太低，水蒸气冷凝，不能正常离开检测器，导致灵敏度下降，所以检测器温度应大于 120 °C。

（三）电子捕获检测器（ECD）*

电子捕获检测器是高选择性、高灵敏度的浓度型检测器。高选择性是指只对含有电负性强的元素的物质，如含有卤素、S、P、N 等的化合物有响应。元素电负性越大，检测灵敏度越高，检出限可达 10^{-14} g · cm^{-3}。已广泛应用于农药残留量、大气及水质污染分析，以及生物化学、医学、药物学和环境监测等领域。

它的缺点是线性范围窄，且响应易受操作条件的影响，重现性较差。

1. 电子捕获检测器的结构

结构示意图见图 2-10。检测器池体内装有一个不锈钢棒作为正极，一个圆筒状放射源（^{3}H 或 ^{63}Ni）作为负极，两极间施加电流或脉冲电压。

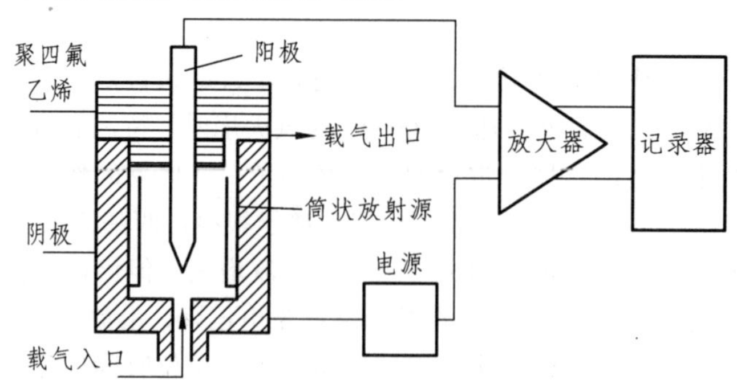

图 2-10　电子捕获检测器

2. 电子捕获检测器的工作原理

当纯载气（通常用高纯 N_2）进入检测室时，受射线照射，电离产生正离子（N_2^+）和电子 e^-：

$$N_2 \longrightarrow N_2^+ + e^-$$

生成的正离子和电子在电场作用下分别向两极运动，形成约 10^{-8} A 的电流——基流。加入样品后，若样品中含有某种电负性强的元素，即易与电子结合的分子时，就会捕获这些电子而产生带负电荷的分子离子并放出能量：

$$AB + e^- \longrightarrow AB^- + E$$

产生带负电荷的阴离子（电子捕获）。这些阴离子和载气电离生成的正离子结合，生成中性化合物，被载气带出检测室外：

$$AB^- + N_2^+ \longrightarrow AB + N_2$$

结果使基流降低，产生负信号，形成倒峰，倒峰大小（高低）与组分浓度呈正比。

因此，电子捕获检测器是浓度型检测器，其最小检测浓度可达 10^{-14} g · cm^{-3}。

（四）火焰光度检测器（FPD）*

火焰光度检测器是利用在一定条件下（富氢条件下燃烧）促使一些物质产生化学发光，通过波长选择、光信号接收，经放大把物质及其含量和特征的信号联系起来的一个装置。

1. 火焰光度检测器的结构

火焰光度检测器由以下几部分组成：燃烧室、单色器、光电倍增管、石英片（保护滤光片）、电源和放大器等。

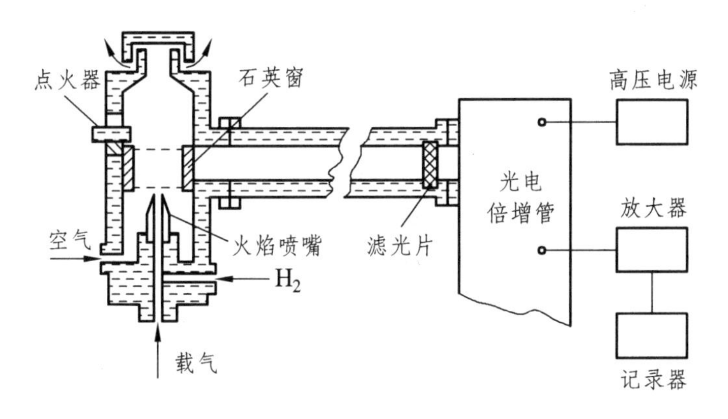

图 2-11　火焰光度检测器

2. 工作原理

当含 S、P 化合物进入氢焰离子室时，在富氢焰中燃烧，有机含硫化合物首先氧化成 SO_2，被氢还原成 S 原子后生成激发态的 S_2^*分子，当其回到基态时，发射出 350～430 nm 的特征分子光谱，最大吸收波长为 394 nm。通过相应的滤光片，由光电倍增管接收，经放大后由记录仪记录其色谱峰。此检测器的响应信号对含 S 化合物浓度不呈线性关系而呈对数关系（与含 S 化合物浓度的平方根成正比）。

当含磷化合物氧化成磷的氧化物，被富氢焰中的 H 还原成 HPO 碎片，此碎片被激发后发射出 480～600 nm 的特征分子光谱，最大吸收波长为 528 nm，发射光的强度（响应信号）正比于 HPO 浓度。

火焰光度检测器是一种对含磷、硫的化合物具有高选择性和高灵敏度的色谱检测器，可用于大气中痕量硫化物以及农副产品、水中的纳克级有机磷和有机硫农药残留量的测定。

第四节　气相色谱条件确定及其在药物分析中的应用

气相色谱分析可以应用于分析气体试样，也可分析易挥发或可转化为易挥发的液体和固体，不仅可分析有机物，也可分析部分无机物。一般地说，只要沸点在 500 °C 以下，热稳定良好，相对分子质量在 400 以下的物质，原则上都可采用气相色谱法分析。目前，气相色谱法所能分析的有机物占全部有机物的 15%～20%，而这些有机物恰好就是目前应用很广的那一部分，因而气相色谱法的应用是很广泛的。

对于难挥发和热不稳定的物质，气相色谱法是不适用的。

一、分离操作条件的确定

为了使分离分析获得满意结果，首先要选择好固定相，这已在前面进行了讨论。然后要选择合理的分离分析操作条件，本节将讨论这一问题。

1. 载气及其流速的选择

从热力学角度来说，载气种类对分离无影响。

由速度理论得到 Van deemter 方程式：

$$H = A + \frac{B}{u} + C \cdot u$$

式中，u 是 H 的函数。当固定相确定后，用在不同流速下测得的塔板高度 H 对流速 u 作图，得 H-u 曲线图（图 2-3），在曲线的最低点，塔板高度 H 最小，此时柱效最高，该点所对应的流速即为最佳流速 $u_{最佳}$，也可由 Van deemter 方程式微分求得。

在实际分析中，为了缩短分析时间，往往是 u 稍大于 $u_{最佳}$，可参考有关文献。

当流速较小时，分子扩散（B 项）就成为色谱峰扩张的主要因素，应采用相对分子质量较大的载气（N_2 或 Ar），抑制纵向扩散。而当流速较大时，传质项（C 项）为控制因素，宜采用相对分子质量较小的载气（H_2 或 He），此时组分在载气中有较大的扩散系数，可减小气相传质阻力，提高柱效。当然载气的选择还必须与检测器相适应。

2. 柱温的选择

柱温是重要的操作参数，它直接影响色谱柱的使用寿命、选择性、分离效能和分析速度。但柱温的影响又是多方面的，需要综合分析。

首先要考虑到每种固定液都有一定的使用温度，不能高于固定液的最高使用温度，否则固定液会挥发流失。

从分离角度考虑，提高温度有利于组分在两相间的传质，提高柱效、缩短分析时间，但同时使扩散作用加大，柱效降低；此外提高柱温使各组分的挥发度靠拢，K 值差变小，不利于分离，宜用较低柱温。低温使组分在两相间的传质变差，柱效下降，并增加了分析时间。

柱温选择的原则是对难分离的组分达到预期分离效果，峰形对称，又不太延长分析时间。具体的温度需用实验确定，也可参考有关文献。

程序升温技术，适宜沸程较宽试样的分析。

3. 气化温度

保证液体试样进样后能迅速气化，所以在保证试样不分解的情况下，适当提高气化温度对分离分析有利。一般选择比柱温高 30～70 °C。

4. 进样时间和进样量

进样必须快，一般在 1 s 之内。进样时间过长，会增大峰宽，使峰变形。

进样量应控制在柱容量允许范围及检测器线性关系范围内。一般液体 0.1～5 μL，气体 0.1～10 mL。进样太多，可能会使相邻峰叠加，分离不好。

二、气相色谱在药物分析中的应用

气相色谱法在药物分析中的应用非常广泛，如药物的含量测定、杂质检查及微量水分测定、有机溶剂的残留量、药物中间体的监控（反应监控）、中药成分研究、制剂分析（制剂稳定性和生物利用度研究）、治疗药物监测和药物代谢研究等。

1. 中药成分检测

中成药一般都是多种药材的混合物，它们的成分研究比较困难。气相色谱法在这方面优势明显，诸如挥发油、有机酸及酯、生物碱、香豆素、黄酮、植物甾醇、单糖、等植物成分，都能用气相色谱法分离测定。应用气相色谱法研究产地、采收季节、炮制方法对中药成分的影响，可以解决品种鉴定、找寻代用品等方面的问题，为药材和中成药的质量标准化提供可靠的方法。色谱联用技术还可测定某些成分的结构。

中国药典中，气相色谱法常用于中药材中有效成分的含量测定，如桉油中桉油精、麝香中麝香酮、丁香中丁香酚、肉桂油中桂皮醛等的测定（详见表 2-3）。

表 2-3　气相色谱法测定中药材中有效成分含量

中药材	被测成分	固定液	柱温/°C
桉油	桉油精	PEG-20M10 和 OV-172	110
麝香	麝香酮	OV-172	200
丁香	丁香酚	PEG-20M10	190
肉桂油	桂皮醛	PEG-20M10	190

2. 制剂分析

【例 2.6】　药物制剂中醇含量的测定。

（1）色谱条件：用 60～80 目的高分子多孔微球作为固定相，柱温 120～150 °C，载气 N_2，氢火焰检测器，正丙醇内标。

（2）系统适用性试验：准确量取无水乙醇 4.00、5.00、6.00 mL，分别准确加入正丙醇 5.00 mL，加水稀释成 100.00 mL，混匀（必要时可进一步稀释），进样测定，应符合下列要求：

① 用正丙醇计算的理论塔板数应大于 700。

② 乙醇和正丙醇两峰的分离度应大于 2。

③ 上述 3 份溶液各进样 5 次，所得 15 个校正因子的变异系数不得大于 2.0%。

系统适用性试验即用规定的对照品对仪器进行试验和调整，应达到规定的要求，此时说明仪器及操作条件及技能符合要求，方可进行测定；否则需进一步调整，如色谱柱长度、载气流速、进样量、检测器的灵敏度等，均可适当改变，以适应具体条件和达到系统适用性试验的要求。

（3）标准溶液的制备：准确量取恒温至 20 °C 的无水乙醇和正丙醇各 5.00 mL，加水稀释成 100.00 mL，混匀。

（4）供试溶液的制备：准确量取恒温至 20 °C 的供试品适量（相当于乙醇约 5 mL）和正丙醇 5.00 mL，加水稀释成 100.00 mL，混匀。

上述两溶液必要时可进一步稀释。进样后按内标法计算供试品的乙醇含量。

复方制剂含有多种成分，进行分析测定时往往互相干扰，此外，制剂中的辅料等也常妨碍有效成分的分析。气相色谱法可同时测定一些复方制剂的多种成分。

【例 2.7】 气相色谱法同时测定风湿止痛膏中樟脑、薄荷脑、冰片和水杨酸甲酯。

该方法灵敏、准确、重现性好、通用性强。

（1）色谱条件与系统适用性试验：玻璃柱（3 mm×3 m），固定相为聚乙二醇（PEG）-20 M（10%），FID 检测器。载气 N_2 压力 60 kPa，流速为 58 mL/min，H_2 压力 70 kPa，空气压力 15 kPa，柱温 130 °C，气化室温度 160 °C，检测器温度 160 °C。

（2）样品测定及结果：以萘为内标物，采用内标物预先加入法，用挥发油测定器蒸馏制备供试液。制剂样品中的樟脑、薄荷脑、冰片（异龙脑和龙脑）、水杨酸甲酯及内标物萘均得到良好的分离。方法学研究表明：樟脑、薄荷脑、冰片和水杨酸甲酯的加样回收率都大于 95.54%（RSD≤2.8%）。

3. 药物含量分析

【例 2.8】 维生素 E 含量测定。

（1）色谱条件与系统适用性试验：以硅酮（OV-17）为固定液，涂布浓度为 2%，柱温为 265 °C。理论塔板数按维生素 E 峰计算应不低于 500，维生素 E 峰与内标峰的分离度应大于 2。

（2）校正因子测定：取正三十二烷适量，加正己烷溶解并稀释成每 1 mL 中含 1.0 mg 的溶液，摇匀，作为内标溶液。另取维生素 E 对照品约 20 mg，准确称量，置棕色具塞锥形瓶中，准确加入内标溶液 10.00 mL，振摇使溶解，取 1～3 μL 注入气相色谱仪，测定，计算。

（3）维生素 E 片、注射液、胶丸及粉剂均可用上述气相色谱法定量。

4. 其　他

在治疗药物监测和药代动力学研究中都需要测定血液、尿液或其他组织中的药物浓度，这些样品中往往药物浓度低，干扰较多。气相色谱法具有灵敏度高、分离能力强的优点，因此也常用于体内药物分析。

【例 2.9】 毛细管气相色谱法测定 5-单硝酸异山梨酯血药浓度。

5-单硝酸异山梨酯是硝酸异山梨酯的主要代谢产物，作为一种较新型的硝酸酯类抗心绞痛药物，它的生物利用度高，疗效可靠。建立 GC-ECD 检测方法为研究该药物在人体内的药动学和生物利用度提供了依据。

（1）色谱条件：澳大利亚 SGE 公司 SE-30 毛细管柱，15 m×0.25 mm，0.25 μm（SGE）；分流/不分流进样衬管（4 mm，去活化）；进样温度：180 °C，ECD 温度：225 °C；柱前压：90 kPa；载气流速：1.2 mL/min，阳极吹扫：4 mL/min；隔垫吹扫：4 mL/min，尾吹：50 mL/min；

采用分流进样，分流比：50∶1；程序升温：初始温度 10 °C、维持 3 min，然后以 5 °C/min 升至 115 °C，再以 50 °C/min 升至 200 °C，维持 1.5 min。

（2）样品测定及结果：以 2-单硝酸异山梨酯为内标，血样经正己烷-乙醚（1∶4）提取液两次萃取后，分离有机相，氮气氛围下浓缩，甲苯溶解进样。标准曲线在 24～1200 ng/mL 浓度内，r=0.999 3，日内、日间 RSD 为 3.29%～9.50%，平均回收率为 (101.66±1.11)%。方法准确度高，专一性强，简便易行，可以满足血药浓度测定及药动学研究的需要。

第五节　高效液相色谱法

液相色谱法是指流动相为液体、固定相为固体或液体的色谱技术。早期的液相色谱（经典液相色谱）是将小体积的试液注入色谱柱上部，然后用洗脱液（流动相）洗脱，流动相依靠自身的重力穿过色谱柱，柱效差（固定相颗粒不能太小），分离时间很长。

20 世纪 70 年代初期发展起来的高效液相色谱法，克服了经典液相色谱法柱效低、分离时间很长的缺点，成为一种高效、快速的分离技术。高效液相色谱法是在经典色谱法的基础上，将流动相改为液体高压泵输送（最高输送压力可达 4.9×10^{7} Pa）；色谱柱是以特殊的方法用小粒径的填料填充而成，从而使柱效大大高于经典液相色谱（每米塔板数可达几万或几十万）；同时柱后连有高灵敏度的检测器，可对流出物进行连续检测。

一、液相色谱分类

（一）按固定相的状态分类

1. 液-液色谱

固定相由担体和在其表面涂覆的一层固定液构成，数量多，是液相色谱主要的形式。

2. 液-固色谱

固定相为固体吸附剂，多孔颗粒物质，种类不多，如硅胶、分子筛等。

（二）按分离原理分类

1. 分配色谱

（1）液-液色谱：当试样进入色谱柱，组分在两相间进行分配（液液萃取），反复多次进行，因组分不同的分配系数实现分离。流动相和固定相都是液体，但存在固定液可能流失的问题。所以要求流动相与固定相之间应互不相溶（极性不同，避免固定液流失），有一个明显的分界面。

（2）化学键合相色谱：尽管流动相与固定相的极性要求不同，但固定液在流动相中仍有微量溶解；流动相通过色谱柱时的机械冲击力，会造成固定液流失，因而出现了化学键合固定相色谱。通过化学键的方式把有机分子结合到载体表面，形成一种新型固定相，可克服上述缺点。现在应用很广泛（70%～80%）。

2. 吸附色谱

即液-固色谱，流动相为液体、固定相为吸附剂（如硅胶、氧化铝等）。依据吸附剂与组分的吸附和解吸作用的不同来进行分离。当试样进入色谱柱时，溶质分子 X 和溶剂分子 S 对吸附剂表面活性中心发生竞争吸附（未进样时，所有的吸附剂活性中心吸附的是 S），可表示如下：

$$X_m + nS_a \rightleftharpoons X_a + nS_m$$

式中　X_m——流动相中的溶质分子；

S_a——固定相中的溶剂分子；

X_a——固定相中的溶质分子；

S_m——流动相中的溶剂分子；

n——被吸附的溶剂分子数。

溶质分子 X 被吸附，取代固定相表面的溶剂分子。当吸附竞争反应达平衡时：

$$K = \frac{c(X_a)c(S_m)^n}{c(X_m)c(S_a)^n}$$

式中　K——吸附平衡常数，即分配系数。

【讨论】K 越大，保留值越大。

液-固吸附色谱的主要缺点是重复性差，故对流动相的含水量必须严格控制，方能获得有重复性的保留值。因此，每次分析后，特别是做梯度洗脱时，色谱柱再生的时间很长，耗费溶剂多。

3. 离子交换色谱（IEC）

以离子交换剂（阴离子交换树脂或阳离子交换树脂）作为固定相，基于离子交换树脂上可解离的离子与流动相中具有相同电荷的溶质离子进行可逆交换，依据这些离子对交换剂具有不同的亲和力而实现分离。

以阴离子交换剂为例，其交换过程可表示如下：

$$X^-(\text{溶剂中}) + (\text{树脂-}R_4N^+Cl^-) \rightleftharpoons (\text{树脂-}R_4N^+X^-) + Cl^-(\text{溶剂中})$$

溶剂中的阴离子 X^- 与树脂中的 Cl^- 进行交换，当交换达平衡时：

$$K = \frac{c(Cl^-)c(NR_4^+X^-)}{c(X^-)c(NR_4^+Cl^-)}$$

K 值越大，组分与离子交换树脂的相互作用越强，在固定相中的浓度越大，色谱保留值越大，柱中停留时间越长。

凡是在溶剂中能够电离的物质通常都可以用离子交换色谱法来进行分离。

4. 空间排阻色谱法（SEC）

空间排阻色谱法以凝胶（gel）为固定相，也称凝胶渗透色谱。它的分离机理与其他色谱法完全不同，类似于分子筛的作用，但凝胶的孔径比分子筛要大得多，一般为数纳米到数百纳米。组分在两相之间不是靠其相互作用力的不同来进行分离，而是按分子大小进行分离。分离只与凝胶的孔径分布和溶质的流动力学体积或分子大小有关。试样进入色谱柱后，随流动相在凝胶外部间隙以及孔穴旁流过。在试样中一些太大的分子不能进入胶孔而受到排阻，因此就直接通过柱子，首先在色谱图上出峰；一些很小的分子可以进入所有胶孔并渗透到颗粒中，这些组分在柱上的保留值最大，在色谱图上最后出峰。

排阻色谱主要用于分离大分子物质，分离范围从相对分子质量 2 000～2 000 000，大多为生物化学物质和聚合物等，只要这些大分子物质在流动相中可溶，就可用排阻色谱法进行分离，但其分离效率并不高。

（三）其他分类

根据流动相与固定相的极性，分为正相色谱和反相色谱。

（1）正相液-液分配色谱：流动相的极性小于固定液的极性。

（2）反相液-液分配色谱：流动相的极性大于固定液的极性。

二、高效液相色谱法特点

（1）高压：液相色谱法以液体为流动相（称为载液），液体流经色谱柱，受到的阻力较大，为了迅速地通过色谱柱，必须对载液施加高压。一般可达 $150 \sim 350 \times 10^5$ Pa。

（2）高效：近来研究出许多新型固定相，使分离效率大大提高。

（3）高速：流动相在柱内的流速比经典液相色谱快得多，一般可达 1～10 mL/min。高效液相色谱法所需的分析时间比经典液相色谱法少得多。

（4）高灵敏度：高效液相色谱已广泛采用高灵敏度的检测器，进一步提高了分析的灵敏度。如紫外检测器最小检出量达 10^{-9} g · mL^{-1} 数量级，荧光检测器灵敏度可达 10^{-13} g · mL^{-1}。另外，用样量小，一般几微升即可完成分析任务。

三、高效液相色谱（HPLC）与气相色谱（GC）比较

（一）共同点

HPLC 是在 GC 高速发展的情况下形成的，与 GC 有许多相似之处。

（1）色谱的基本理论一致，即分离的顺序取决于 K，K 大的组分保留值大。

（2）定性、定量原理相同。

（3）色谱系统均由流动相系统、进样系统、分离系统、检测系统和数据处理系统构成，都具有分离效率高、灵敏度高等特点。

（4）均可应用计算机控制色谱操作条件和数据处理程序，自动化程度高。

（二）不同点

由于液体的黏度比气体大得多，扩散系数比气体小，故 HPLC 与 GC 存在以下差别：

1. 流动相差别

GC 流动相为气体，气体与样品分子之间作用力可忽略，且载气种类少，性质接近，改变载气对柱效和分离效率影响较小，流动相对 K 影响小。

HPLC 以液体为流动相，液体分子与样品分子之间的作用力不能忽略，是分离的依据之一，流动相对 K 影响较大。而且液体种类多，性质差别大，既可以是水，又可以是有机溶剂；既可以是极性化合物，又可以是非极性化合物，可供选择范围广，所以流动相的选择是控制柱效和分离效率的重要因素之一。

2. 适应范围差别

气相色谱法虽也具有分离能力好、灵敏度高、分析速度快、操作方便等优点，但是受技术条件的限制，沸点太高的物质或热稳定性差的物质都难于应用气相色谱法进行分析。而高效液相色谱法只要求试样能制成溶液，而不需要气化，因此不受试样挥发性的限制。对于高沸点、热稳定性差、相对分子质量大（大于 400 以上）的有机物（这些物质几乎占有机物总数的 75%～80%），原则上都可应用高效液相色谱法来进行分离、分析。据统计，在已知化合物中，能用气相色谱分析的约占 20%，而能用液相色谱分析的占 70%～80%。

3. 固定相差别

GC 的固定相多是固体吸附剂或在担体表面上涂渍一层高沸点有机物组成的液体固定相或一些化学键合相。GC 固定相颗粒粒度较大（一般为 100～250 μm）、吸附等温线多是非线性的，但成本低。

HPLC 的固定相也是固体吸附剂或在担体表面上涂渍一层高沸点有机物组成的液体固定相或一些化学键合相，以化学键合相为主，是今后的发展方向。HPLC 固定相颗粒粒度小得多（一般为 3～10 μm），分配等温线多是线性的，峰形对称，但成本高。

四、液相色谱的固定相

前面讨论了高效液相色谱法的主要类型及其分离原理、特点，下面重点介绍液-液色谱所用的固定相，它由担体（载体）和固定液组成。

（一）担　体

液相色谱所用的担体可分为以下两类（图 2-12）：

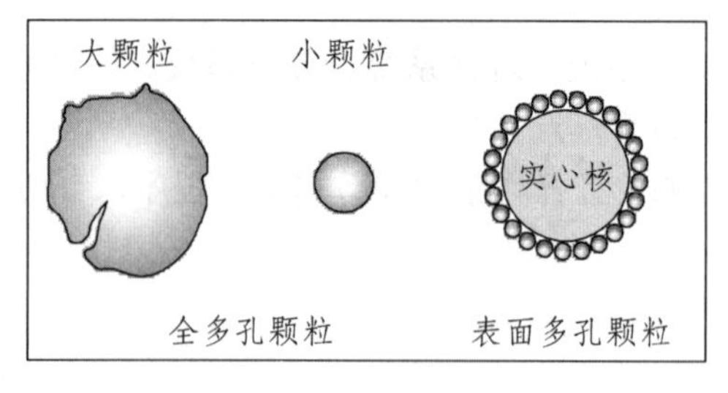

图 2-12　担体类型

1. 全多孔型担体

HPLC 早期使用的担体是颗粒均匀的多孔球体，如由氧化铝、硅藻土等制成的 ϕ=100 μm 大颗粒全多孔型担体。填料的不规则性和较宽的粒度范围会导致填充不易均匀，柱效低；填料孔径分布不一，并存在“裂隙”，在填料深孔中形成滞留液体（液坑），溶质分子在深孔中扩散和传质慢，使色谱峰变宽，柱效下降。

为此应减小填料颗粒直径，可以加快传质速度和改善峰展宽现象。目前 HPLC 大都采用球形全多孔硅胶。它由纳米级的硅胶微粒堆聚成ϕ为 3～10 μm 的全多孔小球，表面孔径均一，柱效高，表面积大，上样量大；缺点是透过性不如薄壳型担体。

2. 表面多孔型担体（薄壳型担体）

它是直径为 30～40 μm 的实心核（玻璃微珠），表层上附有一层厚度为 1～2 μm 的多孔表面（多孔硅胶）。优点是孔穴浅（固定相仅为表面的一薄层），传质速度快，易于填充均匀，柱效高；缺点是柱子容量低，需要配用高灵敏度的检测器。

目前粒度为 3～10 μm 的全多孔微粒担体使用较为普遍。

（二）固定液

液-液色谱流动相和固定相都是液体，因此要求两相要互不相溶。所以，原则上气相色谱用的固定液，只要不和流动相互溶，也可用作液相色谱固定液。但液-液色谱中流动相也影响分离，故在液-液色谱中常用的固定液并不多，如强极性的β,β'-氧二丙腈、中极性的聚乙二醇-400 和非极性的角鲨烷等。采用机械涂覆方法，将固定液涂附在前述担体上，组成固定相。

（三）化学键合固定相

将固定液机械地涂在担体表面上构成的固定相，使用时不可避免地存在固定液流失，后来发展起来一种新型的固定相——化学键合固定相。即用化学反应的方法通过化学键把有机分子结合到担体表面。根据在硅胶表面（具有≡Si—OH 基团）的化学反应不同，键合固定相可分为硅氧碳键型（≡Si—O—C）、硅氧硅碳键型（≡Si—O—Si—C）、硅碳键型（≡Si—C）和硅氮键型（≡Si—N）4 种。

如应用较多的 C_{18} 色谱柱，其反应如图 2-13 所示。

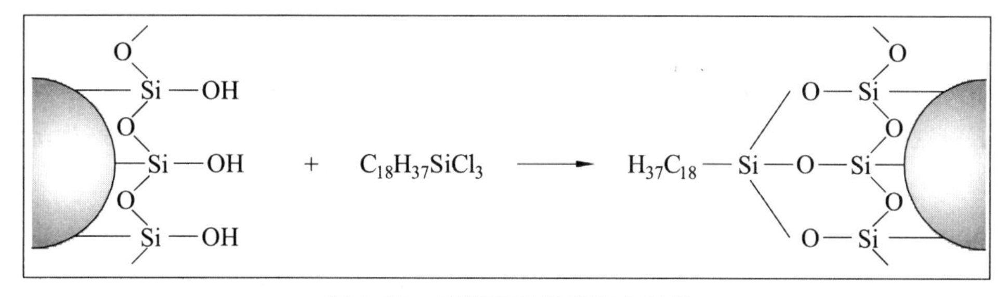

图 2-13　硅胶表面化学键合反应

化学键合固定相具有以下特点：

（1）传质快，表面没有液坑，比一般液体固定相传质快得多。

（2）寿命长，几乎无固定液流失，增加了色谱柱的稳定性和寿命。

（3）选择性好，可以键合不同官能团，灵活改变选择性，应用于多种色谱类型及样品的分析（表 2-4）。

（4）有利于梯度洗脱，也有利于配用灵敏的检测器和馏分的收集。

表 2-4　化学键合色谱柱的应用

试样种类	键合基团	流动相	色谱类型	实例
低极性，溶解于烃类	$—C_{18}$	甲醇-水 乙腈-水 乙腈-四氢呋喃	反相	多环芳烃、甘油三酯、类脂、脂溶性维生素、甾族化合物、氢醌
中等极性，可溶于醇	$—CN$ $—NH_2$	乙腈、正己烷、氯仿、异丙醇	正相	脂溶性维生素、甾族、芳香醇、胺、类脂、止痛药、芳香胺、脂、氯化农药、苯二甲酸
	$—C_{18}$ $—C_8$ $—CN$	甲醇、水、乙腈	反相	甾族、可溶于醇的天然产物、维生素、芳香酸、黄嘌呤
高极性，可溶于水	$—C_8$ $—CN$	甲醇、乙腈、水、缓冲溶液	反相	水溶性维生素、胺、芳醇、抗生素、止痛药
	$—C_{18}$	水、甲醇、乙腈	反相离子对	酸、磺酸类燃料、儿茶酚胺
	$—SO_3^-$	水和缓冲溶液	阳离子交换	无机阳离子、氨基酸
	$—NR_3^+$	磷酸缓冲液	阴离子交换	核苷酸、糖、无机阴离子、有机酸

五、液相色谱流动相

在气相色谱中，载气是惰性的（与组分分子之间的作用力可忽略不计），常用的只有三四种，它们的性质差异也不大，所以要提高柱子的选择性，只要选择合适的固定相即可。但在液相色谱中，当固定相选定后，流动相的种类、配比能显著影响分离效果，因此，流动相的选择也非常重要。

选择流动相（或称淋洗液、洗脱剂）时应注意以下几点。

（1）流动相的纯度：防止微量杂质长期累积损坏色谱柱和使检测器噪声增加。采用色谱纯试剂。

（2）避免流动相与固定相发生作用而使柱效下降或损坏柱子。如在液-液色谱中，流动相应与固定液互不相溶，否则，会使固定液溶解流失；酸性溶剂破坏氧化铝固定相等。

（3）对试样要有适宜的溶解度：试样在流动相中应有适宜的溶解度，防止产生沉淀并在柱中沉积。

（4）溶剂的黏度小些为好：否则，会降低试样组分的扩散系数，造成传质速率缓慢，柱效下降。此外，溶剂黏度大，柱压高。

（5）应与检测器相匹配：例如，当使用紫外检测器时，流动相不应有紫外吸收。

在选择溶剂时，溶剂的极性是选择的重要依据。例如，采用正相液-液分配色谱分离时：首先选择中等极性溶剂，若组分的保留时间太短，降低溶剂极性，反之增加。也可在低极性溶剂中逐渐增加其中的极性溶剂，使保留时间缩短。

常用溶剂的极性顺序：

水（最大）>甲酰胺>乙腈>甲醇>乙醇>丙醇>丙酮>二氧六环>四氢呋喃>甲乙酮>正丁醇>

乙酸乙酯>乙醚>异丙醚>二氯甲烷>氯仿>溴乙烷>苯>四氯化碳>二硫化碳>环己烷>己烷>煤油（最小）

除此之外，为获得合适的溶剂极性，常采用二元或多元组合溶剂作为流动相，以灵活调节流动相的极性或增加选择性，改善分离或调整出峰时间。选择时要参阅有关手册，并通过实验确定。

六、高效液相色谱流程

溶剂储器中的流动相被高压泵吸入，经控制器按一定的梯度进行混合，以稳定的压力和恒定的流量导入进样阀（器）、保护柱、色谱分离柱后到检测器，检测器将分离组分的浓度（或质量）变化转化为电信号，电信号经放大后，由记录仪记录下来，即色谱图，或将电信号输入计算机进行图谱处理与计算检测；馏分收集器可收集馏分（图 2-14）。

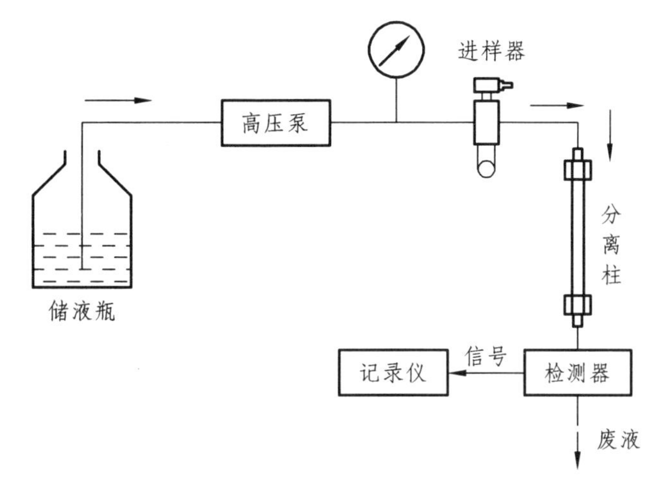

图 2-14　HPLC 流程图

七、高效液相色谱系统

HPLC 分离分析技术发展迅猛，目前应用十分广泛。高效液相色谱一般由流动相系统（高压输液系统）、进样系统、分离系统、检测系统和数据处理系统五部分组成（图 2-15）。

（一）高压输液系统

由储液器、高压泵、梯度洗脱装置等构成。

1. 高压泵

高压输液泵是 HPLC 中的关键部件之一。由于色谱柱的内径小（1～6 mm），所用固定相的粒度也非常小（3～10 μm），所以流动相在柱中流动受到的阻力很大，在常压下，流动相流速十分缓慢，柱效低且费时。为了达到快速、高效分离，必须给流动相施加很大的压力，以加快其在柱中的流动速度。为此，须用高压泵进行高压输液。

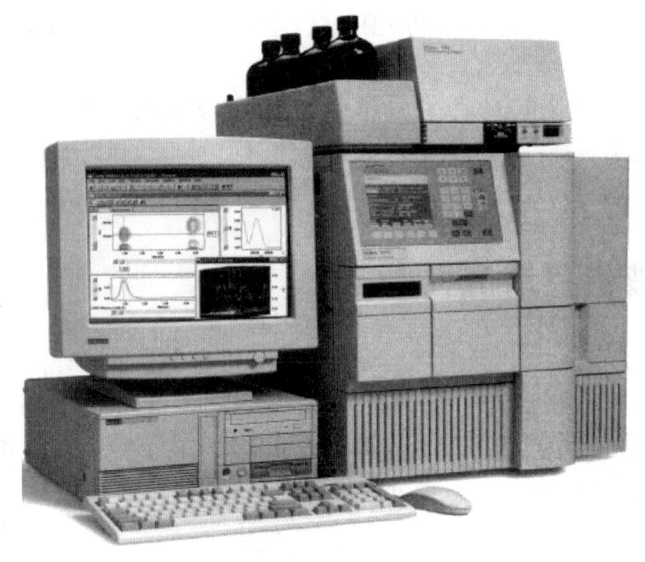

图 2-15　高效液相色谱仪

HPLC 使用的高压泵应满足下列条件：

① 流量恒定，无脉动，并有较大的调节范围（一般为 1～10 mL/min），精度高。

② 能耐溶剂腐蚀，密封良好。

③ 有较高的输液压力，能达到 30～50 MPa。

高压泵一般有恒流泵和恒压泵两类。

（1）恒流泵——往复式柱塞泵。

其主要部件是电动机和偏心轮。一开始，电动机使活塞做往复运动，偏心轮旋转一周，活塞完成一次往复运动，即完成一次抽吸冲程和输送冲程。改变电动机的转速可以控制活塞的往复频率，获得需要的流速。当柱塞推入缸体时，泵头出口（上部）的单向阀打开，同时，流动相进入的单向阀（下部）关闭，这时就输出一定量的流体。反之，当柱塞向外拉时，流动相入口的单向阀打开，出口的单向阀同时关闭，一定量的流动相就由其储液器吸入缸体中。为了维持一定的流量，柱塞每分钟大约往复运动 100 次（图 2-16）。

这种泵的特点是不受整个色谱体系中其余部分阻力稍有变化的影响，连续供给恒定体积的流动相，适用于梯度洗脱和再循环洗脱，而且清洗方便，易更换溶剂。

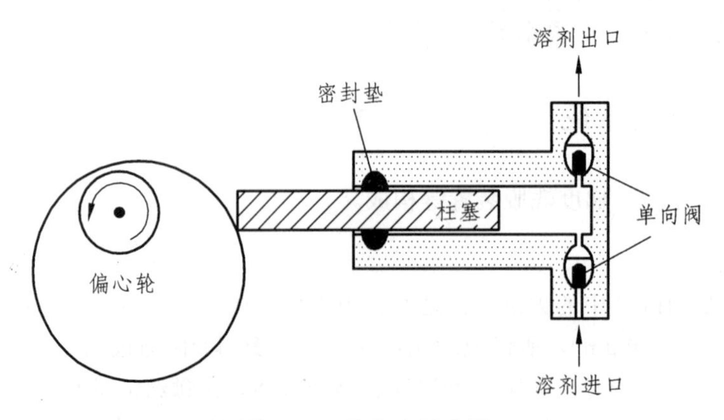

图 2-16　往复式柱塞泵

（2）恒压泵——气动放大泵。

常称为气动泵，采用适当的气动装置，使高压惰性气体直接加压于流动相，输出无脉动的液流。这种泵简单价廉，但流速不如恒流泵精确稳定，故只适用于对流速精度要求不高的场合，或作为装填色谱柱用泵。

其工作原理是：气缸内装有可以往复运动的活塞。气动活塞的截面积比液动活塞的截面积大几十倍，活塞施加于液体的压力，是按两个截面积同等比例放大的压力，工作时，在恒定气压的作用下，活塞在缸内往复运动，完成抽吸和输送液体的动作（图 2-17）。气动放大泵的优点是容易获得高压，没有脉冲，流速范围大。缺点是受系统压力变化的影响大，因此，保留值重复性较差，不适于梯度洗脱操作；而且泵体积较大，更换溶剂麻烦，耗费量大。

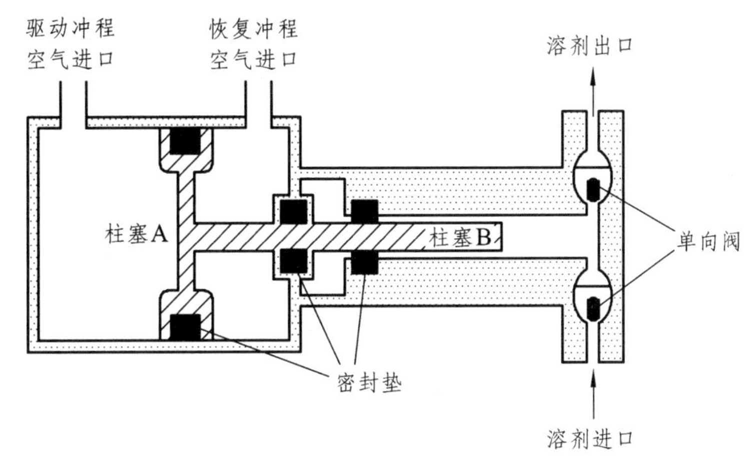

图 2-17　气动放大泵

2. 梯度洗脱装置

梯度洗脱也称溶剂程序，类似于 GC 中的程序升温，已成为现代高效液相色谱中不可缺少的部分。

梯度洗脱就是流动相中含有两种（或更多）不同极性的溶剂，在分离过程中按一定的程序连续改变流动相中溶剂的配比和极性，通过极性的变化来改变被分离组分的分离因素，以提高分离效果。梯度洗脱可以分为两种：

（1）低压梯度（也叫外梯度）：在常压下，预先按一定程序将两种或多种不同极性的溶剂混合后，再用一台泵输入色谱柱。

（2）高压梯度（或称内梯度）：利用两台高压输液泵，将两种不同极性的溶剂按设定的比例送入梯度混合室，混合后，进入色谱柱。

（二）进样系统

高效液相色谱仪配有六通阀进样装置，或带有自动进样器。它的作用是把样品有效地送入色谱柱。进样操作是柱外效应的重要因素之一，影响分离效果和重现性。

1. 六通阀进样装置

包括进样口、微量进样器、六通阀和定量管等。六通阀体为不锈钢，死体积小，密闭性好。

（1）六通阀工作原理（图 2-18）：

手柄转动至取样（Load）位置，此时与柱系统隔断。样品经微量进样器从进样孔注射进定量环，定量环充满后，多余样品从放空孔排出。

将手柄转动至进样（Inject）位置，阀与液相流路接通，由泵输送的流动相冲洗定量环，推动样品进入液相分析柱进行分析。

虽然六通阀进样器具有结构简单、使用方便、寿命长、日常无需维修等特点，但正确的使用和维护能增加其使用寿命，同时增加分析准确度。

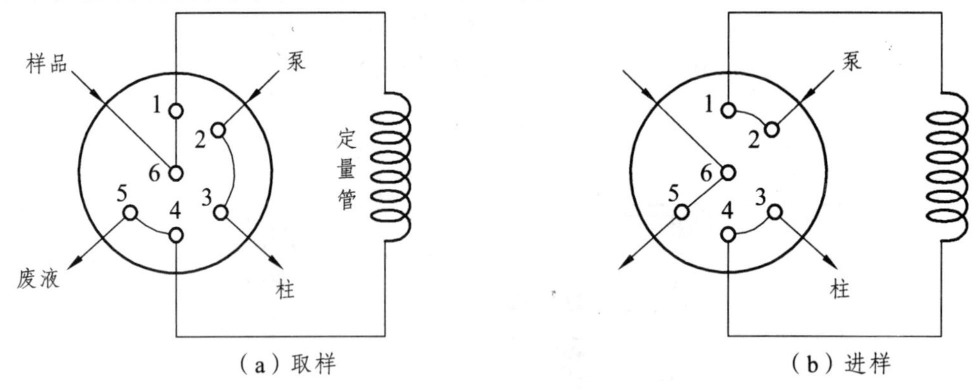

图 2-18　六通阀进样示意图

（2）使用注意事项。

① 手柄处于 Load 和 Inject 之间时，由于暂时堵住了流路，流路中压力骤增，再转到进样位，过高的压力会在柱头上引起损坏。所以应尽快转动阀，不能停留在中途。

② 在 HPLC 系统中使用的注射器针头有别于气相色谱，是平头注射器。针头外侧紧贴进样器密封管内侧，密封性能好，不漏液，不引入空气。

③ 进样样品要求无微粒和能阻死针头及进样阀的物质，样品溶液均要用 0.45 μm 的滤膜过滤，防止微粒阻塞进样阀和减少对进样阀的磨损。为防止缓冲盐和其他残留物质留在进样系统中，测试结束后应用不含盐的流动相（甲醇或高纯水）冲洗进样阀。

2. 自动进样器

自动进样器由计算机自动控制定量阀，按预先编制注射样品的操作程序工作，取样、进样、清洗和样品盘转动，全部自动进行，一次可连续进几十个或上百个样品。

自动进样器重复性好，适用于大量的样品分析，但价格较贵。

（三）分离系统

1. 液相色谱柱

色谱柱是高效液相色谱仪最重要的部件（心脏）。通常是用内壁抛光的不锈钢管制作的，耐高压，柱子内径一般为 1～6 mm。常用的标准柱型是内径为 4.6 或 3.9 mm，长度为 15～30 cm 的直形不锈钢柱，填料颗粒度 5～10 μm，柱效以理论塔板数计为 7 000～10 000。

2. 预　柱

为清除流动相中的不溶性物质或不纯物质（如过滤中没有除去的细小粒子或空气中、容器中的不纯物质），保护色谱分析柱，在泵和进样器之间设置的过滤柱。

3. 保护柱

保护柱是消耗性的柱子，固定相与分析柱一样。保护柱安装在柱前进样阀后，保护色谱分析柱，延长色谱柱的使用寿命，保证重现性。它的长度较短，一般小于 5 cm。

（四）检测系统（器）

无论是气相色谱还是液相色谱，检测器的作用和要求基本一致。液相色谱需要检测的对象是液体，常用的检测器可分为两种类型：一类是溶质性检测器．它仅对被分离组分的物理或化学特性有响应，如紫外-可见、荧光检测器等；另一类是总体检测器，它对试样和洗脱液总的物理或化学性质有响应，如示差折光、电导检测器等。

1. 紫外-可见检测器（UV-Vis）

它的作用原理是基于被分析试样组分对紫外（可见）光的选择性吸收，组分浓度与吸光度的关系遵循比尔-朗伯定律。它是最常用的检测器，对大部分有机化合物有响应，应用广。

特点：灵敏度高，其最小检测量 10^{-9} g · mL^{-1}，故即使对紫外光吸收很弱的物质，也可以检测；线性范围宽；流通池可做得很小（1 mm×10 mm，容积 8 μL）；对流动相的流速和温度变化不敏感，可用于梯度洗脱；波长可选，易于操作。

缺点：对紫外（可见）光完全不吸收的组分不能检测；同时溶剂的选择受到限制。

2. 光电二极管阵列检测器（PAD 或 PDA）*

它是紫外-可见检测器的一个重要进展。利用计算机处理技术，采用光电二极管阵列作为检测元件，阵列由几百至上千个光电二极管组成，每一个二极管宽 50 μm，各自测量一窄段的光谱。由光源发出的紫外或可见光通过液相色谱测量池，被各组分进行特征吸收，然后通过狭缝，进入单色器进行分光，最后由光电二极管阵列检测，得到各个组分的吸收信号。经计算机快速处理，得三维立体谱图（时间、波长、吸光度），利用色谱保留值规律及光谱特征吸收曲线综合进行分析，可判别色谱峰的纯度及分离情况等。

3. 荧光检测器（FD）

荧光检测器是一种高灵敏度、高选择性检测器，它利用物质的荧光特性来检测。在一定条件下，荧光强度与物质浓度呈正比。许多有机化合物具有天然荧光活性，其中有芳香基团的化合物的荧光活性很强，所以是一种选择性很强的检测器。它适合于稠环芳烃、甾族化合物、氨基酸、维生素、色素、蛋白质等荧光物质的测定。检出限可达 10^{-12}～10^{-13} g · mL^{-1}，比紫外检测器高出 2～3 个数量级。缺点是适用范围有一定局限性，其线性范围也较窄。

荧光检测器的结构及工作原理和荧光光度计相似。

4. 示差折光检测器（RID）*

示差折光检测器的工作原理是基于物质具有不同的折光指数，利用两束相同角度的光分别照射溶剂相和样品溶剂相时，其中一束（通常是通过样品加溶剂相）光因为发生偏转造成两束光的强度差发生变化，将此差示信号放大并记录，该信号代表样品的浓度。由于每种物质都具有与其他物质不相同的折射率，因此示差折光检测器是一种通用型检测器，使用的普及程度仅次于紫外检测器。使用 RID 时基线易产生漂移，由于 RID 是检测流动相与试样之间极小的折射率差，流动相的折射率必须固定，处于稳定状态，可是由于折射率受微小的温度变化和流量变化的影响，即使最新的装置在高灵敏区分析时也很难取得笔直的基线。

5. 电导检测器*

其作用原理是根据物质在某些介质中电离后产生电导变化来测定电离物质的含量，属电化学检测器，是离子色谱法中使用最广泛的检测器。电导池内的检测探头是由一对平行的铂电极（表面镀铂黑以增加其表面积）组成，将两电极构成电桥的一个测量臂。电桥可用直流电源，也可用高频交流电源。电导检测器的响应受温度的影响较大，因此要求严格控制温度。一般在电导池内放置热敏电阻器进行监测。

（五）数据处理系统（工作站）

与 GC 相同，最基本的功能是将检测器输出的信号进行采集、转换、输出、数据计算处理、报告结果等。

目前液相色谱仪大都配有计算机与专用色谱数据处理软件进行数据处理，称为色谱工作站，它具有下列功能：

① 自行诊断；② 全部操作参数控制；③ 控制多台仪器；④ 智能化数据和谱图处理等。

随计算机技术的发展，工作站的功能将更加丰富和完善。

八、色谱分离类型的选择*

要正确地选择色谱分离方法，首先必须尽可能多地了解样品的有关性质，其次必须熟悉各种色谱方法的主要特点及其应用范围。

通过科技工作者长期实践，总结出选择色谱分离方法的主要依据是组分的相对分子质量的大小、在水中和有机溶剂中的溶解度、极性和稳定程度以及化学结构等物理、化学性质（表 2-5）。

表 2-5　分离类型选择

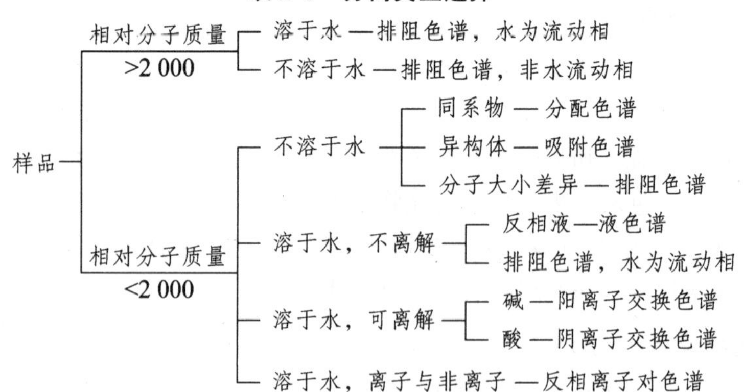

1. 相对分子质量

对于相对分子质量较低（一般在 200 以下）、挥发性比较好、加热又不易分解的样品，可以选择气相色谱法进行分析；相对分子质量在200～2 000的化合物，可用液固吸附、液-液分配和离子交换色谱法；相对分子质量高于2 000的，可用空间排阻色谱法。

2. 溶解度

水溶性样品最好用离子交换色谱法和液液分配色谱法；微溶于水，但在酸或碱存在下能很好电离的化合物，可用离子交换色谱法；油溶性样品或相对非极性的混合物，可用液-固色谱法。

3. 化学结构

若样品中包含离子型或可离子化的化合物，或者能与离子型化合物相互作用的化合物（如配位体及有机螯合剂），可首先考虑用离子交换色谱，但空间排阻和液液分配色谱也都能顺利地应用于离子化合物；异构体的分离可用液固色谱法；具有不同官能团的化合物、同系物可用液液分配色谱法；对于高分子聚合物，可用空间排阻色谱法。

第六节　液相色谱条件确定及其在药物分析中的应用

只要试样能制成溶液，原则上都可应用高效液相色谱法来进行分离、分析，此外高效液相色谱还有样品不被破坏、易回收等优点，有多种分离模式可供选择，其应用对象远广于气相色谱法。据统计，70%以上的有机化合物可用高效液相色谱分析，特别是对于高沸点、大分子、热稳定性差的化合物、天然产物及生化活性组分的分离分析，显示出优势。因而，高效液相色谱广泛用于精细化工、环境监测、生命科学、药物研究、临床医学、商品检验及法学检验等领域。

一、液相色谱条件确定

与GC相似，为了使分离分析获得满意结果，首先必须了解样品的有关性质和各种色谱方法的知识，正确地选择色谱分离方法（见上节色谱分离类型选择），并选择好固定相（色谱柱），已在前面进行了讨论。在此基础上，还要选择合理的分离分析操作条件。

（一）分离操作条件

1. 流动相及操作参数选择

流动相的选择在上节中已论述（详见液相色谱流动相）。确定梯度洗脱参数：

（1）通过改变流动相的比例，改变保留时间，计算分离度、理论塔板数等。

（2）通过在流动相中加入缓冲溶液调节pH，可以改善峰形，计算分离度、塔板数等。

综合分析，确定梯度洗脱条件。

2. 流速确定

通过改变流动相流速，综合分析色谱图，计算分离度、理论塔板数等，确定较佳流速。

3. 柱温确定

柱温在液相色谱分析中对其分离分析效果的影响相对次要，研究时可根据固定相性质、组分性质等信息，在较小温度范围内进行试验，综合分析色谱图，计算分离度、理论塔板数等，确定柱温。

4. 进样量

一般控制在 10～20 μL。进样准确、快速、规范。

（二）分析检测条件

（1）检测器选择（上节已讨论）。

（2）检测器参数确定——以 UV-Vis 检测器为例讨论。

【问题】如何确定检测波长？

① 从结构分析待测组分及共存组分是否对紫外和可见光都有吸收；

② 通过理论分析和试验测量各组分标准品的 UV-Vis 吸收曲线，综合分析确定检测波长。

（三）其　他

（1）定性：准备好分析组分的标准品（对照品）或采用色谱联用技术定性。

（2）定量：待测组分标准溶液配制、标准曲线制作及线性范围确定等。

二、HPLC 在药物分析中的应用

HPLC 在药物分析中的应用广泛，如药物的含量测定、杂质检查及微量水分测定、有机溶剂的残留量检测、药物中间体的监控（反应监控）、中药成分研究、制剂分析（制剂稳定性和生物利用度研究）、治疗药物监测和药物代谢研究等。

1. 药物分析

【例 2.10】 香连丸中生物碱的高效液相色谱分析。

样品处理：将香连丸粉碎后，过 60 目筛，65 °C 烘干至质量恒定，准确称取一定量丸粉，置于索氏提取器中，加 50 mL 甲醇 90 °C 提取至无色。回收甲醇，残留物用 95%甲醇溶解，上 Al_2O_3 柱净化，95%甲醇洗脱至无色。洗脱液用 0.45 μm 滤膜过滤，滤液定容于 50 mL 量瓶中，进样 5 μL，进行色谱分析。谱图如图 2-19。

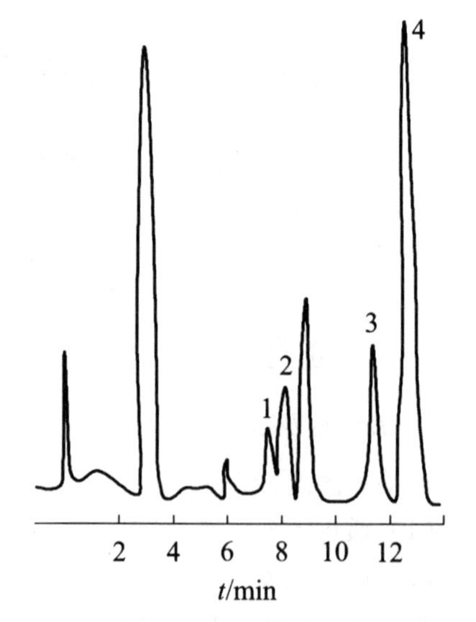

图 2-19　香连丸生物碱的 HPLC 图谱

1—药根碱；2—黄连碱；3—巴马汀；4—小檗碱

色谱条件：

色谱柱，μ-Bondapak C_{18}，3.9 mm×300 mm；
流动相：0.02 mol/L 磷酸-乙腈（68∶32）；
流速：1.0 mL · min^{-1}；
检测波长：346 nm。

2. 临床分析

【例 2.11】 血浆中双氢氯噻嗪的临床分析——反相键合相色谱法。
色谱柱：Spherisorb ODS（十八烷基键合相），10 μm（250 mm×3 mm）；
流动相：$V_{甲醇}$∶$V_{水}$=15∶85；
流速：2.1 mL · min^{-1}；
柱温：室温；
检测器：紫外检测器，λ=280 nm。
分析结果：谱图见图 2.20。

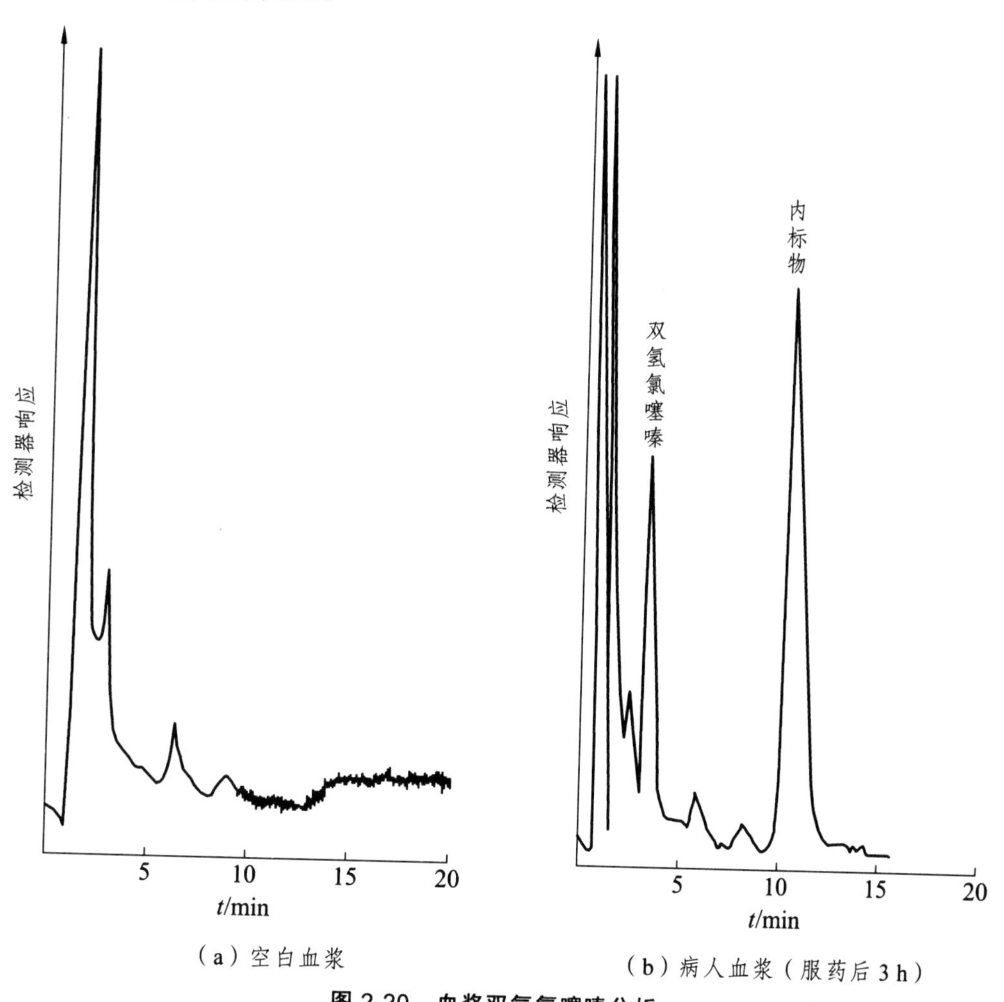

（a）空白血浆
（b）病人血浆（服药后 3 h）

图 2-20 血浆双氢氯噻嗪分析

3. 环境监测

【例 2.12】 环境中有机氯农药残留量分析。

固定相：薄壳型硅胶 CorasilⅡ（37～50 μm）；
流动相：正己烷；
流速：1.5 mL · min^{-1}；
色谱柱：500 mm×2.5 mm（内径）；
检测器：示差折光检测器。
可对水果、蔬菜中的农药残留量进行分析（图 2-21）。

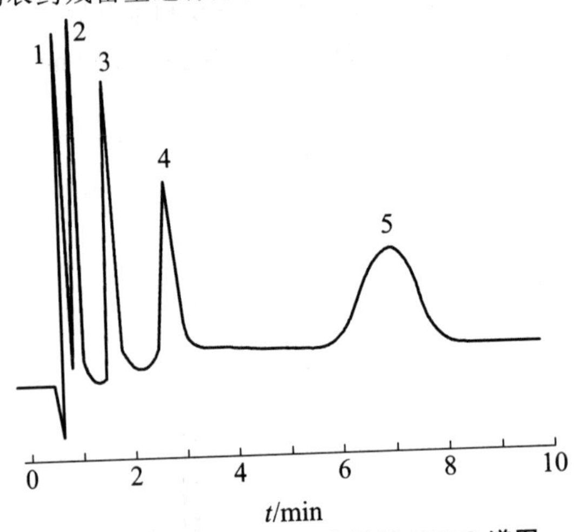

图 2-21 有机氯农药残留量的 HPLC 谱图

1—艾氏剂；2—*p*, *p*′-DDT；3—*p*, *p*′-DDT；4—*γ*-666；5—恩氏剂

4. 中药分析

【例 2.13】 高效液相色谱法测定牛黄上清丸中黄芩含量。

色谱条件与系统适用性试验：以十八烷基硅烷键合硅胶为填充剂；以甲醇-水-磷酸（40∶60∶0.2）为流动相；检测波长为 280 nm。理论塔板数按黄芩苷峰计算应不低于 2 500。

对照品溶液的制备：取黄芩苷对照品适量，精密称定，加甲醇制成每 1 mL 含 60 μg 的溶液，即得。

供试品溶液的制备：取质量差异项下的本品，小蜜丸或大蜜丸剪碎，混匀，取约 1 g，精密称定，精密加入稀乙醇 50 mL；或取水丸适量，研细，取约 1 g，准确称量，准确加入稀乙醇 100 mL，称定质量，超声处理 30 min，加热回流 3 h，冷却后，称定质量，用稀乙醇补足减失的质量，静置，取上清液，即得。

测定：分别准确吸取对照品溶液与供试品溶液各 5 μL，注入液相色谱仪，测定，即得。

本品含黄芩以黄芩苷计，小蜜丸每 1 g 不得少于 2.5 mg，大蜜丸每丸不得少于 15 mg；水丸每 1 g 不得少于 3.5 mg。

习　题

1. 一个组分的色谱峰可以用哪些参数描述？这些参数各有何意义？受哪些因素影响？

2. 从一张色谱流出曲线上，你能获得那些信息？

3. 说明容量因子的物理意义及其与分配系数的关系，它受哪些因素影响？

4. 现有 5 个组分 A、B、C、D 和 E，在色谱上分配系数分别为 480、360、490、496 和 473。试指出它们在色谱柱上的流出顺序。为什么？

5. 当下列参数改变时，是否会引起分配系数的改变，为什么？

（1）柱长缩短；（2）固定相改变；（3）流动相流速增加。

6. 试比较分离效率（柱效）和分离度的概念。有人说“在色谱分析中，塔板数越多，分配次数就越多，柱效能就越高，两组分的分离就越好”，你认为对不对？

7. 塔板理论的主要内容是什么，它对色谱理论有什么贡献，它的不足之处在哪里？

8. 速率理论的主要内容是什么？它对色谱理论有什么贡献，与塔板理论相比，有何进展？

9. 欲使两种组分完全分离，必须符合哪些要求？这些要求与哪些因素有关？

10. 下列各项对柱的塔板高度有何影响？试解释之：

（1）增大相比；（2）减小进样速度；

（3）增加气化室的温度；（4）提高载气的流速；

（5）减小填料的粒度；（6）降低色谱柱的柱温。

11. 用一根柱长为 1 m 的色谱柱分离含有 A、B 两个组分的混合物，它们的保留时间分别为 14.4 min、15.4 min，其峰底宽 W_b 分别为 1.07 min、1.16 min。不被保留组分的保留时间为 4.2 min。试计算 A、B 两组分的：

（1）分离度 R；（2）选择性系数 r_{21}；（3）达到分离度 1.5 时所需柱长。

12. 何为保留指数，应用保留指数做定性指标有什么优点？

13. 在色谱定量中，峰面积为什么要用校正因子？在什么情况下可不用校正因子？

14. 在气相色谱中，直接表征组分在固定相中停留时间长短的保留参数是（　　）。

A. 调整保留时间　　B. 死时间

C. 相对保留值　　D. 保留指数

15. 在气相色谱分析中，当其他色谱条件不变时，热导池的温度越________，则其检测灵敏度越________。

16. 气-固色谱分析中，最先流出色谱柱组分的性质是（　　）。

A. 溶解能力小　　B. 吸附能力小

C. 沸点高　　D. 相对分子质量小

17. 气相色谱中，对组分的保留体积几乎没有影响是（　　）。

A. 改变载气流速　　B. 增加固定液的量

C. 增加柱温　　D. 增加柱长

18. 液相色谱中对流动相有何要求？

19. 高效液相色谱的日常维护应该注意些什么？

20. 高效液相色谱的反相色谱法所使用的固定相是（　　）。

A. 玻璃微球　　B. 强极性固定液

C. 硅胶　　D. 弱极性键合固定相

21. 测定生物碱试样中黄连碱和小檗碱的含量，称取内标物、黄连碱和小檗碱对照品各 0.200 0 g 配成混合溶液。测得峰面积分别为 3.60 cm^2、3.43 cm^2 和 4.04 cm^2。称取 0.240 0 g 内标物和试样 0.856 0 g 同法配制成溶液后，在相同色谱条件下测得峰面积分别为 4.16 cm^2、3.17 cm^2 和 4.54 cm^2。计算试样中黄连碱和小檗碱的含量。

22. 气液色谱分析，组分 A 流出需 8 min，峰宽为 90 s，组分 B 流出需 11 min，峰宽为 120 s；不被固定相作用的组分 C 流出需 2 min，问：（1）B 对 A 的相对保留值是多少？（2）组分 A 的容量因子（分配比）是多少？（3）两组分在该柱上的分离度 R 为多少？

23. 在一根色谱柱上测得某组分的调整保留时间为 1.94 min，峰宽为 9.7 s，色谱峰呈正态分布形状。色谱柱长度为 1 m，试计算该色谱柱的有效理论塔板数及有效塔板高度。

24. 用归一化法分析环氧丙烷样品中的水分、乙醛、环氧乙烷和环氧丙烷的含量，实验所得的数据如下，计算各组分的含量。已知水、乙醛、环氧乙烷、环氧丙烷的校正因子分别为 0.55、0.68、0.76、0.73，衰减系数依次为 1、1、1 和 1/16，峰面积依次为 50、5、250、1970。

第三章　紫外吸收光谱法

【教学要求】

（1）了解分子吸收光谱的形成；理解紫外吸收光谱与电子跃迁类型的关系。

（2）理解物质分子结构与紫外吸收光谱的关系，熟悉生色团、助色团、红移和蓝移等基本概念。

（3）掌握朗伯-比尔定律及其适用范围和进行定量分析的方法；了解偏离朗伯-比尔定律的因素。

（4）了解紫外-可见分光光度计的基本构造、各部件的作用及仪器原理；熟悉分析条件的选择。

（5）熟悉用有机化合物的紫外吸收光谱进行分子结构推断的方法。

【思　考】

（1）紫外吸收光谱产生的原因。

（2）什么是吸收曲线？什么是标准曲线，它们有何实际意义？

（3）分光光度法为何必须采用单色光？

（4）分光光度计有哪些主要部件？各起什么作用？

（5）为什么分子吸收光谱是带状光谱？

（6）分子吸收电磁辐射后，所产生的能级跃迁有哪些类型？这些类型的跃迁各处于什么波长范围？

（7）何为生色团、助色团？何为红移、蓝移？ 举例说明。

（8）紫外吸收光谱分析方法有何特点，应用此方法应注意些什么？

（9）紫外光谱有哪些吸收带？各自的特点是什么？

【内容提要】

用波长范围为 200～400 nm、400～750 nm 的电磁波照射分子时，将对应产生紫外、可见吸收光谱。将照射前、后光强度的变化转变为电信号，并记录下来，就可以得到一条光强度随波长变化的关系曲线，称为吸收光谱图。

紫外吸收光谱属于分子吸收光谱，是由分子中的电子能级跃迁产生的，同时伴随振动、转动能级跃迁，故又称电子-振动-转动光谱。电子跃迁有 $n \to \pi^* < \pi \to \pi^* < n \to \sigma^* < \sigma \to \sigma^*$ 四种类型，紫外吸收光谱有 K、R、B 和 E 四种吸收带，对应不同的电子跃迁类型，能反映分子结构中的生色基团和助色基团，推断未知物的骨架结构。

紫外分光光度法又称紫外吸收光谱法，简称紫外光谱法，是一种测定低含量和痕量组分，广泛应用的定量分析方法，可用于单组分和多组分的测定，配合红外光谱法、核磁共振波谱法和质谱法等常用的结构分析法进行定量鉴定和结构分析，是一种有效的辅助方法。

第一节　光谱分析导论

利用待测物质受到电磁波的作用后，产生光的信号（或光信号的变化），或待测物质受到光的作用后，产生某些分析信号（如声波），检测和处理这些信号，从而获得待测物质的定性和定量信息的分析方法，称为光学分析方法。光学分析方法可以分为光谱分析方法和非光谱分析方法。

通过测定待测物质的某种光谱，根据光谱中的波长特征和强度特征进行定性和定量分析，称为光谱分析方法。

一、电磁波

电磁波按其波长可分为不同区域（表 3-1）：

表 3-1　电磁波的分类

	区域	种类	说明
电磁波	高能辐射区	γ射线	能量最高，来源于核能级跃迁
		X射线	能量高，来自内层电子能级的跃迁
	光学光谱区	紫外光	
		可见光	来自原子和分子外层电子能级的跃迁
		红外光	来自分子振动和转动能级的跃迁
	波谱区	微波	来自分子转动能级及电子自旋能级跃迁
		无线电波	来自原子核自旋能级的跃迁

光学光谱区：远紫外波长 10～200 nm，近紫外波长 200～400 nm，可见光波长 400～780 nm，红外光波长 0.78～50 μm，远红外波长 50～1 000 μm。

二、电磁波与物质的作用

电磁波与物质的相互作用是普遍发生的复杂物理现象。不同能量的电磁波，与物质间发生作用的机理不同，所产生的物理现象也不同，有涉及物质内能变化的，也有不涉及物质内能变化的。常见的电磁波与物质相互作用现象有：

1. 吸　收

吸收是原子、分子或离子吸收能量（等于基态和激发态能量之差），从基态跃迁至激发态的现象。

2. 发　射

发射是物质从激发态跃迁回基态，并以光的形式释放出能量的现象。

3. 散　射

散射是指光通过介质时光子与介质分子之间发生碰撞，光子运动方向发生改变的现象。若是弹性碰撞，没有能量变换，光频率不变，则称为瑞利（非拉曼）散射；若是非弹性碰撞，有能量的交换，光频率发生变化，则称为拉曼散射。

此外还有折射、反射、干涉和衍射等现象。

三、光谱分析法分类

电磁波与物质作用时，会产生能量交换。按物质和辐射的转换方向，光谱法可分为吸收光谱法和发射光谱法两大类。

1. 吸收光谱分析

电磁波照射试样时，其原子或分子选择吸收某些具有适宜能量的光子，使相应波长位置出现吸收线或吸收带，所构成的光谱为吸收光谱。利用物质的吸收光谱进行定量、定性及结构分析的方法称为吸收光谱分析法。吸收光谱法有原子吸收，紫外、可见、红外吸收光度法，核磁共振等。

2. 发射光谱分析

原子或分子受辐射激发跃迁到激发态后，由激发态回到基态，以辐射的方式释放能量，所产生的光谱为发射光谱。利用物质的发射光谱进行定性或定量的方法称为发射光谱分析法。常见的发射光谱法有原子发射光谱法、原子荧光光谱法、分子荧光光谱法和磷光光谱法。

本书仅讨论吸收光谱分析，本章讨论紫外吸收光度法，又称紫外分光光度法，简称紫外光谱法。

紫外吸收光谱是利用分子对电磁辐射的选择性吸收特性建立的分析方法，属分子吸收光谱。紫外光谱（UV）为四大波谱之一，是鉴定许多化合物，尤其是有机化合物的工具之一。

利用紫外吸收光谱进行定量分析由来已久，公元60年古希腊人已知道利用五味子浸液来估计醋中铁的含量。这一古老的方法由于最初是运用人的眼睛来进行检测，所以叫比色法。20世纪30年代产生了第一台光电比色计，40年代出现的Bakman UV分光光度计，促进了新的分光光度计的发展。随着计算机的发展，紫外分光光度计已向着微型化、自动化、在线和多组分同时测定等方向发展。

第二节　分子吸收光谱

一、分子内部的运动及分子能级

分子中有原子与电子，分子、原子和电子都是运动着的微粒，都具有能量。在一定的条件下，整个分子处于确定的运动状态。分子内部的运动可分为电子运动、分子内原子（或原子团）在平衡位置附近的振动和分子绕其重心轴的转动。因此分子具有电子能级、振动能级和转动能级。

电子能级有电子基态与电子激发态；在同一电子能级，还因振动能量不同而分为若干振动能级（V=0，1，2，…）；分子在同一电子能级和同一振动能级时，还因转动能量不同而分为若干个转动能级（J=0，1，2，…）。所以分子总的能量可以认为是这三种运动能量之和：

$$E = E_e + E_v + E_r$$

分子中的三种能级，以转动能级差最小，ΔE_r为 0.025～0.003 eV，分子的振动能级差ΔE_v为 1～0.025 eV，分子的外层电子跃迁的能级差ΔE_e为 20～1 eV。

这三种能级都是量子化的、不连续的。正如原子有能级图一样，分子也有其特征的能级图（图 3-1）。

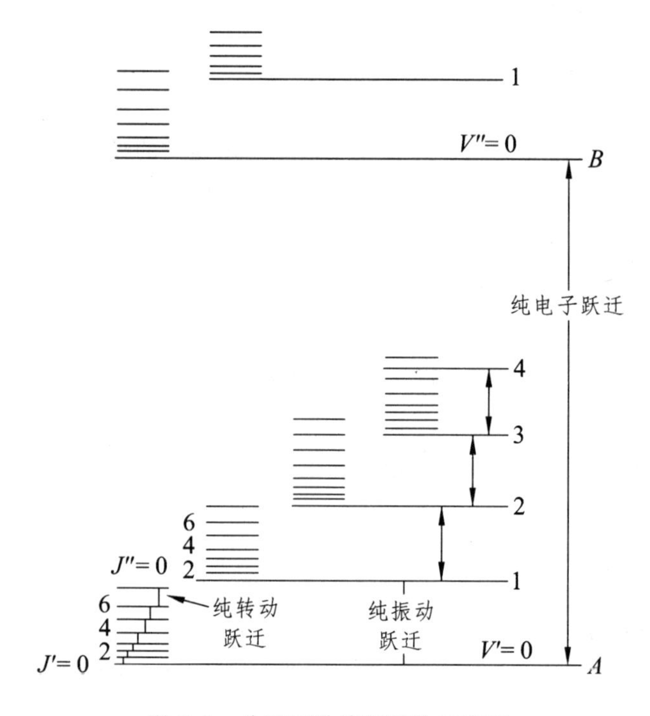

图 3-1　分子三种能级结构示意图

二、能级跃迁与分子吸收光谱的类型

当分子吸收具有一定能量的光子时，就由较低的能级 E_1（基态）跃迁到较高能级 E_2（激发态）。被吸收光子的能量必须与跃迁前后的能级差 ΔE 恰好相等，否则不能被吸收。

$$\Delta E = E_2 - E_1 = h\nu = hc/\lambda$$

1. 转动能级跃迁与远红外光谱

转动能级间的能量差ΔE_r为 0.025～0.003 eV。假如是 0.01 eV，可计算出：

$$\lambda=\frac{hc}{\Delta E}$$

$$=\frac{4.136\times10^{-15}\times2.998\times10^{8}}{0.01}$$

$$=1.24\times10^{-4}\ \text{m}=124\ \mu\text{m}$$

可见，单纯使分子转动能级跃迁所需的辐射是波长约为 50～300 μm，属于远红外区和微波区。因此转动能级跃迁产生吸收的光谱称为远红外光谱或分子转动光谱。

2. 振动能级

振动能级间的能量差 ΔE_v 为 1.5～0.025 eV。假如是 0.1 eV，可计算出：

$$\lambda=\frac{hc}{\Delta E}$$

$$=\frac{4.136\times10^{-15}\times2.998\times10^{8}}{0.1}$$

$$=1.24\times10^{-5}\ \text{m}=12.4\ \mu\text{m}$$

可见，振动能级跃迁产生的吸收光谱位于红外区（0.78～50 μm），称红外光谱或分子振动光谱。振动能级跃迁时不可避免地会产生转动能级间的跃迁，即振动光谱中总包含有转动能级间跃迁，因而产生的光谱也叫振动-转动光谱。

3. 电子能级

电子能级的能量差 ΔE_e 为 1.5～20 eV。假如是 5 eV，可计算出：

$$\lambda=\frac{hc}{\Delta E}$$

$$=\frac{4.136\times10^{-15}\times2.998\times10^{8}}{5}$$

$$=2.48\times10^{-7}\ \text{m}=248\ \text{nm}$$

可见，电子跃迁产生的吸收光谱在 60～780 nm 之间，其中以 200～780 nm 的紫外-可见光区为主要部分，称紫外-可见光谱或分子的电子光谱。

分子的能级跃迁是分子总能量的改变，当发生振动能级跃迁时伴有转动能级跃迁；在电子能级跃迁时，则伴有振动能级和转动能级的改变，紫外-可见光谱实际上是电子-振动-转动光谱，因此，分子光谱总是较宽的带状光谱。常见的分子吸收光谱法有紫外-可见吸收光谱法和红外吸收光谱法。

紫外光可分为近紫外光（200～400 nm）和真空紫外光（60～200 nm）。由于氧、氮、二氧化碳、水等在真空紫外区（60～200 nm）均有吸收，因此在测定这一范围的光谱时，必须将光学系统抽成真空，然后充以一些惰性气体，如氦、氖、氩等。鉴于真空紫外吸收光谱的研究需要昂贵的真空紫外分光光度计，故在实际应用中受到一定的限制。通常所说的紫外-可见分光光度法，实际上是指近紫外-可见分光光度法。

第三节　紫外吸收光谱法原理

一、电子跃迁与吸收带类型

电子光谱是指分子的外层电子或价电子跃迁产生的光谱，因此吸收光谱取决于分子中价电子分布和结合情况。

（一）电子跃迁类型

按分子轨道理论，分子中有成键 σ 轨道，反键 σ^*轨道，形成 σ 单键；成键 π 轨道，反键 π^*轨道，形成复键（不饱和烃）；另外还有未成键的孤对电子所处的轨道，称非键轨道 n（杂原子存在）。各种轨道的能级不同，如图 3-2 所示。

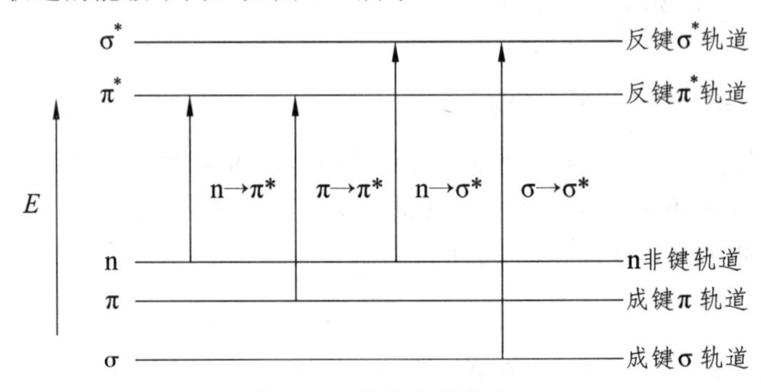

图 3-2　分子电子能级

相应的外层电子和价电子有三种：σ 电子、π 电子和 n 电子。通常情况下，电子处于低的分子能级（成键轨道、非键轨道）。当分子吸收一定能量的光辐射时，电子就在相应能级间发生跃迁，由低能级跃迁到高能级。根据对称性原则，在紫外-可见光区，主要有下列几种跃迁类型：

（1）N→V 跃迁：电子从成键轨道跃迁到对应反键轨道，即 $\sigma\rightarrow\sigma^*$；$\pi\rightarrow\pi^*$跃迁。

（2）N→Q 跃迁：分子中未成键的 n 电子跃迁到反键轨道，包括 $n\rightarrow\sigma^*$和 $n\rightarrow\pi^*$跃迁。

（3）电荷迁移跃迁：当分子形成配合物或分子内的两个大 π 体系相互接近时，外来辐射照射后，电荷可以由一部分转移到另一部分，而产生电荷转移吸收光谱。

此外，若受到高能辐射，σ 电子逐级跃迁到各高能级，最后脱离分子，使分子成为分子离子（光致电离）。

因此，有机化合物一般主要有 4 种类型的跃迁：$n\rightarrow\pi^*$、$\pi\rightarrow\pi^*$、$n\rightarrow\sigma^*$和 $\sigma\rightarrow\sigma^*$。

【讨论】各种电子跃迁所对应的能量大小：

1. $\sigma\rightarrow\sigma^*$跃迁

这是分子中成键 σ 轨道上的电子吸收辐射后被激发到相应的反键 σ^*轨道上。与其他类型的跃迁相比较，$\sigma\rightarrow\sigma^*$跃迁所需要的能量最大，吸收光谱一般处于小于 200 nm 的区域。由于空气强烈吸收 200 nm 以下的紫外光，只有在真空条件下才能观测，故称为真空紫外区。饱和烃分子中只含有 σ 键，因此只能产生 $\sigma\rightarrow\sigma^*$跃迁，如甲烷的最大吸收峰在 125 nm 处，而乙烷

的 λ_{max} 为 135 nm，所以饱和烷烃在 200～780 nm 无吸收峰，这类物质常在紫外吸收光谱分析中用作溶剂。

2. $n \to \sigma^*$跃迁

饱和烷烃分子中的氢被氧、氮、卤素、硫等杂原子取代时，含有非键电子（n 电子），都可发生 $n \to \sigma^*$跃迁。n 电子比其他电子易于激发，电子跃迁所需能量降低，吸收波长向长波方向移动，这种现象称之为红移。$n \to \sigma^*$跃迁所需能量小于 $\sigma \to \sigma^*$跃迁，但仍较大，吸收波长在 150～250 nm 范围，大部分在远紫外区，近紫外区仍不易观察到，而且这类跃迁的摩尔吸收系数 ε 一般较小，在 100～300 $L \cdot mol^{-1} \cdot cm^{-1}$ 范围内。

例如，CH_3Cl、CH_3Br 和 CH_3I 的 $n \to \sigma^*$跃迁分别出现在 173、204 和 258 nm 处。CH_4 吸收光谱为 125～135 nm（$\sigma \to \sigma^*$），CH_3I 的吸收光谱在 150～210 nm（$\sigma \to \sigma^*$）和 259 nm（$n \to \sigma^*$）；CH_2I_2 吸收峰 292 nm（$n \to \sigma^*$）；CHI_3 吸收峰 349 nm（$n \to \sigma^*$）。这些数据说明氯、溴和碘原子引入甲烷后，其相应的吸收波长发生了红移，显示了助色团的助色作用。

直接用烷烃和卤代烃的紫外吸收光谱分析这些化合物的实用价值不大。但是它们是测定紫外和（或）可见吸收光谱（200～1000 nm）的良好溶剂。

3. $\pi \to \pi^*$跃迁

在不饱和烃类分子中，除含有 σ 键外，还含有 π 键，它们可以产生 $\sigma \to \sigma^*$和 $\pi \to \pi^*$两种跃迁。$\pi \to \pi^*$跃迁所需能量较小，小于 $\sigma \to \sigma^*$跃迁，吸收波长处于远紫外区的近紫外端或近紫外区（孤立的双键 $\pi \to \pi^*$跃迁的吸收波长小于 200 nm），ε_{max} 一般在 10^4 $L \cdot mol^{-1} \cdot cm^{-1}$ 数量级以上，属于强吸收，这种含有不饱和键的基团称为生色团。例如，在乙烯分子中，$\pi \to \pi^*$跃迁最大吸收波长为 171 nm，ε_{max} 为 1.553×10^4 $L \cdot mol^{-1} \cdot cm^{-1}$。

4. $n \to \pi^*$跃迁

含有杂原子的双键化合物（醛、酮等）中杂原子上的 n 电子跃迁到 π^*轨道，发生 $n \to \pi^*$跃迁。$n \to \pi^*$跃迁所需能量在四种类型中最少，吸收波长大于 200 nm，但 ε 小，一般小于 100 $L \cdot mol^{-1} \cdot cm^{-1}$，属弱吸收。如丙酮强吸收 $\pi \to \pi^*$跃迁 λ_{max} 为 194 nm，ε 为 9 000 $L \cdot mol^{-1} \cdot cm^{-1}$，$n \to \pi^*$跃迁 λ_{max} 为 280 nm 左右，ε 为 30 $L \cdot mol^{-1} \cdot cm^{-1}$。

有机化合物的紫外吸收光谱多以 $\pi \to \pi^*$和 $n \to \pi^*$这两类跃迁为基础。

综上所述，电子跃迁类型与分子结构及分子中存在的基团有密切的关系，根据化合物分子结构可推测电子产生的跃迁类型。一般情况下，四种电子跃迁类型所需能量大小为

$$n \to \pi^* < \pi \to \pi^* < n \to \sigma^* < \sigma \to \sigma^*$$

在不饱和烃类分子中，当有两个以上的双键共轭形成大 π 键，共轭使大 π 键平均化，各能级之间的距离较近，电子易激发，$\pi \to \pi^*$跃迁的吸收向长波方向移动，吸收强度也随之增强，生色作用加强。共轭程度越强，红移越显著，以至从无色变为有色，吸收峰进入可见光区，吸收强度也增加。如 β-胡萝卜素有 8 个共轭双键，它在 420～450 nm 区域有强吸收，因而呈现黄绿色。

（二）吸收带

吸收带是指吸收峰在紫外-可见光谱中的位置。根据电子及分子轨道的类型可将紫外光谱

的吸收带分为四种类型，在解析紫外光谱时，可以从这些吸收带的类型推测化合物的分子结构。

1. K 吸收带

在非封闭共轭体系中 $\pi \rightarrow \pi^*$ 跃迁产生的吸收峰位置称为 K 吸收带（由 Konjugation 而来，意为共轭）。其特点是：吸收峰强度大，$\varepsilon_{max} > 10^4\ L \cdot mol^{-1} \cdot cm^{-1}$；位置一般＞200 nm；$\lambda_{max}$ 和 ε_{max} 的大小与共轭链的长短及取代基的位置有关。

K 吸收带是共轭分子的特征吸收带，根据 K 带是否出现，可判断分子中共轭体系的情况。K 带在紫外光谱解析中很重要，是重点分析的吸收带。例如：

1, 4-丁二烯：$CH_2=CH-CH=CH_2$　　λ_{max}=217 nm，$\varepsilon_{max}=2.1\times10^4\ L \cdot mol^{-1} \cdot cm^{-1}$。两双键共轭，$\pi \rightarrow \pi^*$ 跃迁。

$CH_3-CH=CH-CHO$（巴豆醛）　　λ_{max}=217.5 nm，$\varepsilon_{max}=1.5\times10^4\ L \cdot mol^{-1} \cdot cm^{-1}$。两双键共轭，$\pi \rightarrow \pi^*$ 跃迁。

$CH_2=CH-CH=CH-CH=CH_2$　　λ_{max}=258 nm，$\varepsilon_{max}=3.5\times10^4\ L \cdot mol^{-1} \cdot cm^{-1}$。三个双键共轭，$\pi \rightarrow \pi^*$ 跃迁。

在芳香环上有发色团取代时，也会出现 K 吸收带，如苯乙烯：乙烯基双键与苯环共轭，λ_{max}=248 nm，$\varepsilon_{max}=1.4\times10^4\ L \cdot mol^{-1} \cdot cm^{-1}$。苯甲醛：$\lambda_{max}$=244 nm，$\varepsilon_{max}=1.5\times10^4\ L \cdot mol^{-1} \cdot cm^{-1}$。

2. R 吸收带

R 吸收带是由分子的价电子发生 $n \rightarrow \pi^*$ 跃迁产生的吸收带，它具有杂原子和双键的共轭基团，如$-C=O$，$-NO$，$-NO_2$、$-N=N-$、$-C=S$ 等。其特点是：$n \rightarrow \pi^*$ 跃迁，一般 λ_{max} 在 270 nm 以上，吸收强度弱，$\varepsilon < 100\ L \cdot mol^{-1} \cdot cm^{-1}$。

K 带与 R 带具有不同的特征，容易区别。前者吸收强度大，而后者吸收弱。

3. B 吸收带（德文 Benzenoid 得名）

B 吸收带是由苯环本身振动及闭合环状共轭双键 $\pi \rightarrow \pi^*$ 跃迁产生的吸收带，是芳香族（包括杂环芳香族）的主要特征吸收带。在气态或非极性溶剂中，苯及其许多同系物的 B 谱带有很多精细结构（图 3-3），这是由 $\pi \rightarrow \pi^*$ 跃迁的振动重叠引起的。其特点是：在 230～270 nm 呈

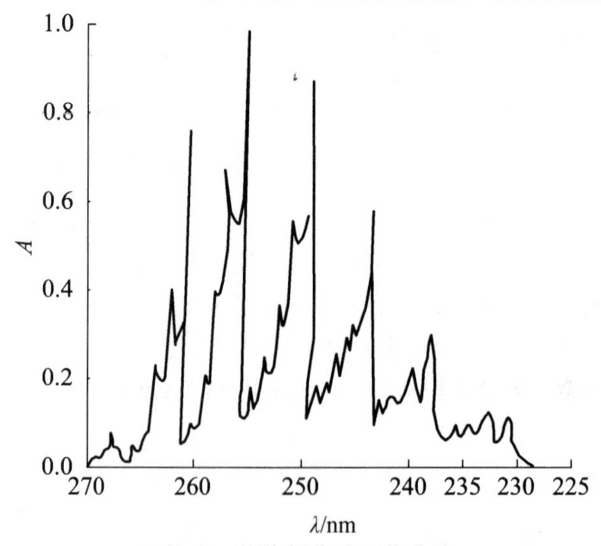

图 3-3　苯蒸气紫外吸收曲线

现一宽峰，且具有精细结构，λ_{max}在255 nm左右，ε约200 L·mol^{-1}·cm^{-1}，属弱吸收，常用来判别芳香族化合物。在极性溶剂中测定，或苯环上有取代基时，精细结构消失。

4. E吸收带（Ethyleneic Band）

E带也是芳香族化合物的特征吸收带，是封闭共轭体系$\pi\to\pi^*$跃迁产生的。E带有E_1和E_2两个吸收带，E_1带出现在185 nm（ε_{max}=47 000 L·mol^{-1}·cm^{-1}）；E_2带λ_{max}在204 nm（ε_{max}=7 900 L·mol^{-1}·cm^{-1}），属于强吸收带。当苯环上有发色团取代且与苯环共轭时，E_2带与K带合并，吸收峰向长波方向移动，例如，苯乙酮结构中，羰基与苯环共轭，E_2带红移，与K带合并，λ_{max}=240 nm（ε_{max}=13 000 L·mol^{-1}·cm^{-1}）；还有B带也红移，λ_{max}=278 nm（ε_{max}=1 100 L·mol^{-1}·cm^{-1}），R带的λ_{max}=319 nm（ε_{max}=50 L·mol^{-1}·cm^{-1}）。

二、影响紫外吸收光谱的因素

（一）溶剂对紫外吸收光谱的影响

紫外分析测试中主要对象为液体溶液，常使用溶剂，溶剂可能对紫外吸收光谱产生影响，主要有两个方面：

1. 溶剂极性对最大吸收峰波长的影响

改变溶剂的极性，可能会使吸收带的最大吸收波长发生变化。原因是溶剂和溶质之间可能形成氢键，或溶剂的偶极使溶质的极性改变，引起各类电子跃迁的吸收峰迁移，如溶剂对亚异丙酮（异丙叉丙酮）紫外吸收光谱的影响（表3-2）。

表3-2　溶剂效应

跃迁类型	正己烷	$CHCl_3$	CH_3OH	H_2O
$\pi\to\pi^*$　λ_{max}/nm	230	238	237	243
$n\to\pi^*$　λ_{max}/nm	329	315	309	305

由表3-2可以看出，由$n\to\pi^*$跃迁产生的吸收峰，随溶剂极性增加，发生蓝移；由$\pi\to\pi^*$跃迁产生的吸收峰，随溶剂极性增加，发生红移。

一般认为，溶剂极性使吸收带位移的原因，是溶剂极性的增加对n、π、π*轨道的溶剂化作用不同引起的，三种能级自身的极性不同，n具有最大极性，π*次之，π最小，溶剂化作用依次减小，使其能量下降程度$n>\pi^*>\pi$，$n\to\pi^*$跃迁所需能量ΔE比非极性溶剂中大，吸收峰蓝移；而$\pi\to\pi^*$跃迁所需能量ΔE却比非极性溶剂中小，所以吸收峰红移。

2. 溶剂的极性可能会影响吸收峰的形状（精细结构）

当溶剂的极性由非极性改变到极性时，精细结构消失，吸收带变得平滑。

图3-4是苯酚在庚烷和乙醇中的紫外图谱。可见，苯酚B带的精细结构在庚烷中清晰可见，但在乙醇中则完全消失，而呈现一个宽峰。

由于溶剂对紫外吸收有影响，因此，在吸收光谱图上或数据表中必须注明所用的溶剂，与已知化合物紫外光谱作对照时也应注明所用的溶剂是否相同；同时在进行紫外光谱法分析时，必须正确选择溶剂。选择溶剂时注意下列几点：

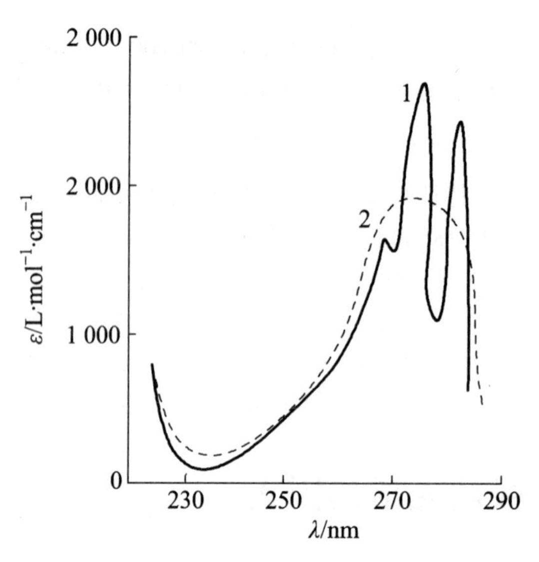

图 3-4 苯酚紫外吸收曲线

1—庚烷；2—乙醇

（1）溶剂应能很好地溶解被测试样，溶剂对溶质应该是惰性的，即所成溶液应具有良好的化学和光化学稳定性。

（2）在溶解度允许的范围内，尽量选择极性较小的溶剂。

（3）溶剂在样品的吸收光谱区应无明显吸收。

各种溶剂的使用最低波长限制见表 3-3。

表 3-3 用于紫外分析的常见溶剂

溶剂	最低波长限制/nm	溶剂	最低波长限制/nm
水	210	甲醇	210
乙醇	215	环己烷	210
正丁醇	210	二氯甲烷	233
异丙醇	210	氯仿	245
乙酸乙酯	260	乙酸正丁酯	260
乙腈	190	甲酸甲酯	260
甲基环己烷	210	苯	280
1, 2-二氧乙烷	230	甲苯	285
对二氧六烷	220	丙酮	330
二硫化碳	380	乙醚	220
正己烷	195	四氢呋喃	220
醋酸	260	甘油	220

（二）对吸收值的影响——朗伯-比尔吸收定律

物质分子对光辐射的吸收，除了前面讨论的与其结构（本性）和溶剂有关外，还和分子与光子的碰撞概率（即浓度）等有关。朗伯-比尔定律对此进行了数学表述，即：

$$A = -\lg T = \lg \frac{I_0}{I} = abc$$

式中　A——吸光度；

T——透光度；

I_0——入射光强度；

I——透射光强度；

b——液层厚度，cm；

c——溶质的质量浓度，g · L^{-1}；

α——吸收系数。

若浓度 c 以 mol · L^{-1} 为单位，吸收系数称为摩尔吸收系数，用 ε 表示：

$$A = \varepsilon bc$$

朗伯-比尔定律是分光光度定量分析的基础。摩尔吸收系数 ε 表示物质对某波长辐射的吸收特性。ε 越大，表示物质对某波长辐射的吸收能力越强，测定的灵敏度就越高。

ε 与 α 的关系为

$$\varepsilon = M\alpha$$

式中　M——物质的摩尔质量，g · mol^{-1}。

对于某一特定的物质来说，吸收不同波长辐射的摩尔吸收系数是不同的，若固定物质的浓度和吸收池的厚度，以吸光度 A（或透射率 T）对辐射波长作图，就得到物质的吸收光谱曲线（图 3-3)。吸收光谱曲线体现了物质的特性，不同的物质具有不同的特征吸收曲线，因此吸收光谱可用于物质的定性鉴定。

根据朗伯-比尔定律，当吸收池厚度保持不变，以吸光度对浓度作图，应得到一条通过原点的直线。但在实际工作中，吸光度与浓度之间的线性关系常常发生偏离，产生正偏差或负偏差，即曲线不是一条直线（图 3-5），使得吸光度与待测物质间的关系偏离朗伯-比尔定律，其主要影响因素有：

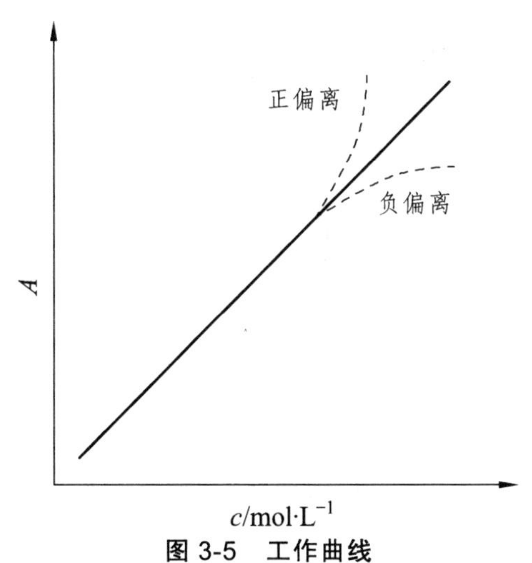

图 3-5　工作曲线

1. 非单色光的影响

在紫外-可见分光光度计中，使用连续光源和分光器分光，得到的不可能是真正的“单色光”。并且在实际测定中，为了保证足够的光强，分光光度计的出光狭缝也不可能无限小，必须保持一定的宽度。因此，由出射狭缝投射到被测物质上的光，并不是理论上要求的单色光，而是一个有限宽度的谱带，称为光谱带宽。随着带宽的增大，吸收光谱的分辨率下降，并且偏离比尔定律。

2. 非吸收光的影响

当来自出射狭缝的光，其光谱带宽度大于吸收光谱谱带时，则投射在试样上的光就有非吸收光。这不仅会导致灵敏度下降，而且使校正曲线弯向横坐标轴，偏离比尔定律。非吸收光越强，对测定灵敏度的影响就越严重；并且随着被测试样浓度的增加，非吸收光的影响增大。当吸收很小时，非吸收光的影响可以忽略不计。

3. 化学因素的影响

朗伯-比尔定律要求物质粒子彼此之间无相互作用，实际上吸光粒子都可能影响其附近粒子的电荷分布，这种作用可使其吸光能量发生改变。显然这种相互作用与粒子的数量有关，即浓度增大，吸光度与浓度之间的关系可能偏离线性，所以朗伯-比尔定律仅适用于稀溶液。

此外，溶液体系还可能存在分子的缔合、解离、配位等作用，都可能导致偏离朗伯-比尔定律。

第四节　紫外分光光度计

按检测使用的波长范围，紫外分光光度计可分为紫外分光光度计（200～400 nm）、可见分光光度计（400～800 nm）和紫外-可见分光光度计（200～1 000 nm）。但后者较为普遍，既可对紫外光区进行测试，还可进行可见光区试验。

一、分光光度计的组成

一般由五个部分组成，即光源、单色器、吸收池、检测器和信号处理系统（图 3-6）。

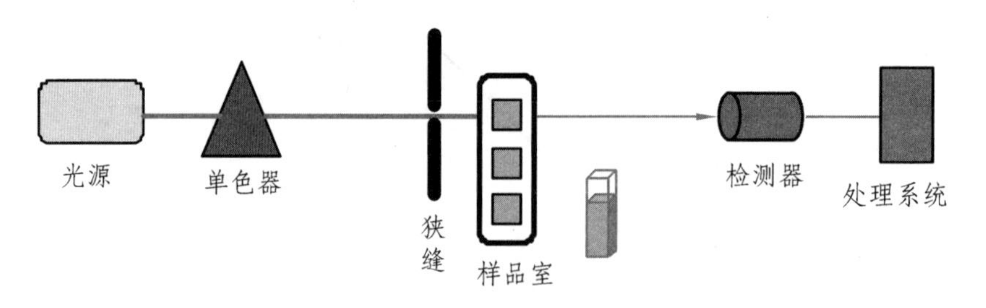

图 3-6　分光光度计的组成

1. 光　源

对光源的基本要求是在仪器操作所需的光谱区域内能够发射连续辐射，有足够的辐射强度和良好的稳定性，而且辐射能量随波长的变化应尽可能小。

分光光度计中常用的光源有热辐射光源和气体放电光源两类。

热辐射光源用于可见光区，如钨丝灯和卤钨灯；气体放电光源用于紫外光区，如氢灯和氘灯。钨灯和碘钨灯可使用的范围在 340～2 500 nm。这类光源的辐射能量与施加的外加电压有关，在可见光区，辐射的能量与工作电压的 4 次方成正比。光电流与灯丝电压的 n 次方（$n>1$）成正比。因此必须严格控制灯丝电压，仪器必须配有稳压装置。

在近紫外区测定时常用氢灯和氘灯，它们可在 180～375 nm 范围内产生连续光源。氘灯的灯管内充有氢的同位素氘，它是紫外光区应用最广泛的一种光源，其光谱分布与氢灯类似，但光强度比相同功率的氢灯要大 3～5 倍。

2. 单色器

单色器是能从光源辐射的复合光中分出单色光的光学装置，其主要功能是产生光谱纯度高的波长且波长在紫外-可见光区域内任意可调。

单色器一般由入射狭缝、准光器（透镜或凹面反射镜使入射光变成平行光）、色散元件、聚焦元件和出射狭缝等几部分组成。其核心部分是色散元件，起分光作用。单色器的性能直接影响入射光的单色性，从而也影响到测定的灵敏度、选择性及校准曲线的线性关系等。

起分光作用的色散元件主要是棱镜和光栅。棱镜有玻璃和石英两种材料。它们的色散原理是依据不同波长的光通过棱镜时有不同的折射率而将不同波长的光分开。由于玻璃可吸收紫外光，所以玻璃棱镜只能用于 350～3 200 nm 的波长范围，即只能用于可见光域内。石英棱镜可使用的波长范围较宽，可从 185～4 000 nm，即可用于紫外、可见和近红外三个光域。

光栅是利用光的衍射与干涉作用制成的，它可用于紫外、可见及红外光域，而且在整个波长区具有良好的、几乎均匀一致的分辨能力。它具有色散波长范围宽、分辨本领高、成本低、便于保存和易于制备等优点。缺点是各级光谱会重叠而产生干扰。

入射、出射狭缝，透镜及准光镜等光学元件中狭缝在决定单色器性能上起重要作用。狭缝的大小直接影响单色光纯度，但过小的狭缝又会减弱光强。

3. 吸收池

吸收池用于盛放分析试样，一般有石英和玻璃材料两种。石英池适用于可见光区及紫外光区；玻璃吸收池对紫外光有吸收，所以只能用于可见光区。为减少光的损失，吸收池的光学面必须完全垂直于光束方向。在高精度的分析测定中（紫外区尤其重要），吸收池要挑选配对。因为吸收池材料本身吸光特征以及吸收池的光程长度的精度等对分析结果都有影响。

4. 检测器

检测器是检测信号、将光信号转换成电信号、测量单色光透过溶液后光强度变化的一种装置。

常用的检测器有光电池、光电管和光电倍增管等。

硒光电池对光的敏感范围为 300～800 nm，其中又以 500～600 nm 最为灵敏。这种光电池的特点是能产生可直接推动微安表或检流计的光电流；但由于容易出现疲劳效应，只能用于低档的分光光度计中。

光电管在紫外-可见分光光度计上应用较为广泛。

光电倍增管是检测微弱光最常用的光电元件，它的灵敏度比一般的光电管要高 200 倍，因此可使用较窄的单色器狭缝，从而对光谱的精细结构有较好的分辨能力。

5. 处理系统

它的作用是放大信号并以适当方式指示或记录下来。目前许多分光光度计装配有计算机，一方面可对分光光度计进行操作控制，另一方面可进行数据处理。

二、紫外-可见分光光度计的类型

紫外-可见分光光度计的类型很多，但可归纳为三种，即单光束分光光度计、双光束分光光度计和双波长分光光度计。

1. 单光束分光光度计

经单色器分光后的一束平行光，轮流通过参比溶液和样品溶液，以进行吸光度的测定。这种简易型分光光度计结构简单，操作上先把参比溶液送入光路，检测后，再将样品溶液置于光路进行测试。优点是价格便宜，维修方便；缺点是操作较麻烦，且测量结果受光源波动性影响较大。

2. 双光束分光光度计

从光源出来的光经单色器分光后，经反射镜分解为强度相等的两束光，一束通过参比池，一束通过样品池。光度计能自动比较两束光的强度，此比值即为试样的透射比，经对数变换将它转换成吸光度并作为波长的函数记录下来。

双光束分光光度计一般都能自动记录吸收光谱曲线。由于两束光同时分别通过参比池和样品池，还能自动消除光源强度变化所引起的误差（图 3-7）。它是目前使用最多的紫外-可见分光光度计类型。

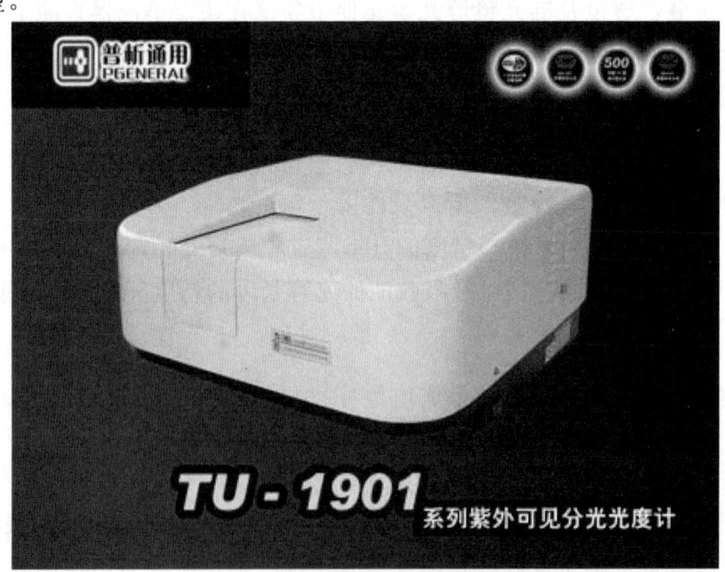

图 3-7　双光束紫外-可见分光光度计

3. 双波长分光光度计

由同一光源发出的光被分成两束，分别经过两个单色器，得到两束不同波长的单色光；

利用切光器使两束光以一定的频率交替照射同一吸收池，然后经过光电倍增管和电路控制系统，最后由显示器显示出两个波长处的吸光度差值ΔA（$\Delta A = A_1 - A_2$）。对于多组分混合物、浑浊试样（如生物组织液）分析，以及存在背景干扰或共存组分吸收干扰的情况下，利用双波长分光光度法，往往能提高方法的灵敏度和选择性。利用双波长分光光度计，能获得导数光谱。

通过光学系统转换，使双波长分光光度计能很方便地转化为单波长工作方式。如果能在λ_1和λ_2处分别记录吸光度随时间变化的曲线，还能进行化学反应动力学研究。

第五节　紫外吸收光谱的应用

紫外分光光度法是一种广泛应用的定量分析方法，也是对物质进行定性分析和结构分析的一种手段，同时还可以测定某些化合物的物理化学参数，如摩尔质量、配合物的配合比和稳定常数，以及酸、碱的离解常数等。

一、定性分析

就定性分析而言，紫外吸收光谱在无机元素的定性分析应用方面是比较少的，无机元素的定性分析主要用原子发射光谱法或化学分析法；而紫外吸收光谱的主要应用是有机和化合物的定性分析和结构分析。

紫外吸收光谱定性的依据是：吸收光谱的形状、吸收峰的数目和位置及相应的摩尔吸光系数，而最大吸收波长λ_{max}及相应的ε_{max}是定性分析的最主要参数。

在有机化合物的定性分析鉴定及结构分析方面，由于有些有机化合物在紫外区没有吸收带，有些仅有简单而宽的吸收带，光谱信息较少，特征性不强；另一方面，紫外光谱反映的基本上是分子中生色团和助色团的特性（而且不少简单官能团在近紫外及可见光区没有吸收或吸收很弱），而不是整个分子的特性，例如，甲苯和乙苯的紫外光谱实际上是一样的。因此，单根据一个化合物的紫外光谱不能完全确定其分子结构，这种方法的应用有较大的局限性。但是它适用于不饱和有机化合物，尤其是共轭体系的鉴定，以此推断未知物的骨架结构。此外，它可配合红外光谱法、核磁共振波谱法和质谱法等常用的结构分析法进行定量鉴定和结构分析，是一种有效的辅助方法。

一般定性分析方法有如下两种：

（一）比较吸收光谱曲线法

比较法有标准物质比较法和标准谱图比较法两种。

1. 标准物质比较法

利用标准物质比较，在相同的测量条件下，测定和比较未知物与已知标准物的吸收光谱曲线，如果两者的光谱完全一致，则可以初步认为它们是同一化合物。为了能使分析更准确可靠，要注意如下几点：

（1）尽量保持光谱的精细结构。因此应采用与吸收物质作用力小的非极性溶剂，采用窄的光谱通带。

（2）往往还需要用其他方法进行证实，如红外光谱等。

2. 标准谱图比较法

利用标准谱图或光谱数据比较。常用的标准谱图有以下四种：

（1）Sadtler Standard Spectra（Ultraviolet），Heyden，London. 萨特勒标准图谱库，共收集了 46 000 多种化合物的紫外光谱。

（2）R. A. Friedel and M. Orchin，“Ultraviolet and Visible Absorption Spectra of Aromatic Compounds”，Wiley，New York.

（3）Kenzo Hirayama：“Handbook of Ultraviolet and Visible Absorption Spectra a of Organic Compounds.”，New York，Plenum.

（4）“Organic Electronic Spectral Data”.

（二）计算不饱和有机化合物最大吸收波长的经验规则*

经验规则有伍德沃德（Woodward）规则和斯科特（Scott）规则。本书不作具体介绍。

当采用其他物理或化学方法推测未知化合物有几种可能结构后，可用经验规则计算它们的最大吸收波长，然后再与实测值进行比较，以确认物质的结构。伍德沃德规则是计算共轭二烯、多烯烃及共轭烯酮类化合物 $\pi\rightarrow\pi^*$跃迁最大吸收波长的经验规则。计算时，先从未知物的母体对照表得到一个最大吸收的基数，然后对连接在母体中 π 电子体系（即共轭体系）上的各种取代基以及其他结构因素按所列的数值加以修正，得到该化合物的最大吸收波长 λ_{max}。

二、有机化合物结构推断

紫外吸收光谱可以进行化合物某些基团的判别，共轭体系及构型、构象的判断。

（一）推测化合物所含的官能团

有机物的不少基团（生色团），如羰基、苯环、硝基、共轭体系等，都有其特征的紫外吸收带，利用紫外吸收光谱判别这些基团时，主要依据吸收峰形状、吸收峰数目、各吸收峰波长及摩尔吸光系数。

（1）如果一个无色化合物的紫外光谱在 220～400 nm 范围内无吸收峰：

说明无 K、R 及 B 吸收带，它可能是脂肪族碳氢化合物、胺、醇、羧酸、氯代烃和氟代烃，不含双键或共轭体系，没有醛、酮或溴、碘等基团。

（2）如果化合物在 210～250 nm 有强吸收峰（$\varepsilon>10^4$）：

表明有 K 吸收带，可能含有两个双键的共轭体系。如 1，3-丁二烯，λ_{max} 为 217 nm，ε_{max} 为 21 000；共轭二烯 K 带，λ_{max}=230 nm；不饱和醛酮：K 带 λ_{max}=230 nm。

（3）若化合物在 260～350 nm 区域有很强的吸收带（K 吸收带）：

说明有更强的共轭体系，可能有 3～5 个双键的共轭体系，如癸五烯有 5 个共轭双键，λ_{max} 为 335 nm，ε_{max} 为 118 000。

（4）若在 250～300 nm 有中等强度的吸收峰（ε=200～1 000），同时在 210～250 nm 范围有强吸收：

这是苯环的特征吸收，中等强度的吸收峰还可能具有精细结构，是苯环的 B 带；在 210～250 nm 的强吸收是 E_2 带的贡献。所以该化合物可能含有苯环。

（5）化合物在 250～350 nm 有弱吸收或中等强度的吸收，无精细结构，随溶剂极性增大而发生蓝移现象。

无其他吸收峰，是 n→π*跃迁所产生 R 吸收带的有力证据，说明含非共轭的、具有 n 电子的生色团——醛酮羰基。

【例 3.1】 某化合物分子式为 C_5H_8O，紫外吸收光谱上有两个吸收带：λ_1 为 224 nm，ε 为 9 750 和 λ_2 为 314 nm，ε 为 38，以下最可能的结构是：

A. $CH_3CH{=}CHCOCH_3$　　　　B. $CH_2{=}CHCH_2COCH_3$

C. $CH_3CH{=}CHCH_2CHO$　　　　D. $CH_2{=}CHCH_2CH_2CHO$

分析：λ_1=224 nm，ε=9 750，为强吸收，属 K 吸收带，存在共轭体系；λ_2=314 nm，ε=38，为长波弱吸收，属 R 吸收带，羰基吸收峰。

所以，B、C、D 结构均无共轭双键，不符合题意，最有可能的结构是 A。

【例 3.2】 已知某化合物分子内含 4 个碳原子、一个溴原子和一个双键，经检测无 210 nm 以上的特征紫外吸收光谱。写出其结构。

分析：由于 210 nm 以上无吸收光谱，即分子在近紫外光区无 K 吸收带，说明杂原子溴与双键无共轭效应，为单独双键。可能的结构是：

$$CH_2{=}CH{-}CH_2{-}CH_2{-}Br$$

（二）异构体的判断

包括顺反异构及互变异构两种情况的判断。

1. 顺反异构体的判断

生色团和助色团处在同一平面上时，才产生最大的共轭效应。由于反式异构体的空间位阻效应小，分子的平面性能较好，共轭效应强。因此有共轭体系的反式结构最大吸收波长都大于顺式异构体。

例如，肉桂酸的顺、反式的结构和紫外吸收光谱信息如下：

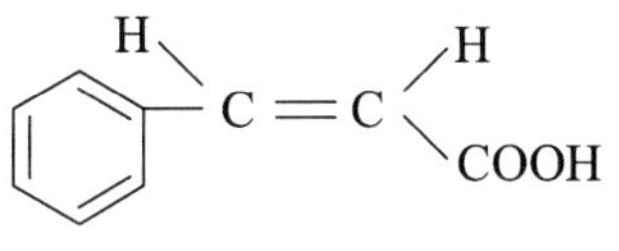

顺式结构：λ_{max}=280 nm，ε_{max}=13 500 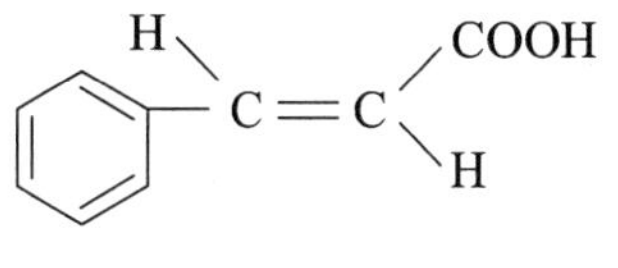　　　　反式结构：λ_{max}=295 nm，ε_{max}=27 000

又如，1, 2-二苯乙烯顺、反结构的吸收光谱如下：

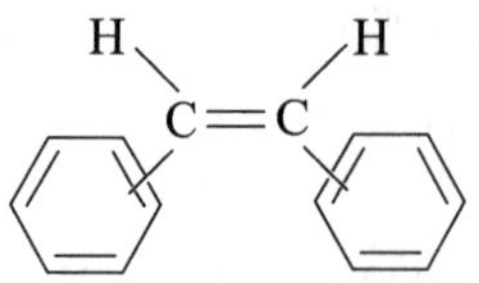

顺式：λ_{max}=280 nm；ε_{max}=10 500 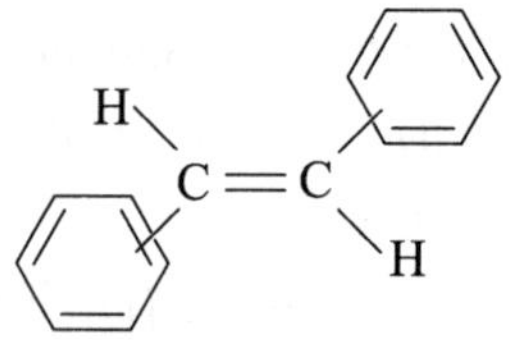　　　　反式：λ_{max}=295 nm；ε_{max}=27 000

【思考】如何解释上述规律？

2. 互变异构体的判断

某些有机化合物在溶液中可能有两种以上的互变异构体处于动态平衡中，这种异构体的互变过程常伴随双键的移动及共轭体系的变化，因此也产生吸收光谱的变化。最常见的是某些含氧化合物的酮式与烯醇式异构体之间的互变。例如，乙酰乙酸乙酯就存在酮式和烯醇式两种互变异构体：

$$CH_3-\overset{O}{\overset{\|}{C}}-CH_2-\overset{O}{\overset{\|}{C}}-OC_2H_5 \rightleftharpoons CH_3-\overset{OH}{\overset{|}{C}}=CH-\overset{O}{\overset{\|}{C}}-OC_2H_5$$

酮式　　　　烯醇式

它们的吸收特征不同：

酮式异构体存在 $\pi\rightarrow\pi^*$跃迁，但双键未形成共轭，所以，λ_{max}=204 nm；

烯醇式异构体形成双键共轭体系，$\pi\rightarrow\pi^*$跃迁红移，强度增大，λ_{max}=245 nm，ε_{max}=18 000。

两种异构体的互变平衡还与溶剂有密切关系。在强极性溶剂水中，由于羰基可能与 H_2O 形成氢键而降低能量以达到稳定状态，所以酮式异构体占优势：

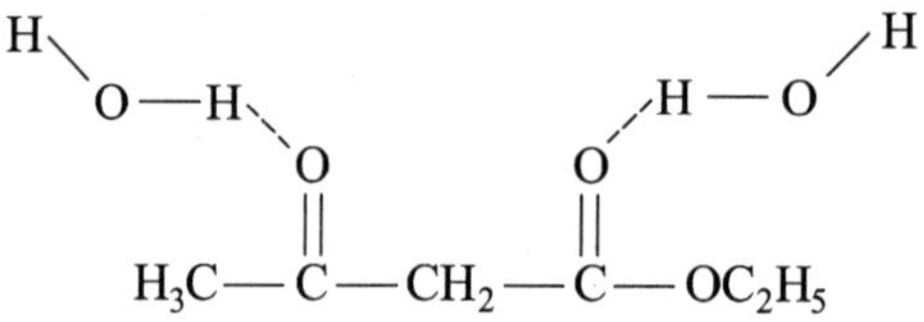

$$\begin{array}{c} H-O-H\cdots O \qquad\qquad O\cdots H-O-H \\ H_3C-\overset{\|}{C}-CH_2-\overset{\|}{C}-OC_2H_5 \end{array}$$

在乙烷这样的非极性溶剂中，烯醇式由于形成分子内氢键，且形成共轭体系，使能量降低以达到稳定状态，所以烯醇式异构体比率上升：

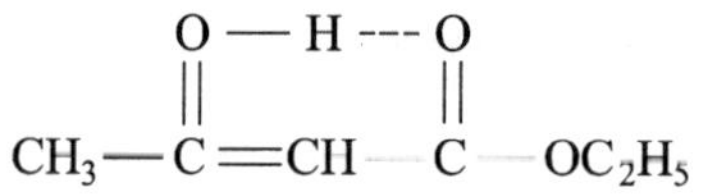

$$\begin{array}{c} O-H\cdots O \\ CH_3-\overset{\|}{C}=CH-\overset{\|}{C}-OC_2H_5 \end{array}$$

三、纯度检查

用紫外分光光度法检查样品的纯度是一种简便有效的方法。若某纯物质的吸收光谱与所含杂质的吸收光谱有差别，即可用吸光光度法检查杂质，检测的灵敏度取决于该物质与杂质两者之间吸光系数的差异程度。如果某种化合物在紫外光区没有吸收峰，而所含杂质有较强吸收，则可以利用紫外分光光度法检出该化合物中的痕量杂质。

【例 3.3】　肾上腺素中肾上腺酮的检查。

肾上腺酮是肾上腺素合成过程中的一个中间体，肾上腺酮经还原生成肾上腺素，若还原反应进行得不完全，肾上腺酮就可能被带入最终产品中而成为杂质。在 0.05 mol/L 的 HCl 溶液中，肾上腺素的紫外吸收光谱仅显示孤立苯环的吸收特征，300 nm 波长以上没有吸收峰，而肾上腺酮在 310 nm 波长处有最大吸收。因此，可在 310 nm 处检查肾上腺酮杂质的含量。

【例 3.4】 药物分析中检查阿司匹林片剂中是否存在水杨酸。

因为阿司匹林在 280 nm 处有吸收带，而水杨酸的吸收带在 312 nm 处。因此，只要检查在 312 nm 处是否出现吸收峰，即可判断阿司匹林片剂中是否存在水杨酸。

【例 3.5】 检查甲醇或乙醇中是否含有杂质苯。

由于苯在 256 nm 处有 B 吸收带，而甲醇或乙醇在 210 nm 以上没有吸收。在 240～270 nm 检测是否有吸收峰及吸收值大小，可检查甲醇或乙醇的纯度。

四、定量分析

定量分析的依据：朗伯-比尔定律。

紫外-可见分光光度法用于定量分析应用广泛，常见的方法有如下几种：

（一）单组分的定量分析

如果在一个试样中只测定一种组分，且在选定的测量波长下，试样中其他组分对该组分不干扰，这种单组分的定量分析较简单。一般有标准对照法和标准曲线法两种。

1. 标准对照法

在相同条件下，分别测定试样溶液和某一浓度 C_s（应与试液浓度接近）的标准溶液的吸光度 A_x 和 A_s，则由 C_s 可计算试样溶液中被测物质的浓度 C_x：

$$A_s = \varepsilon b c_s,\quad A_x = \varepsilon b c_x$$

$$C_x = \frac{C_s A_x}{A_s}$$

标准对照法因使用单个标准，引起误差的偶然因素较多，结果可靠性不高。

2. 标准曲线法

这是实际分析工作中最常用的一种方法。配制一系列不同浓度的标准溶液，以不含被测组分的空白溶液作参比，测定标准系列溶液的吸光度，绘制吸光度-浓度曲线，称为标准曲线或工作曲线。在相同条件下测定试样溶液的吸光度，从标准曲线上找出与之对应的未知组分的浓度。

该法不适合于试样组成复杂的情况。应用时要注意以下几点：

（1）所配制标准溶液的浓度应在与吸光度呈线性关系的范围内。

（2）标准溶液与试样溶液组成相近，测试条件相同。

（3）不同浓度标准溶液 4～5 个或以上。

此外，还有标准加入法等，本书不再详述。

（二）多组分的定量分析

由于吸光度具有加和性，在试样中同时测定两个或两个以上组分较为复杂。假设要测定试样中的两个组分 A、B，分别制作 A、B 两标准溶液的吸收光谱，可能有三种情况，如图 3-8 所示。

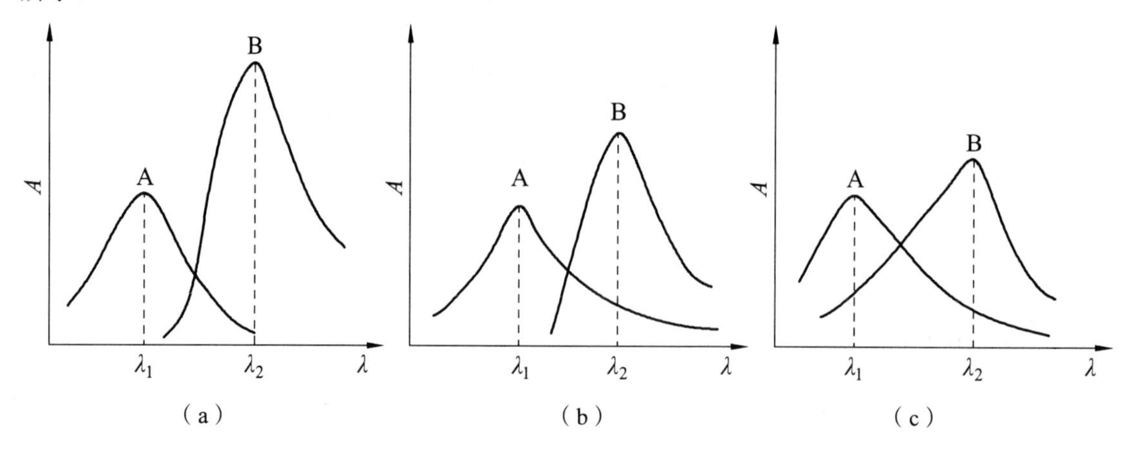

图 3-8　两组分的吸收曲线

（a）情况表明两组分互不干扰，可以用测定单组分的方法分别在 λ_1、λ_2 处测定 A、B 两组分；

（b）情况表明 A 组分对 B 组分的测定有干扰，而 B 组分对 A 组分的测定无干扰，则可以在 λ_1 处单独测量 A 组分，求得 A 组分的浓度 C_A。然后在 λ_2 处测量溶液的吸光度 $A_{\lambda_2}^{A+B}$ 及 A、B 纯物质的 $\varepsilon_{\lambda_2}^{A}$ 和 $\varepsilon_{\lambda_2}^{B}$ 值，根据吸光度的加和性，即得

$$A_{\lambda_2}^{A+B} = A_{\lambda_2}^{A} + A_{\lambda_2}^{B} = \varepsilon_{\lambda_2}^{A} bC_A + \varepsilon_{\lambda_2}^{B} bC_B$$

则可以求出 C_B。

（c）情况表明两组分彼此互相干扰，此时，在 λ_1、λ_2 处分别测定溶液的吸光度 $A_{\lambda_1}^{A+B}$ 及 $A_{\lambda_2}^{A+B}$，而且同时测定 A、B 纯物质的 $\varepsilon_{\lambda_1}^{A}$、$\varepsilon_{\lambda_1}^{B}$ 及 $\varepsilon_{\lambda_2}^{A}$、$\varepsilon_{\lambda_2}^{B}$。然后列出联立方程：

$$\begin{cases} A_{\lambda_1}^{A+B} = \varepsilon_{\lambda_1}^{A} bC_A + \varepsilon_{\lambda_1}^{B} bC_B \\ A_{\lambda_2}^{A+B} = \varepsilon_{\lambda_2}^{A} bC_A + \varepsilon_{\lambda_2}^{B} bC_B \end{cases}$$

解得 C_A、C_B。

显然，如果有 n 个组分的光谱互相干扰，就必须在 n 个波长处分别测定吸光度的加和值，然后解 n 元一次方程以求出各组分的浓度。应该指出，这将是繁琐的数学处理，且 n 越大，结果的准确性越差。用计算机处理测定结果将使运算大为方便。

（三）双波长分光光度法——等吸收波长法

对多组分进行定量分析，手续繁杂，当试样中组分的吸收光谱重叠较为严重时，用解联立方程的方法测定两组分的含量可能误差较大，可用双波长分光光度法测定。它可以在其他组分干扰下，测定某一组分的含量，也可以同时测定两组分的含量。

试样中含有吸收光谱重叠 x、y 两组分，若测定 x 组分，要消除 y 组分的干扰，可从干扰组分 y 的吸收光谱上选择两个吸光度相等的波长 λ_1 和 λ_2，然后测定混合物的吸光度差值，最后根据 ΔA 值来计算 x 的含量。

组分 y 在 λ_2 和 λ_1 处是等吸收点，则

$$A_{\lambda_1}^{y} = A_{\lambda_2}^{y}$$
$$A_{\lambda_1} = A_{\lambda_1}^{x} + A_{\lambda_1}^{y}$$
$$A_{\lambda_2} = A_{\lambda_2}^{x} + A_{\lambda_2}^{y}$$

所以

$$\begin{aligned}\Delta A &= A_{\lambda_1} - A_{\lambda_2} = A_{\lambda_1}^{x} + A_{\lambda_1}^{y} - (A_{\lambda_2}^{x} + A_{\lambda_2}^{y}) \\ &= A_{\lambda_1}^{x} - A_{\lambda_2}^{x} \\ &= (\varepsilon_{\lambda_1}^{x} - \varepsilon_{\lambda_2}^{x})bC_x\end{aligned}$$

可见仪器的输出讯号 ΔA 与干扰组分 y 无关，它只正比于待测组分 x 的浓度，即消除了 y 的干扰。

该法的关键之处是两个测定波长的选择，必须符合以下两个基本条件：

（1）干扰组分 y 在这两个波长处应具有相同的吸光度，即 $A_{\lambda_1}^{y} = A_{\lambda_2}^{y}$，所以，$\Delta A_y = A_{\lambda_1}^{y} - A_{\lambda_2}^{y} = 0$。

（2）被测组分 x 在这两个波长处的吸光度差值 ΔA_x 应足够大。

用作图法说明两个波长的选择，如图 3-9 所示。x 为待测组分，可以选择组分 x 的最大吸收波长作为测定波长 λ_1，在这一波长位置作横坐标的垂线，此直线与干扰组分 y 的吸收光谱相交于某一点，再从这一点作一条平行于横坐标的直线，此直线可与干扰组分 y 的吸收光谱相交于一点或数点，则选择与这些交点相对应的波长作为参比波长 λ_2。当 λ_2 有若干波长可供选择时，应选择使待测组分的 ΔA_x 尽可能大的波长。若待测组分的最大吸收波长不适合作为测定波长 λ_1，也可以选择吸收光谱上其他波长，关键是要能满足上述两个基本条件。

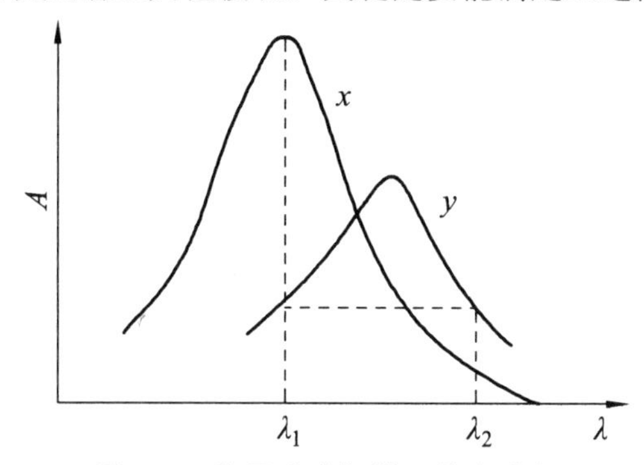

图 3-9 作图法选择等吸收点波长

五、吸光度测量条件的选择

为了使分光光度法有更好的灵敏度和准确度，必须选择和控制适当的吸光度测量条件。

1. 工作波长的选择

在不存在干扰的情况下，遵循“最大吸收原则”，一般选择最大吸收波长 λ_{max}。因为在 λ_{max} 处摩尔吸光系数最大，灵敏度高。同时在最大吸收波长附近，吸光度值变化不大，不会造成朗伯-比尔定律的偏离，测定结果有较高的准确度。

若在 λ_{max} 处共存的干扰组分也有较大吸收，则根据“吸收最大，干扰最小原则”。可选用非最大吸收波长，消除干扰。虽灵敏度有所下降，但提高了测定的选择性和准确度。不过应注意尽可能选择吸光度随波长变化不太大区域内的波长。

2. 参比溶液的选择

吸光度值测量中，除待测物质外，所用的溶剂或其他试剂也可能对光有吸收，因为吸光度具有加和性，测量得到的吸光度值是待测物质和溶剂、相关试剂吸光度之和，为了使光强度的变化仅与待测物质的浓度有关，必须进行校正。根据可能造成的干扰因素，选择合适的参比溶液。

（1）溶剂空白：一般采用测试样品时所用的溶剂作为参比溶液，目的是扣除溶剂带来的吸收值。

（2）试剂空白：若还加入了其他试剂（如 pH 调节），应用溶剂和加入的其他试剂作为参比溶液。

3. 控制吸光度读数范围

吸光度的实验测定总存在误差，在不同吸光度下相同的吸光度读数误差对测定带来的浓度误差是不同的。可以证明（略），浓度相对误差与透光度 T 有关，当 T=0.368（A=0.434）时，浓度相对误差最小。所以吸光度过低或过高，测量相对误差都会增大。

实际工作中，设法使测定在适宜的吸光度范围内进行，如通过改变吸收池厚度或待测组分浓度，使 A 介于 0.2～0.8 之间。

4. 吸收池选择

盛装测量溶液的吸收池可能发生光的反射、吸收等作用，为此，采用光学性质相同、厚度一致的吸收池，消除干扰，即吸收池一致性要求。

习　题

1. 由 $n \to \pi^*$ 跃迁所产生的吸收带为（　　）

A. K 带　　B. R 带　　C. B 带　　D. E 带

2. 紫外光谱中，引起 K 带的跃迁方式是（　　）

A. $n \to \pi^*$　　B. $\pi \to \pi^*$　　C. $n \to \sigma^*$　　D. $\sigma \to \sigma^*$

3. 下列各种类型的电子跃迁，所需能量最小的是（　　）

A. $n \to \pi^*$　　B. $\pi \to \pi^*$　　C. $n \to \sigma^*$　　D. $\sigma \to \sigma^*$

4. 下列化合物中，其紫外光谱上能同时产生 K 带、R 带的是（　　）

A. CH_3COCH_3

B. $CH_2{=}CHCH_2CH_2COCH_3$

C. $CH{\equiv}C{-}CHO$

D. $CH_3CH_2CH_2CH_2OH$

5. 评述下列说法：

（1）在吸光光度法中，摩尔吸光系数的值随入射光的波长增加而减小。

（2）吸光系数与溶液浓度有关。

（3）某物质的摩尔吸光系数（ε）较大，说明该物质对某波长的光吸收能力很强。

（4）溶剂极性增大，R 带发生红移。

（5）溶剂极性增大，K 带发生蓝移。

（6）吸光光度法中，选择测定波长的原则是“吸收最大，干扰最小”

（7）$\sigma \to \sigma^*$跃迁是所有分子中都有的一种跃迁方式。

（8）B 吸收带为芳香族化合物的特征吸收带，属强吸收，有精细结构。

（9）由于某些因素的影响，使吸收强度减弱的现象称为红移。

6. 结构中含有助色团的分子是（　　）

A. CH_3OH　　B. CH_3COCH_3　　C. $C_6H_5NO_2$　　D. C_2H_6

7. 紫外吸收光谱也称为（　　）

A. 转动光谱　　B. 电子光谱　　C. 振动光谱　　D. 振转光谱

8. 分析有机物时，常用紫外分光光度计，应选用哪种光源和比色皿（　　）

A. 钨灯光源和石英比色皿

B. 氘灯光源和玻璃比色皿

C. 氘灯光源和石英比色皿

D. 钨灯光源和玻璃比色皿

9. 分子中的电子跃迁包括________________、________________和________________三种，其中能量最大的是_____________，能量最低的是_____________。

10. 相同条件下只是不加试样，依次加入各种试剂和溶剂所得到的溶液称为（　　）

A. 溶剂空白　　B. 试剂空白　　C. 试样空白　　D. 平行操作空白

11. 在 CH_3COCH_3 分子中，近紫外光区存在的电子跃迁方式有______________________。

12. 某共轭二烯烃在正己烷中的 λ_{max} 为 219 nm，若改在乙醇中测定，吸收峰将（　　）

A. 红移　　B. 蓝移　　C. 峰高降低　　D. 峰高变高

13. 标准曲线法在应用过程中，应保证的条件有（　　）

A. 至少有 5～7 个点

B. 所有的点必须在一条直线上

C. 待测样品浓度应包括在标准曲线的直线范围之内

D. 待测样品必须在与标准曲线完全相同的条件下测定，并使用相同的溶剂

14. 能同时产生 R、K、B 吸收带的化合物是（　　）

A. $CH_2=CH—CHO$

B. $C_6H_5—COCH_3$

C. $C_6H_5—CHO$

D. $C_6H_5—CH=CH_2$

15. 已知石蒜碱的相对分子质量为 287，用乙醇配制成 0.007 5%的溶液，用 1 cm 吸收池在波长 297 nm 处，测得 A 值为 0.622，其摩尔吸光系数为多少？

16. 影响吸收带的主要因素有哪些？

17. 利用紫外分光光度法进行定量分析时，为什么尽可能选择被测物质的最大吸收波长作为测量波长？如果最大吸收波长处存在其他吸光物质干扰测定，怎么办？

18. 什么是参比溶液？常见的参比溶液有哪几种？如何选择参比溶液？

19. 双波长分光光度法的原理是什么？两个测量波长应如何选择？

20. 某化合物在紫外光谱的 220～280 nm 范围没有吸收，该化合物可能属于以下哪一类：芳香族化合物、含共轭双键化合物、醛类、酮类或醇类？为什么？

21. 某化合物在紫外光谱的 210～250 nm 范围有强吸收，它可能是以下化合物中的哪一类：烯烃、共轭烯烃、饱和酮或醇类？为什么？

第四章　红外吸收光谱法

【教学要求】

（1）了解红外吸收光谱产生的条件、振动类型及红外光谱的基本概念。

（2）理解物质分子结构与特征吸收频率的关系。

（3）理解振动自由度与峰数的关系，会基频峰波数的计算。

（4）了解红外分光光度计的基本构造、主要部件的作用。

（5）熟悉常见基团特征峰（官能团区），能根据红外吸收光谱判断主要基团存在与否。

（6）会根据有机化合物的红外吸收光谱进行分子结构推断。

【思　考】

（1）红外光是否是红色光？红外光谱法与紫外光谱法的主要区别是什么？

（2）红外光谱法作为重要的定性、定量分析方法，有何特点？

（3）表征红外光谱可用哪些参数？常用的物理量是什么？如何理解？

（4）红外光谱是如何产生的，如何理解？什么是红外非活性振动？

（5）如何理解红外光谱是分子光谱、振动-转动光谱、带状光谱等概念？

（6）如何理解红外光谱的官能团区（特征区）及其特点？特征区和指纹区分别有何特点？

（7）如何利用红外光谱区别：① 脂肪族与芳香族化合物；② 脂肪族饱和与不饱和碳氢化合物？

（8）影响红外吸收峰位置的因素有哪些？分别如何影响？

【内容提要】

基于物质对红外光的选择性吸收而建立起来的定性和结构分析方法称为红外吸收光谱法，又称红外分光光度法，简称红外光谱法。

红外光在可见光和微波光区之间，波长范围 λ 为 0.75～1 000 μm，其波数 σ 范围为 1.33×10^5～10 cm^{-1}。

红外辐射所具有的能量与分子振动能级跃迁所需的能量相等，并伴随偶极矩变化，便产生红外吸收。分子的振动可分为伸缩振动和弯曲振动。

由基态跃迁到第一振动激发态所产生的吸收峰称为基频峰，基频峰是红外光谱上最主要的吸收峰。基频峰的位置主要由化学键两端原子的质量、化学键力常数决定。

波数处于高频范围（4 000 cm^{-1}～1 300 cm^{-1}）的称为特征区，特征区的吸收峰较疏、强度大、易辨认，主要反映分子中特征基团的振动，又称官能团区，常用于鉴别官能团的存在。

波数在频率较低范围（1 300 cm^{-1}～600 cm^{-1}）的称为指纹区。指纹区的峰较密集、不易辨认，与分子结构的细微变化有关，可用于鉴定化合物。

在多数情况下，一个官能团可能有多种振动形式，相应产生多个红外吸收峰。由一个官能团所产生的一组相互依存的特征峰，称为相关峰。用一组相关峰确定一个官能团的存在更可靠。

第一节　概　述

依据物质对红外光区电磁辐射的特征吸收，对化合物分子结构进行测定和对物质化学组成进行分析的光谱分析方法，称为红外分光光度法，又称红外吸收光谱法，简称红外光谱法（IR）。红外吸收光谱是分子光谱，由于分子吸收红外辐射发生振动能级和转动能级的跃迁，故红外光谱又称为分子振动-转动光谱。通过谱图解析可以获取分子结构的信息。无论样品为气态、液态、固态，均可进行红外光谱测定，这是其他仪器分析方法难以做到的。除单原子分子及单核分子外，几乎所有分子均有红外吸收，尤其是有机化合物的红外光谱能提供丰富的结构信息，是“四大波谱”中应用最多的一种方法，因此红外光谱是有机化合物结构解析的重要手段之一。

一、红外光区的划分

根据光学光谱的划分，红外光在可见光和微波光区之间，波长范围为 0.75～1 000 μm。依据仪器技术和应用情况，习惯将红外光谱分为三个区：近红外、中红外和远红外（表 4-1）。光谱可用波长 λ 表征，也可用频率 ν、波数 σ，波数 σ 是波长 λ 的倒数，意为每厘米光波中波的数目，单位为 cm^{-1}，实际工作中更常用波数 σ 表征。

表 4-1　红外光谱区

区域名称	波长 λ/μm	波数 σ /cm^{-1}	频率 ν/Hz
近红外	0.75～2.5	13 300～4 000	4.0×10^{14}～1.2×10^{14}
中红外	2.5～50	4 000～200	1.2×10^{14}～6.0×10^{12}
远红外	50～1 000	200～10	6.0×10^{12}～3.0×10^{11}
最常用	2.5～25	4 000～400	1.2×10^{14}～1.2×10^{13}

波数 σ 与波长 λ 的换算关系式为

$$\sigma=\frac{1}{\lambda}=\frac{10^4}{\lambda(\mu m)}\quad (cm^{-1})$$

波长、频率、波数之间的换算关系：

$$\lambda=\frac{c}{\nu},\quad \sigma=\frac{\nu}{c}$$

二、红外吸收光谱图

试样受到频率连续变化的红外光照射，分子吸收某些频率的辐射，透射光强度减弱，记录红外光透射比（T）与波长的关系曲线，即得红外吸收曲线，称红外吸收光谱，简称红外光谱。红外光谱通常以透射比 T 或吸光度 A 为纵坐标，以波数 σ 或波长 λ 为横坐标（图 4-1）。

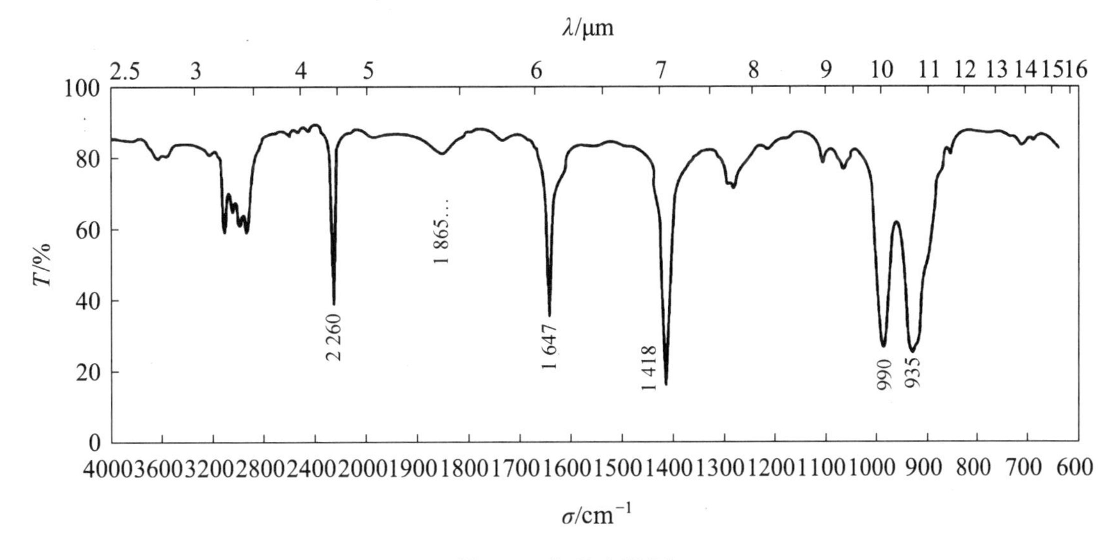

图 4-1　红外光谱图

三、红外光谱与紫外光谱的比较

它们都是分子光谱，能进行定性和定量分析，是鉴定化合物、提供分子结构信息的重要方法。但两者有如下区别：

（1）起源不同。紫外吸收光谱属于电子能级的跃迁，波长短，频率高；红外吸收光谱，波长长，能量小，只能引起振动-转动能级的跃迁。

（2）适用范围不同。紫外光谱适用于芳香族、具有共轭结构的化合物和某些无机物的分析，不适用于饱和有机物；而红外光谱几乎适用于所有有机物和某些无机物的分析。

（3）特征性不同。紫外光谱主要为 n 与 π 电子能级的跃迁（$n\rightarrow\pi^*$和 $\pi\rightarrow\pi^*$跃迁），光谱简单，特征性差，主要用于含量测定，鉴定化合物类别（官能团）等。而红外光谱，一个官能团有几种振动形式，光谱复杂，特征性强，主要用于定性鉴别、分子结构解析。

四、红外光谱法的特点

红外光谱最突出的是具有高度的特征性。每种化合物均有红外吸收，显示了丰富的结构信息，作为“分子指纹”广泛用于分子结构研究、确定结构组成等。此外还具有以下特点：

（1）气态、液态和固态样品均可进行红外光谱测定。

（2）常规红外光谱仪价格低廉，易于购置。

（3）快速分析，不破坏试样，样品用量少，可减少到微克级。

红外光谱法定量灵敏度较低，不适用于微量组分的测定，所以红外光谱在定量分析上不如定性、结构分析重要。

第二节　红外光谱分析的基本原理

【问题】红外光谱产生的原因，吸收峰的数目，峰的位置、强度及其影响因素有哪些？这些问题都涉及红外吸收光谱法的基本原理知识。

一、红外吸收光谱的产生

由于分子振动能级差为 0.05～1.0 eV，受到波数 σ 范围在 4 000～400 cm^{-1} 光子的照射，电子从低振动能级跃迁到高振动能级，产生红外吸收。为讨论方便，以双原子分子振动为例说明红外光谱产生的条件。

（一）双原子分子的振动

红外光谱产生于分子的振动，按经典力学的观点，采用谐振子模型来研究双原子分子的振动。对于双原子分子，把分子中 A 与 B 两个原子视为两个小球，其间的化学键看成质量可以忽略不计的弹簧，连接两个刚性小球，它们的质量分别等于两个原子的质量。可认为分子中的原子以平衡点为中心，以非常小的振幅作周期性的振动，即化学键的伸缩振动可近似地看成沿键轴方向的简谐振动，双原子分子可视为谐振子（图 4-2），可按简谐振动模式处理。

图 4-2　谐振子振动

根据胡克定律，可导出体系振动频率，即分子振动方程：

$$\nu = \frac{1}{2\pi}\sqrt{\frac{K}{\mu}}$$

$$\mu = \frac{m_1 \times m_2}{m_1 + m_2}$$

式中　K——键力常数，为将两原子由平衡位置伸长至单位长度时的恢复力，与键能和键长有关，N/cm；

μ——折合质量；

m——小球质量。

可见，发生振动能级跃迁所需能量的大小取决于键两端原子的折合质量和键的力常数，即取决于分子的结构特征。

化学键键强越强（即键的力常数 K 越大），原子折合质量越小，化学键的振动频率越大，吸收峰将出现在高频区。

用波数 σ 表示，则分子振动方程式为

$$\sigma = \frac{1}{2\pi c}\sqrt{\frac{K}{\mu}}$$

根据小球质量和相对原子质量之间的关系

$$M = \frac{M_1 \times M_2}{M_1 + M_2}$$

$$\mu = \frac{m_1 \times m_2}{m_1 + m_2} = \frac{M_1/N_A \times M_2/N_A}{M_1/N_A + M_2/N_A} = \frac{M}{N_A}$$

$$\sigma = \frac{\sqrt{N_A}}{2\pi c}\sqrt{\frac{K}{M}}$$

式中　c——光速，c=2.998×10^10 m/s；

N_A——阿伏伽德罗常数，N_A=6.022×10^23/mol；

M——折合相对原子质量。

$$\sigma = \frac{\sqrt{6.022\times10^{23}}}{2\times3.142\times2.998\times10^{10}}\sqrt{\frac{K\times10^5}{M}}$$

$$=1\,302\sqrt{\frac{K}{M}}$$

碳碳单键、双键、三键的力常数近似分别为 5、10 和 15 N/cm，可计算它们的吸收峰波数。

$$M = \frac{M_1 \times M_2}{M_1 + M_2} = \frac{12\times12}{12+12} = 6$$

对 C—C　　$\sigma = 1\,302\sqrt{\frac{K}{M}} = 1\,302\sqrt{\frac{5}{6}} = 1\,189\ \text{cm}^{-1}$

对 C═C　　$\sigma = 1\,302\sqrt{\frac{10}{6}} = 1\,681\ \text{cm}^{-1}$

对 C≡C　　$\sigma = 1\,302\sqrt{\frac{15}{6}} = 2\,059\ \text{cm}^{-1}$

计算结果与实际情况比较接近。

可见，对同类原子组成的化学键，力常数越大，振动频率越大。对相同化学键的基团，键力常数差别不大，波数与相对原子质量成反比，如 C—C、C—H 键，相对折合质量 C—C ＞C—H，故振动吸收峰波数 C—H＞C—C，σ_{C-H}=2 920 cm^{-1}。

应用经典力学处理分子的振动是一种近似方法，而分子中的振动能级能量变化是量子化的，且分子中基团之间、基团中化学键之间都相互有影响。另外，振动频率还与外部因素（环境）有关。

（二）分子的振动形式（了解）

上述是最简单的双原子分子振动形式，即两个原子相对伸缩振动。多原子分子的振动形式更为复杂，除了沿键轴的伸缩振动外，还有角度变化的变形振动，即存在变形振动和伸缩振动两类基本振动形式。

1. 伸缩振动

沿键轴方向发生周期性变化的振动称为伸缩振动。振动时键长发生变化，键角不变。它又有对称伸缩振动和不对称伸缩振动两种。

2. 变形振动

基团键角发生周期性变化而键长不变的振动称为变形振动，也称弯曲振动、变角振动。它又有面内变形振动和面外变形振动两类。

每种振动形式都具有特定的振动频率，有相应的红外吸收。所以多原子分子物质（有机化合物）的红外吸收谱峰一般较多。简并、红外非活性振动等原因会使峰数减少，但也可能因振动偶合、倍频峰等使峰数增多。

（三）分子的振动自由度

分子振动自由度即分子基本振动的数目。研究分子的振动自由度，可以帮助了解化合物红外吸收光谱吸收峰的数目。

用红外光照射物质分子，不足以引起分子的电子能级跃迁。因此，只需考虑分子中 3 种运动形式：平动（平移）、振动和转动的能量变化。分子的 3 种运动形式中，只有振动能级的跃迁产生中红外吸收光谱；而分子的平动能改变，不产生光谱；转动能级跃迁产生远红外光谱，不在红外光谱的讨论范围，因此应扣除这两种运动形式。

在三维空间中表示 1 个质点的位置可用 x、y、z 三个坐标表示，称为 3 个自由度。因此，一个原子在三维空间有 3 个自由度。

由 N 个原子组成的分子，总的运动自由度则为 $3N$。分子的总自由度是由分子的平动、转动和振动自由度之和构成的。

1. 平动自由度

由于分子的重心向任何方向的移动，都可以分解为沿三个坐标方向的移动，因此，任何分子都有 3 个平动自由度。

2. 转动自由度

（1）在非线性分子中，整个分子可以绕 3 个坐标轴转动，即有 3 个转动自由度。

（2）在线性分子中，以键轴为转动轴的转动，原子的位置没有改变，转动惯量为零，不发生能量变化，不形成转动自由度，因而线性分子只有绕其他 2 个坐标轴的转动，即有 2 个转动自由度。

3. 分子的振动自由度（理论上）

分子的总自由度为分子的平动、转动和振动自由度之和，则可计算分子的振动自由度：

振动自由度=总自由度(3N)-平动自由度-转动自由度

非线性分子　　　振动自由度=3N-3-3=3N-6

线性分子　　　　振动自由度=3N-3-2=3N-5

【例 4.1】　计算非线性分子 H_2O 的振动自由度。

振动自由度=3N-6=3×3-6=3

说明水分子有 3 种基本振动形式。

【例 4.2】　计算线性分子 CO_2 的振动自由度。

振动自由度=3N-5=3×3-5=4

说明 CO_2 分子有 4 种基本振动形式。

（四）红外光谱产生的条件

上例中，CO_2 分子的振动自由度为 4，但实际上在其红外吸收光谱图上只能看到 2 349 cm^{-1} 及 667 cm^{-1} 两个红外吸收峰。

【问题】为什么 CO_2 分子峰数小于振动自由度？

1. 简并与红外非活性振动

（1）简并：CO_2 分子的面内和面外弯曲振动虽然振动形式不同，但振动频率相等，因此，它们的吸收峰在红外吸收光谱图上在同一位置（667 cm^{-1}）重叠，只观察到一个吸收峰。这种振动形式不同而振动频率相等的现象称为简并。

（2）红外非活性振动：CO_2 分子有对称伸缩（1 388 cm^{-1}），但实际上在红外光谱图上无此峰存在，这说明 CO_2 分子的对称伸缩振动并不吸收频率为 1 388 cm^{-1} 的红外线而发生能级跃迁，因而不呈现相应的吸收峰。这种有振动频率但不能吸收红外线而发生能级跃迁的振动称为红外非活性振动。

2. 红外非活性振动的形成原因

比较 CO_2 分子的对称和不对称伸缩振动，可以发现，两者在振动过程中分子的偶极矩 μ 变化有差别。偶极矩是电荷 q 与正、负电荷中心之间距离 r 的乘积，即 $\mu=qr$。CO_2 是线性分子，虽然两个键的偶极矩（极性键）都不为零，但由于分子的偶极矩是键偶极矩的矢量和，当 CO_2 处于振动平衡位置时，两个键的偶极矩大小相等、方向相反，正、负电荷中心重合，$r=0$，此时分子的偶极矩 $\mu=0$；在对称伸缩振动中，正、负电荷中心仍然重合，$r=0$，$\mu=0$，与平衡位置相比，分子的偶极矩没有变化，$\Delta\mu=0$。在不对称伸缩振动中，一个键伸长，另一个键缩短，使正、负电荷中心不重合，$r\neq0$，$\mu\neq0$，所以 $\Delta\mu\neq0$。因此，在 2 349 cm^{-1} 处可观察到由不对称伸缩振动所产生的吸收峰。

3. 产生红外吸收的条件

综上所述，只有偶极矩有变化的振动过程，才能吸收红外线而发生能级跃迁。这是因为红外线是具有交变电场与磁场的电磁波，不能激发非电磁分子或基团。

在红外光谱中，某一基团或分子的基本振动能吸收红外线而发生能级跃迁，必须满足两个基本条件：

（1）振动过程中，$\Delta\mu \neq 0$。

（2）红外光的频率与分子中某基团振动频率一致。

两者缺一不可，必须同时满足。所以，具有红外活性的化合物含有共价键，并在振动过程中伴随有偶极矩变化。

【讨论】N_2、O_2、Cl_2、HCl、KCl 等物质是否具有红外吸收？

（五）红外吸收峰

如前所述，当红外辐射能量与分子振动能级跃迁所需能量相当，并伴随有偶极矩变化，就会产生吸收峰。

1. 基频峰

由振动能级的基态跃迁至第一激发态，产生的强吸收峰，称为基频峰。通常跃迁概率大，因而基频峰的强度一般都较大，是红外光谱上最主要的一类吸收峰。

2. 泛频峰

由振动能级的基态跃迁至第二、第三等激发态所产生的吸收峰依次为二倍峰、三倍峰等，统称为倍频峰。

由于分子的非谐振性质，位能曲线中的能级间隔并非等距，因此倍频峰的频率并非基频峰的整数倍，而是更小些。

此外，还有合频峰（两个基频峰频率相加的峰或基频与倍频的结合产生的谱带）和差频峰等。倍频峰、合频峰与差频峰统称为泛频峰。

泛频峰因跃迁概率小，多为弱峰，一般谱图上不易辨认、掌握。但泛频峰的存在增加了光谱的特征性，对结构分析有利。如取代苯在 2 000～1 667 cm^{-1} 区间的泛频峰主要由苯环上碳氢键面外弯曲振动的倍频峰构成，特征性很强，可用于鉴别苯环上的取代位置。

3. 振动偶合

两个基团相邻且振动频率相差不大时，振动耦合使这两个基团的基频吸收峰裂分为两个频率相差较大的吸收峰的现象，称为振动偶合。振动偶合的结果使红外吸收峰数增多。

4. 费米共振

某一个振动的基频与另外一个振动的倍频或合频峰接近时，相互作用而使该基频峰吸收加强或发生峰分裂的现象，称为费米共振。

（六）红外吸收峰的强度

影响红外吸收峰强度的因素多，较复杂。一般认为，吸收峰强度与振动过程中的跃迁概率有关，跃迁概率越大，则吸收峰的强度越大。跃迁概率取决于振动过程中分子偶极矩的变化，振动偶极矩变化又取决于分子结构的对称性，对称性越差，振动偶极矩变化越大，跃迁概率越大，则吸收峰越强。因此，极性较强基团（如 C═O，C—X 等）的振动，吸收强度较大；极性较弱的基团（如 C═C、C—C、N═N 等）的振动，吸收较弱。

如 C═O 和 C═C，碳原子和氧原子的相对原子质量接近，又都是以双键连接，因此基本振动频率相近，吸收峰的位置相近，但 C═O 吸收峰强度远比 C═C 吸收峰大。

再如，三氯乙烯和四氯乙烯都有 C═C 结构，但前者结构不对称，在 1 585 cm^{-1} 处（C═C）有吸收；而后者结构对称，$\Delta\mu = 0$，红外光谱上就没有 C═C 振动吸收峰。

此外，吸收谱带的强度还与振动形式、氢键影响、溶剂等因素有关。

与紫外可见吸收谱带相比，即使很强的红外吸收谱带的强度也要小得多，相差 2～3 个数量级。红外光谱仪测定时一般需用较宽的狭缝，这就使红外吸收峰的摩尔吸光系数难以测准，测得值常随仪器而异。

二、基团特征频率与分子结构

红外光谱是物质分子结构的客观反映，谱图中的吸收峰与分子中基团的振动形式相对应。双原子分子可通过数学处理得到其对应关系，但对多原子分子，随着原子数的增加，计算十分困难，大多数化合物的红外光谱与结构的关系，是通过实验手段得到的。通过比较大量已知化合物的红外光谱，从中总结出各种基团的吸收光谱规律。实验结果表明，组成分子的各种基团，如 O—H、C—H、N—H、C═C、C═C、C═O 等，都有自已特定的红外吸收区域，分子中其他部分对其吸收峰位置影响较小。

按红外光谱与分子结构的特征，可将红外谱图按波数大小分为两个区域，即官能团区（1 300～4 000 cm^{-1}）和指纹区（600～1 300 cm^{-1}）。

（一）官能团区

1 300～4 000 cm^{-1} 区域的峰是由 X—H（X 为 O、N、C 等）单键的伸缩振动，以及各种双键、三键的伸缩振动产生的吸收带。在该区内峰较稀疏，是基团鉴定最有价值的区域，称为官能团区。

官能团区有两个特点，一是各官能团的红外特征吸收峰均出现在谱图的较高频率区；二是官能团具有自己的特征吸收频率，不同化合物中的相同官能团，它们的红外光谱都出现在一段比较窄的范围内。

上述特点可用分子振动方程式来解释。含氢的官能团由于折合质量最小，含双键或三键的官能团键力常数大（大约分别为单键的两倍或三倍），因此计算吸收峰均应在高频区。而官能团大多数属于端基基团，分子中其他部分对其影响较小，因而同一官能团在不同分子中时，其键力常数变化不大，吸收峰出现在比较固定的范围内，从而形成了官能团区。

官能团区可分为 4 个波段。

（1）2 500～4 000 cm^{-1}：是 X—H 伸缩振动区（X：C、N、O、S 等元素）。如 O—H（3 650～3 200 cm^{-1}），COO—H（3 600～2 500 cm^{-1}），N—H（3 500～3 300 cm^{-1}）等。

羟基 O—H 振动吸收的范围是 3 650～3 200 cm^{-1}，氢键的缔合作用对峰的位置、形状、强度有很大的影响。处于气态、低浓度的非极性溶剂中的羟基和有空间位阻的羟基，是无缔合的游离羟基，其吸收峰在高波数（3 610～3 640 cm^{-1}），峰形尖锐；当有分子间缔合作用时，吸收峰的位置移向低波数（3 300～3 400 cm^{-1}）附近，峰形宽而钝；羟基形成分子内氢键时，吸收峰可降到 3 200 cm^{-1}。由于羧酸易形成氢键，液体及固体羧酸均以二聚体存在，使 O—H 伸缩振动峰向低波数移动，常在 3 200～2 500 cm^{-1} 区出现一宽而散的峰，是羧酸的特征峰。

胺基 N—H 的红外吸收与羟基类似，游离胺基的红外吸收在 3 500～3 300 cm^{-1} 范围，缔合后吸收位置降低约 100 cm^{-1}。乙伯胺有两个吸收峰，因 NH_2 有两个 N—H 键，它有对称和非对称两种伸缩振动，这使得它与羟基形成明显的区别，其吸收强度比羟基弱，脂肪族伯胺更弱。仲胺只有一种伸缩振动，出现一个吸收峰，其吸收比羟基的要尖锐些。叔胺因氮上无氢，在这个区域没有吸收。

碳氢 C—H 键伸缩振动的分界线是 3 000 cm^{-1}。不饱和烃（双键及芳环）的碳氢伸缩振动频率高于 3 000 cm^{-1}；饱和烃的碳氢伸缩振动低于 3 000 cm^{-1}，一般可见到 4 个吸收峰，其中 2 个属—CH_3：2 960 cm^{-1}（反对称伸缩振动）、2 870 cm^{-1}（对称伸缩振动），2 个属—CH_2：2 925 cm^{-1}（反对称伸缩振动）、2 850 cm^{-1}（对称伸缩振动）。由这两组蜂的强度可大致判断—CH_2 和—CH_3 的比例。

（2）2 000～2 500 cm^{-1}：是三键和累积双键（C≡C、C≡N、C═C═C、C═C═O 等）的伸缩振动或不对称伸缩振动吸收峰。

（3）1 500～2 000 cm^{-1}：是双键伸缩振动区，提供分子的官能团特征峰重要的区域。大部分 C═O 吸收峰在 1 900～1 600 cm^{-1} 之间，如酮、醛、酐等都是图中最强或次强的尖峰，非常特征，是判别有无碳基化合物的主要依据。C═C、N═O、C═N 等的峰出现在 1 670～1 500 cm^{-1}，芳环和芳杂环的特征吸收峰在 1 450、1 500、1 580、1 600 cm^{-1} 附近，但后三个峰不一定同时出现。

（4）1 300～1 500 cm^{-1}：这个区域主要提供 C—H 的弯曲振动信息。如—CH_3 在 1 380 cm^{-1} 和 1 460 cm^{-1} 附近同时存在。当前一吸收峰发生分叉时，表示偕二甲基（两个甲基连在同一碳原子上）的存在。—CH_2 仅在 1 470 cm^{-1} 附近存在吸收峰。

（二）指纹区

400～1 300 cm^{-1} 区域通常称为指纹区，主要由不含氢的单键官能团伸缩振动和双键、三键的弯曲振动引起的，各种振动的频率差别较小、数目较多。相互重叠偶合，谱图变化较大。指纹区虽特征性差，但它对分子结构的变化十分敏感，分子结构的细微变化就会引起指纹区光谱的改变，所以此区峰的变化是反映整个分子构型的。比如邻二甲苯、间二甲苯、对二甲苯虽同是二甲苯，但它们在指纹区的峰有较大差别，所以可以说“没有任何两个分子在指纹区的峰是完全一样的，正如没有任何两个人的指纹是完全相同的”。

指纹区可分为两个波段（了解）。

（1）900～1 300 cm^{-1}：所有单键的伸缩振动频率、分子骨架振动频率都在这个区域，部分含氢基团的一些弯曲振动和部分含重原子的双键振动伸缩也在这个区域。红外吸收信息非常丰富。

（2）900 cm^{-1} 以下：为苯环取代特征区。苯环因取代而产生的吸收（650～900 cm^{-1}）是这个区域很重要的内容，这是判断苯环取代位置的主要依据（吸收源于苯环上 C—H 的弯曲振动）。

从上述可见，指纹区和官能团区的不同功能对红外谱图的解析是很重要的。从官能团区可以找出该化合物存在的官能团，指纹区的吸收则通过标准谱图（或已知物谱图）进行比较，官能团区和指纹区的功能相互补充，得出未知物与已知物结构相同或不同的结论。表 4-2 为常见官能团的红外吸收谱频率。

表 4-2　常见官能团的红外吸收谱频率

波长/μm	波数/cm^{-1}	产生吸收的官能团
2.7～3.3	3 000～3 650	O—H，N—H（伸缩）
3.0～3.4	3 000～3 300	—C═C—H，Ar—H（C—H 伸缩）
3.3～3.7	2 700～3 000	$—CH_3—CH_2$（C—H 伸缩）
4.2～4.9	2 000～2 500	C≡N、C≡C、C═C═C（伸缩）
5.3～6.1	1 650～1 900	C═O 伸缩（羧酸、醛、酮、酰胺、酯、酸酐中的）
5.9～6.2	1 450～1 650	C═C 伸缩（脂肪族和芳香族）、C═N 伸缩
6.8～7.7	1 300～1 500	C—H 弯曲
10.0～15.4	650～1000	Ar—H 平面外弯曲等（指纹区）

（三）特征峰与相关峰

1. 特征峰

通常把能代表某基团存在，并有较高强度、易辨认的吸收峰称为特征吸收峰，简称特征峰，其所在位置称特征吸收频率。

如甲基官能团在 2 960、2 870 cm^{-1} 存在强吸收峰，为 C—H 的伸缩振动产生的基频峰，易辨认，是甲基官能团的特征峰。

2. 相关峰

由一个官能团所产生的一组相互依存的特征峰，互称为相关吸收峰，简称相关峰。上述甲基基团除 C—H 的伸缩振动外，还在 1 460、1 380 cm^{-1} 处有吸收峰，是 C—H 的弯曲振动产生的，这 4 个相互依存的吸收峰即组成一组相关峰。

任一官能团由于存在伸缩振动（某些官能团同时存在对称和反对称伸缩振动）和多种弯曲振动，因此，会在红外谱图的不同区域显示出几个相关吸收峰。所以，只有当几处应该出现吸收峰的地方都显示吸收峰时，方能得出该官能团存在的结论。以甲基为例，在 2 960、2 870、1 460、1 380 cm^{-1} 处都应有 C—H 键的吸收峰出现。

相关峰的数目与基团的活性振动数及光谱的波数范围有关。通常用一组相关峰来确定一个官能团的存在，这是光谱解析的一条重要原则。

（四）基团频率的影响因素

分子中基团的振动并不是孤立的，要受分子内其他基团特别是相邻基团的影响，有时还会受到溶剂、测定条件等外部因素的影响。因此相同基团或化学键在不同分子中的特征吸收峰，并不完全出现在同一位置，而是出现在一区间内。了解影响它们的因素及其规律，可以根据基团频率的位移，推断发生这种影响的结构因素，从而进行结构分析。本书仅讨论结构因素的影响。

1. 诱导效应

吸电子基团的诱导效应，使吸收峰向高波数方向移功。如醛中的羰基振动吸收峰跃迁，当吸电子基团如卤原子取代 H 原子，由于卤原子的吸电子作用，使电子云由氧原子转向 C＝O 双键中间，增加其电子云密度，从而使羰基双键性增强，键力常数增大，吸收频率向高波数方向移动。卤原子的电负性越强，振动频率越高。乙醛中羰基的伸缩振动吸收峰为 1 731 cm^{-1}，Cl 原子取代羰基上的 H，羰基吸收峰频率增加为 1 802 cm^{-1}。

2. 共轭效应

共轭效应使电子云密度平均化，使原来双键间的电子云密度降低，键力常数减小，振动频率降低。例如，乙醛羰基上的氢被苯环取代，羰基伸缩振动吸收峰减少为 1 695 cm^{-1}。

3. 氢键的影响

前面已述，如羧酸形成氢键，以二聚体存在，使 O—H 伸缩振动峰向低波数移动。

第三节　红外光谱解析

官能团特征吸收是解析谱图的基础，应该熟悉各官能团的特征吸收。

一、谱图解析基本步骤

（1）了解样品的来源、制备方法（原料及可能产生的中间产物或副产物）、分离方法、理化性质（熔沸点、旋光性等）、元素组成及其他光谱分析数据。

如 UV、NMR、MS 等，有助于对样品结构信息的归属和辨认。当发现样品中有明显杂质存在时，应利用色谱、重结晶等方法纯化后再进行红外分析。

（2）根据质谱、元素分析结果确定分子式。

（3）由分子式计算不饱和度 U（有机分子中碳原子的不饱和程度）。

$$U=\text{四价原子数}-\frac{\text{一价原子数}}{2}+\frac{\text{三价原子数}}{2}+1$$

通过计算不饱和度估计分子结构式中是否有双键、三键或芳香环等，并可验证光谱解析是否合理。

（4）按鉴定化合物的基本方法解析图谱

二、红外解析的基本方法

1. 解析谱图三要素——峰位置、形状和强度

在有机化合物谱图解析中，要同时关注峰位置、形状和强度。吸收峰的波数位置和强度都在一定范围时，才可推断某基团的存在。

峰位置即谱带的特征振动频率，是对官能团进行分析的基础，依照特征峰的位置可确定化合物的类型。

谱带的形式包括谱带是否有分裂，可用于研究分子内是否存在缔合以及分子的对称性、旋转异构、互变异构等。

谱带的强度是与分子振动时偶极矩的变化有关的，但同时又与分子的含量呈正比，因此可作为定量分析的基础。依据某些特征谱带强度随时间（或温度、压力）的变化规律可研究动力学过程。如羰基的伸缩振动吸收一般在 1 680～1 780 cm^{-1} 为最强峰或次强峰。如果在 1 680～1 780 cm^{-1} 有吸收峰，但其强度低，表明该化合物并不存在羰基，可能是该样品中存在少量的羰基化合物，它以杂质形式存在。

吸收峰的形状也决定于官能团的种类，从峰形可以辅助判断官能团。以缔合羟基、缔合伯胺基及炔氢为例，它们的吸收峰位置略有差别，但主要差别在于峰形：缔合羟基峰宽、圆滑而钝；缔合伯胺基吸收峰有一个小小的分叉；炔氢则显示尖锐的峰形。

2. 一组相关峰确定官能团存在的原则

峰的不存在对否定官能团的存在，比峰的存在而肯定官能团的存在更有价值，注意同一基团的几种振动吸收峰的相互印证，防止解释的片面性。对于官能团，通常只有在伸缩振动和弯曲振动频率都出现的情况下才能肯定。不能确定时，可用化学方法、质谱、核磁、紫外等检验。对化合物的鉴定只有在全部谱峰位置、强度和形状完全吻合时，才能确定，否则就不能认为是同一化合物。

3. 解析顺序

图谱的解析主要靠长期的实践经验的积累，至今仍没有一个特定的办法。一般顺序是四先、四后。先官能团区，后指纹区；先强峰后弱峰；先粗查（查红外光谱的 6 个重要区段），后细找（主要基团的红外特征吸收频率）；先否定后肯定。如果是芳香族化合物，应定出苯环取代位置。根据官能团及化学合理性，确定碳骨架类型，初步推测可能的结构。

【例 4.3】 分析 3 300～2 800 cm^{-1} 区域 C—H 伸缩振动吸收。

以 3 000 cm^{-1} 为界，高于 3 000 cm^{-1} 为不饱和碳 C—H 伸缩振动吸收，有可能为烯、炔或芳香族化合物；而低于 3 000 cm^{-1} 一般为饱和 C—H 伸缩振动吸收。

若在稍高于 3 000 cm^{-1} 有吸收，则应在 2 250～1 450 cm^{-1} 频区，分析不饱和碳碳键的伸缩振动吸收特征峰，其中：

炔烃 2 200～2 100 cm^{-1}，烯烃 1 680～1 640 cm^{-1}，芳环 1 600、1 580、1 500、1 450 cm^{-1}

碳骨架类型确定后，再依据其他官能团，如 C═O，O—H 等特征吸收峰来判定化合物的官能团。

4. 进一步的确认

需与标样、标准谱图对照及结合其他仪器分析手段得出结论。标准红外谱图集最常见的是萨特勒（Sadtler）红外谱图集。

为了从红外谱图中获取正确的信息和作出合理解释，还必须注意以下几点。

（1）辨认并排除谱图中不合理的吸收峰，如由于样品制备纯度不高存在的杂质峰，仪器及操作条件等引起的一些“异峰”。

（2）应当注意，一些相对分子质量较大的同系物，指纹区的红外谱图可能非常相似或基本相同；某些制样条件也可能引起同一样品的指纹区吸收发生一些变化，所以仅仅依靠红外谱图对化合物的结构作出准确的结论，仍是不严格的，还需用其他谱学方法互相印证。

（3）对化物结构的最终判定必须借助于标准样品或标准图谱。

【例 4.4】 未知物分子式为 $C_4H_8O_2$，其红外谱图如图 4-3 所示，推断其结构。

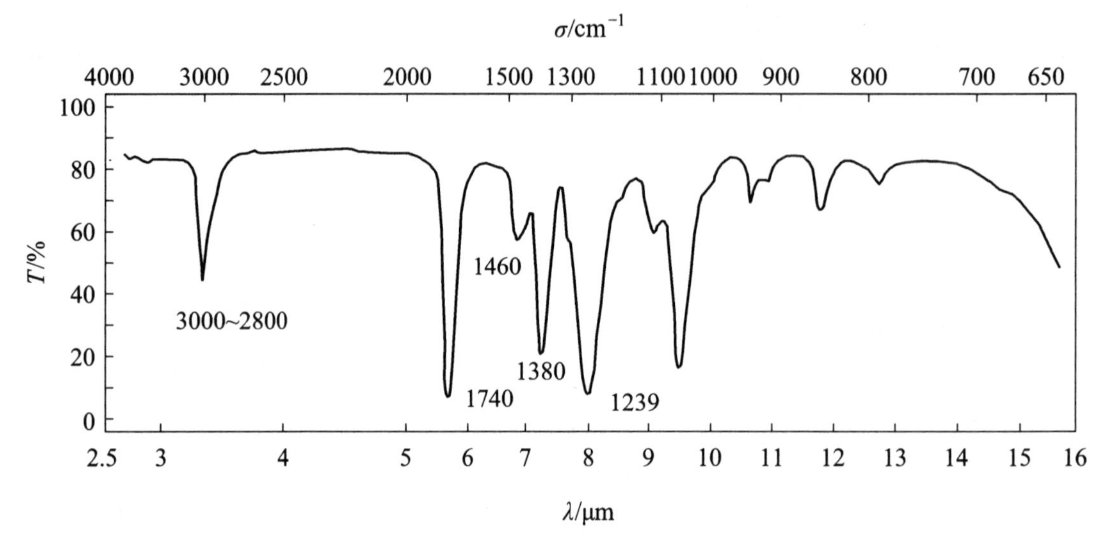

图 4-3 未知物红外光谱图

解： 计算不饱和度 U

$$U = 4 - \frac{8}{2} + 1 = 1$$

说明结构中有一个双键，可能是 C═C 键，也可能是 C═O 键。根据 1 740 cm^{-1} 为强吸收，该吸收峰显然不是 C═C 双键的伸缩振动峰，应是 C═O 的特征吸收峰。

3 000～2 800 cm^{-1} 为峰锐的较强吸收峰，不是 O—H 伸缩振动峰，是饱和烃 C—H 键振动伸缩吸收峰，所以分子结构中无醇羟基和羧基，没有不饱和 C—H 键，非醛类。

1 460 cm^{-1} 和 1 380 cm^{-1} 是甲基和亚甲基 C—H 键弯曲振动吸收峰，1 460 cm^{-1} 无分叉，说明无偕二甲基，只有 4 个碳原子，所以也不是酮，基本碳骨架为直链羧酸酯。

最后根据 1 239 cm^{-1} 吸收峰（指纹区），该物质应为 $CH_3COOCH_2CH_3$。

第四节　红外光谱仪及实验技术

红外光谱仪主要有色散型和干涉型傅里叶变换两类。

一、色散型红外分光光度计

色散型红外分光光度计的组成部件与紫外-可见分光光度计相似，但每一个部件的结构、所用的材料及性能与紫外-可见分光光度计不同，组成部件的排列顺序也略有不同。红外分光光度计的样品是放在光源和单色器之间，而紫外-可见分光光度计是放在单色器之后（图 4-4）。

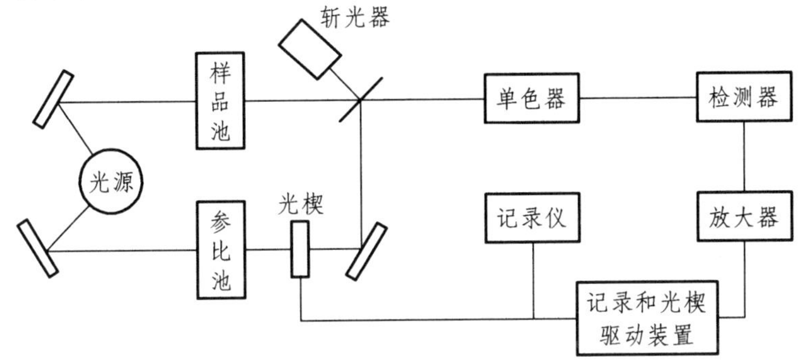

图 4-4　色散型红外分光光度计示意图

1. 光　源

红外光谱仪中所用的光源通常是一种惰性固体，用电加热使之发射高强度的连续红外辐射。常用的是能斯特灯或硅碳棒。能斯特灯是用氧化锆、氧化钇和氧化钍等稀土元素混合烧结而成的中空棒或实心棒，两端绕以铂丝做导线，直径 1～3 mm，长度 20～50 mm。在室温下是非导体，加热到 700 °C 以上变为导体，工作温度约为 1 700 °C，在此高温下导电并发射红外线。因此，在工作之前要预热。它的特点是发射强度高，使用寿命半年至一年，稳定性较好。缺点是价格比硅碳棒贵，机械强度差，操作不如硅碳棒方便。硅碳棒是由碳化硅经高温烧结而成，两端绕以金属导线通电，工作温度为 1200～1 500 °C。其优点是坚固、发光面积大、操作方便、价格便宜、使用寿命长，工作前不需要预热；但使用前必须用变压器调压后才能用。

2. 吸收池

因玻璃、石英等材料不能透过红外光，红外吸收池要用不吸收红外光、可透过红外光的 KBr、CsI、NaCl 等材料制成窗片，但需防潮。常用纯 KBr 与固体试样混匀压片，然后直接进行测定。除了固体压片外，红外仪器的吸收池还有液体槽和气体槽形式。不同的样品状态（固、液、气态）使用不同的样品池。

3. 单色器

由色散元件、准直镜和狭缝构成。其中可用几个光栅来增加波数范围，狭缝宽度应可调。狭缝越窄，分辨率越高，但光源到达检测器的能量输出减少。为改善检测器响应，通常采取程序增减狭缝宽度的办法，即随辐射能量降低，狭缝宽度自动增加，保持到达检测器的辐射能量恒定。

4. 检测器

红外光能量低，因此常用热电偶、热辐射计、热释电检测器和碲镉汞检测器等。

二、傅里叶变换红外分光光度计

傅里叶变换红外分光光度计是利用干涉原理，并经过傅里叶变换而获得红外光谱的仪器。

它由光源（硅碳棒等）、迈克尔逊干涉仪、吸收池、检测器、计算机和记录仪等部分组成，它与色散型红外分光光度计的主要区别在于干涉仪和计算机两部分（图 4-5）。

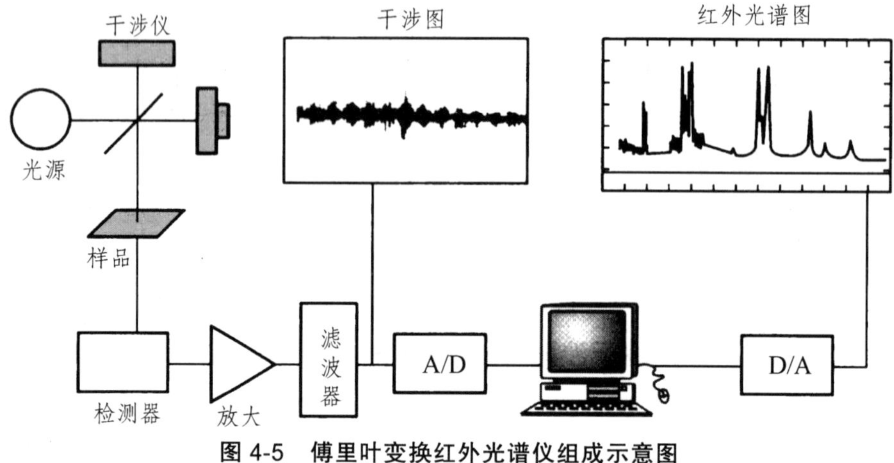

图 4-5　傅里叶变换红外光谱仪组成示意图

（一）仪器的主要部件

1. 红外光源

目前比较理想的红外光源是能够连续发射高强度红外光的物体，最常用的光源有能斯特灯和硅碳棒。

2. 干涉仪

干涉仪是光谱仪的心脏，其作用是将光源发出的光分为两束后，再以不同的光程差重新组合，发生干涉现象。当两束光的光程差为 $\lambda/2$ 的偶数倍时，则落在检测器上的相干光相互叠加，产生明线，其相干光强度有极大值；相反，当两光束的光程差为 $\lambda/2$ 的奇数倍时，则落在检测器上的相干光将互相抵消，产生暗线，相干光强度有极小值。由于多色光的干涉图等于所有各单色光干涉图的加合，故得到的是具有中心极大，并向两边迅速衰减的对称干涉图。

干涉图包含光源的全部频率和与该频率相对应的强度信息，所以如有一个有红外吸收的样品放在干涉仪的光路中，由于样品能吸收特征波数的能量，结果所得到的干涉图强度曲线就会相应地产生一些变化。这个包括每个频率强度信息的干涉图，可借数学上的傅里叶变换技术，对每个频率的光强进行计算，从而得到吸收强度或透光率随频率或波数变化的普通红外光谱图。这套变换过程比较复杂和麻烦，在仪器中是通过计算机完成的。

3. 检测器

傅里叶变换红外光谱仪检测器响应时间短，多用热电型和光电型检测器。热电型检测器的波长特性曲线平坦，对各种频率的响应几乎一样，室温下即可使用，且价格低廉；但响应速度慢、灵敏度低。光电型检测器的灵敏度高、响应快，适合用于高速测量；但需要液氮冷却。

（二）傅里叶变换红外光谱仪的特点

（1）扫描速度快，测量时间短。傅里叶变换红外光谱仪是在整个扫描时间内同时测定所有频率的信息，一般只要几秒钟即可完成；而色散型红外谱仪，一次完整扫描常需要 8～30 min，干涉型比色散型要快数百倍。因此，它可用于测定不稳定物质的红外光谱。

（2）能量大、灵敏度高，因为傅里叶变换红外光谱仪不用狭缝和单色器，反射面又大，能量损失小，因此到达检测器上的光能量大，可以检测 10^{-12}～10^{-9} g 的样品。

（3）分辨率高。波数精度可达 0.01cm^{-1}。而棱镜型仪器分辨率在 1 000 cm^{-1} 处为 3 cm^{-1}，光栅式谱仪也只达 0.2 cm^{-1}。

（4）其他优点。测定精度高，重现性好，杂散光干扰小；测定的光谱范围宽，可达 10～10 000 cm^{-1}；样品不受因红外聚焦而产生的热效应的影响；特别适合与气相色谱联机或研究化学反应机理等。

傅里叶变换红外光谱仪应用非常广泛，是近代化学研究不可缺少的基本设备之一。

三、实验技术

（一）对试样的要求

（1）试样应为纯物质（纯度>98%），通常在分析前，样品需要纯化。

（2）试样不含有水（水可产生红外吸收且可侵蚀盐窗）。

（3）试样浓度或厚度应适当，以使透光率 T 在合适范围。

（二）试样制备

1. 固体样品

制备固体测试样品，有压片法、糊状法和薄膜法。

（1）压片法。KBr 压片，取 1～2 mg 试样在玛瑙研钵中磨细后（2 μm）加 100～200 mg 已干燥磨细的 KBr 粉末，充分混合并研磨，将研磨好的混合物均匀地放入压模内，压片机上加压，在 10～15 MPa 的压力下 1～2 min 即可得到厚约 1 mm、直径约 10 mm 的透明或均匀半透明的锭片，然后进行红外测定。

压力不宜太高，否则会损坏模具。KBr 对钢制模具表面的腐蚀性很大，模具用过后必须及时清洗干净，然后保存在干燥环境中。对于难研磨样品，可先将其溶于几滴挥发性溶剂中再与 KBr 粉末混合成糊状，然后研磨至溶剂挥发完全，也可在红外灯下挥发残留的溶剂，注意必须将溶剂完全挥发。

压片法可用于固体粉末和结晶样品的分析，所用的稀释剂除 KBr 外，还有 KCl、CsI 和高压聚乙烯。

压片法制样的注意事项如下：

① 为了避免散射，颗粒需研磨至 2 μm 以下。

② 和稀释剂起反应或进行离子交换的样品不能使用压片法。

③ 易吸水、潮解样品不宜用压片法。

④ 压片用的 KBr、KCl、CsI 等的规格必须是分析纯以上，不能含其他杂质；KBr、KCl、CsI 等在粉末状态很容易吸水潮解，应放在干燥器中保存，并定期在干燥箱中升温 110 °C 或

在真空烘箱中恒温干燥。

⑤ 要掌握好样品与 KBr 的比例及锭片的厚度，以得到一个质量好的透明的锭片。

（2）糊状法。把干燥的样品放入玛瑙研钵中充分研细（2 μm 以下），然后滴几滴糊剂（如液体石蜡油）混合研磨，至呈均匀的糊状，用样品铲把样品糊夹在两窗片（KBr 盐片）之间，放入仪器光路中进行测量。

大多数固体粉末的样品都可采用糊状法测定，常用糊剂有氟化煤油和液体石蜡。氟化煤油在 4 000～1 300 cm^{-1} 区域内是红外透明的，液体石蜡在 3 000～2 850 cm^{-1}、1 460 cm^{-1} 和 1378 cm^{-1}，以及 720 cm^{-1} 处出现吸收（表 4-3），前者适用于 4 000～1 300 cm^{-1} 区域，后者适合在 1 300～50 cm^{-1} 的范围，氟化煤油和石蜡油的吸收光谱也可在参比光路上补偿除去。

表 4-3　氟化煤油和石蜡油的吸收谱带

名称	最大吸收峰/cm^{-1}
氟化煤油	1 275、1 230、1 196、1 141、1 121、1 94、1 034、961、896、830、735、650、594、543
石蜡油	2 952、2 921、2 896、2 852、1 460、1 378、721

糊状法制样的注意事项：

① 糊状法制样对光谱质量影响最大的是样品粒度的散射因素，加入分散剂后的研磨主要起调匀成糊的作用，此时继续研磨对磨细作用不大。因而将固体样品磨得足够细而且均匀，是糊状法制样成败的关键之一。

② 对糊状法使用的分散剂的要求是所产生的吸收峰不能与样品峰重叠，而且应当沸点较高、化学性质稳定、具有一定的黏度和较高的折射率，与固体样品相混能成糊状物。

糊状法制样简便，应用也比较普遍。尤其是要鉴定羟基峰、胺基峰时，采用糊状法制样就是一种非常行之有效的好方法。石蜡为高碳数饱和烷烃，用石蜡油作为糊剂不能用于样品中饱和 C—H 链的鉴定。糊状法不适合做定量分析。

（3）薄膜法。固体样品制成薄膜进行测定可以避免基质或溶剂对样品光谱的干扰。要求薄膜的厚度为 10～30 μm，且厚薄均匀。薄膜法主要用于聚合物测定，对于一些低熔点的低分子化合物也可应用。薄膜法有以下 3 种：

① 熔融涂膜。适用于一些熔点低、熔融时不分解、不产生化学变化的样品。

② 热压成膜。对于热塑性聚合物或在软化点附近不发生化学变化的塑性无机物，可将样品放在模具中加热至软化点以上或熔融后再加压力压成厚度合适的薄膜。

③ 溶液铸膜。将样品溶解于低沸点易挥发的溶剂中，然后将溶液滴在盐片上，待溶剂挥发后，样品遗留在窗片上而形成薄膜，放入仪器光路中进行测量。

2. 液体样品

液体样品分为溶液和纯液体两种。

（1）溶液样品。

配成 5%左右的溶液，然后注入液体吸收池（固定液体池）内测量。固定液体池中两块盐片与间隔片和垫圈以及前后框是黏合在一起的，不能随意拆开清洗和盐片抛光，所以此法适合于沸点低、黏度小和充分除去水分的样品的定量分析。

（2）纯液体样品。

① 涂片法。对挥发性小而沸点较高且黏度较大的液体样品，可用一不锈钢样品刮刀取少

量样品直接均匀地涂在空白的溴化钾片上，用红外灯或电吹风驱除溶剂后测定，方法非常简单。对于吸收弱或黏度低而涂层薄的样品，要在片上反复几次涂上样品后再进行测定，才能得到高质量的光谱。由于涂膜的厚度难以掌握，故涂片法一般只用于定性分析。

② 液膜法。液膜法是液体样品定性分析中应用较广的一种方法。即在两个盐片之间滴 1～2 滴样品，制成一个液膜进行测定。首先滴加一小滴样品于一片窗片的中央，再压上另一片窗片，依靠两窗片间的毛细作用保持住液层，这样就制成液膜了。将它放在可拆式液体池架中固定即可测绘其光谱。液膜法制样的最大优点是方法简便。该方法适用于沸点较高、黏度较低、吸收很强的液体样品的定性分析。

一些吸收很强的纯液体样品，如果在减小厚度后仍得不到好的图谱，可配成溶液测试。

对于易挥发的液体要用液体池或气体池。

对液体样品，采用哪一种制样方法都必须根据样品的性质和研究的目的来选用适当的溶剂。选用的原则是：对样品应有很好的溶解度并且不发生很强的溶剂效应，溶剂本身在中红外区应有良好的透明度，即使产生吸收峰也不能与样品的吸收峰重叠。

3. 气体样品

气体试样一般都灌注于玻璃气体槽内进行测定。它的两端黏合有能透红外光的窗片。

各类气体池（常规气体池、小体积气体池、加压气体池、高温气体池和低温气体池等）和真空系统是气体分析必需的附属装置和附件，气体在池内的总压、分压都应在真空系统上完成。光程长度、池内气体分压、总压力、温度都是影响谱带强度和形状的因素。某些气体分子间的氢键对压力、温度也很敏感。通过调整池内气体样品浓度（如降低分压、注入惰性气体稀释）、气体池长度等可获得满意的谱带吸收。为避免某些气体吸附在气体池上，可以用干燥氮气吹扫或在一定温度下减压除去。

有些气体如 SO_2、NO_2 能和碱金属卤化物窗片起反应，要改用 ZnSe 或其他窗片。高压聚乙烯窗口可以测量 500～50 cm^{-1} 间的波段。

第五节　红外光谱法的应用

由于红外光谱法突出的特点，在许多领域如化工、医药、生物、食品等广泛应用于物质的定性分析和结构分析。

红外光谱是有机药物鉴别方法中最有效的方法之一，各国药典均将红外光谱法列为药品的常用鉴别方法。《中国药典》（2010 年版）两部中有 580 种药品原料、73 种药物制剂选用红外光谱作为鉴别方法，绝大多数是用标准图谱对比法，即在与标准图谱一致的测定条件下记录样品的红外光谱，与标准图谱比较，要求两图谱完全一致。标准图谱为与药典配套出版的“药品红外光谱集”。

也有少数药品的红外光谱鉴别方法采用对照品比较法，即将供试品与其对照品在相同条件下测定红外光谱，比较两图谱应完全一致。

【例 4.5】 棕榈氯霉素的红外光谱鉴别。

取本品的细粉适量（相当于 5 片），置离心试管中，加水 10 mL，充分振摇后，离心，弃去上层液体，再按同法洗涤沉淀，直至上层液体基本澄清。沉淀于室温下减压干燥，研细，用糊法测定，其红外光吸收图谱应与棕榈氯霉素B晶型对照的图谱一致[《中国药典》(2010年版)光谱集37图或38图]。

【例4.6】 甲苯咪唑的红外光谱检查（A晶型）。

取本品与含A晶型为10%的甲苯咪唑对照品各约25 mg，分别加液状石蜡0.3 mL，研磨均匀，制成厚度约0.15 mm的石蜡糊片，同时制作厚度相同的空白液状石蜡糊片作为参比，红外分光光度法测定并调节供试品与对照品在803 cm^{-1}波数处的透光率为90%～95%，分别记录620～803 cm^{-1}波数处的红外光吸收图谱。在620 cm^{-1}和803 cm^{-1}波数处的最小吸收峰间连接一基线，再在640 cm^{-1}和662 cm^{-1}波数处的最大吸收峰之顶处作垂线与基线相交，得到这些最大吸收峰处的校正吸收值，供试品在约640 cm^{-1}与662 cm^{-1}波数处的校正吸收值之比，不得大于含A晶型为10%的甲苯咪唑对照品在该波数处的校正吸收值之比。

【例4.7】 头孢拉定的红外光谱鉴别。

取本品适量，溶于甲醇，于室温下挥发至干，取残渣红外分光光度法测定。本品的红外吸收图谱应与对照的图谱一致。

【例4.8】 奈韦拉平片检查。

本品含奈韦拉平（$C_{15}H_{14}N_4O$）应为标示量的95%～105.0%。

性状：本品为白色或类白色片。

鉴别：取本品的细粉适量（约相当于奈韦拉平25 mg），加二氯甲烷10 mL，振摇1 min，用滤纸过滤，取滤液再用0.45 μm聚四氟乙烯滤膜过滤，将滤液置于蒸发皿中，80 °C蒸干，残渣在105 °C干燥1 h，其红外光吸收图谱应与对照的图谱（光谱集1159图）一致。

【例4.9】 盐酸阿莫地喹片检查。

本品含盐酸阿莫地喹按阿莫地喹（$C_{20}H_{22}ClN_3O$）计算，应为标示量的93.0%～107.0%。

性状：本品为薄膜衣片，除去包衣后显黄色。

鉴别：取本品细粉适量（约相当于阿莫地喹50 mg），置分液漏斗中，加水20 mL，振摇1 min，加浓氨溶液1 mL与三氯甲烷25 mL，振摇2 min，取三氯甲烷层，用三氯甲烷预洗过的脱脂棉过滤，取滤液蒸干，残留物在105 °C干燥1 h，作为供试品；另取盐酸阿莫地喹对照品适量，同法处理。供试品的红外光吸收图谱应与对照品的图谱一致[《中国药典》(2010年版)附录Ⅳ C]。

习　题

1. 产生红外吸收的条件是什么？是否所有的分子振动都会产生红外吸收光谱？为什么？

2. 红外吸收光谱法定性、定量分析的依据是什么

3. 

的红外光谱图的主要振动吸收峰应为：

（1）3 500～3 100 cm^{-1}处，有____________振动吸收峰；

（2）3 000～2 700 cm^{-1}处，有____________振动吸收峰；

（3）1 900～1 650 cm^{-1} 处，有________________振动吸收峰。

4. 用红外吸收光谱法测定有机物结构时，对试样有何要求？

5. 共轭效应使 C═O 伸缩振动频率向______波数位移；诱导效应使其向______波数位移。

6. 当用红外光激发分子振动能级跃迁时，化学键越强，则（　　）

A. 吸收光子的能量越大　　B. 吸收光子的波长越长

C. 吸收光子的频率越高　　D. 吸收光子的数目越多

7. 根据相关键力常数（自行查阅），计算 C—H、N—H、O—H、C—C、C≡C 的伸缩振动频率（用波数表示）。

8. 分析比较 C—H、C—C、C—Cl、C—O 键的振动频率高低。

9. 对于同一化学键而言，弯曲振动比伸缩振动的力常数__________，所以前者的振动频率比后者____________。

10. CO_2 分子有哪 4 种基本振动形式？实际谱图只在 667 cm^{-1} 和 2 349 cm^{-1} 处出现两个吸收峰，为什么？

11. 以下几种气体，不吸收红外光的是哪些，为什么？

A. O_2　　B. CO_2　　C. HCl　　D. N_2　　E. CH_4

12. 分子不具红外活性，必须（　　）

A. 分子的偶极矩为 0　　B. 分子没有振动

C. 分子振动时有偶极矩变化　　D. 非极性双原子分子

13. 有 4 个基团：—CH_3、CH≡C—、CH_2═CH—和—CHO，4 个吸收带：3 300 cm^{-1}、3 030 cm^{-1}、2 960 cm^{-1} 和 2 720 cm^{-1}，试分析吸收带对应的基团。

14. 一种液体化合物，分子式为 $C_4H_6O_2$，其红外光谱有以下特征吸收，请写出对应基团及可能的结构式。

① 3 300～2 700 cm^{-1} 宽而散的吸收带；② 1 715 cm^{-1} 有强吸收带；③ 1 650 cm^{-1} 有中等强度吸收带。

15. 某种化合物的红外光谱在 3 000～2 800 cm^{-1}、1 460 cm^{-1}、1 375 cm^{-1}、725 cm^{-1} 等处有主要吸收带，该化合物可能是：烷烃、烯烃、炔烃、芳烃还是羰基化合物？

16. 样品中含有水分时对红外光谱法分析操作及测定会产生什么影响？

17. 分析并说明二硫化碳、NO、乙烯分子的平动、转动和振动自由度。

18. 评述下列说法。

① 折合原子质量越小，力常数越大，谐振子的振动频率越高。

② 溶剂萃取法提取某中药材活性成分，所得提取液经浓缩除去溶剂后，用红外光谱法鉴定活性成分。

③ 解析红外谱图重要的原则是用一组相关峰来确定一个官能团的存在。

④ 紫外吸收光谱和红外吸收光谱都属于分子光谱，所以两者吸收光谱的测量仪器除光源不同外，其他组成部件都相同。

19. 为什么红外光谱图上基频峰数少于基本振动形式数，而吸收峰数又多于基本振动形式数？

20. 如何利用红外光谱区别：① 醇、酚与醚；② 羧酸与酯；③ 醛与酮；④ 伯、仲、叔醇？

21. 测定样品的 UV 光谱时，甲醇是良好的常用溶剂，而测定 IR 光谱时，不能用甲醇做溶剂，为什么？

第五章　原子吸收光谱法

【教学要求】

（1）了解影响原子吸收谱线轮廓的因素；

（2）熟悉原子吸收分光光度计的主要部件及类型；

（3）理解火焰原子化和高温石墨炉原子化法的基本过程；

（4）掌握原子吸收分光光度法的应用、干扰及其抑制方法；

（5）掌握原子吸收测量的必要条件及实验条件的选择原则。

【思　考】

（1）原子吸收光谱分析的基本原理是什么？

（2）原子吸收光谱法定量分析的基本关系式是什么？

（3）原子吸收的测量为什么要用锐线光源？

（4）简述空心阴极灯的工作原理和特点。

（5）原子吸收分光光度计的光源为什么要进行调制？有几种调制的方式？

（6）试比较火焰原子化系统及石墨炉原子化器的构造、工作流程及特点，并分析石墨炉原子化法的检测限比火焰原子化法高的原因。

（7）原子吸收光谱法中的非光谱干扰有哪些？如何消除这些干扰？

（8）原子吸收光谱法中的背景干扰是如何产生的？如何加以校正？

（9）表征谱线轮廓的物理量有哪些？引起谱线变宽的主要因素有哪些？

原子吸收光谱法（AAS）发展较晚，它是由瓦尔西（A. Walsh）于 1955 年创立的一种新型仪器分析方法。原子吸收光谱法是根据被测元素的气态基态原子对同种原子共振辐射的吸收进行元素定量分析的方法。原子吸收光谱位于光谱的紫外光区和可见光区。

1802 年，伍朗斯顿（W. HWollaston）观察到太阳光谱中的暗线时首次发现了原子吸收现象。1817 年，福劳霍费（J. Fraunhofer）再次发现这样的暗线，但不明其原因和来源，于是把这些暗线称为福氏线。1859 年，基尔霍夫（Kirchhoff）与本生（Bunson）在研究碱金属和碱土金属的火焰光谱时发现：钠原子蒸气发射的光通过较低温度的钠蒸气时，会引起钠光的吸收，产生暗线。根据这一暗线与太阳光谱中的暗线在同一位置这一事实，证明太阳连续光谱中的暗线正是外围大气层中的钠原子对太阳光谱中的钠辐射的吸收所引起的。

AAS 法作为一种实用的分析方法是从 1955 年才开始的。1955 年澳大利亚物理学家瓦尔西发表了著名论文《原子吸收光谱在化学分析中的应用》，解决了原子吸收光谱的光源问题，奠定了 AAS 的理论基础。1959 年出现了第一台商品的火焰原子吸收分光光度计，里沃夫提出电热原子化技术，大大提高了原子吸收的灵敏度。原子吸收技术的发展，推动了原子吸收仪器的不断更新和发展。

由于 AAS 具有灵敏度高、精密度高、选择性好、操作方便快速等特点，20 世纪 60 年代以后，AAS 得到迅速发展，并且越来越趋于成熟，它是测定微量或痕量元素的灵敏而可靠的分析方法。目前，AAS 可用于 70 多种元素的定量测定，不仅可以测定金属元素，也可以间接测定某些非金属元素和有机化合物，应用十分广泛。

原子吸收光谱法的局限性：测定难熔元素（如 W、Nb、Ta、Zr、Hf、稀土等）及大多数非金属元素，结果不能令人满意；不能同时进行多元素测定。

第一节　基本原理

一、原子吸收光谱的产生

正常情况下，原子处于基态。当有辐射通过被测元素的基态原子蒸气，且入射辐射的能量恰好等于原子的外层电子由基态跃迁至激发态（一般情况都是第一激发态）所需要的能量时，基态原子就从辐射场中吸收能量，产生共振吸收，外层电子由基态跃迁至激发态，同时入射辐射减弱，产生原子吸收光谱。

原子光谱中，原子外层电子在激发态和基态之间直接跃迁产生的谱线称为共振线。受到外界能量激发，原子外层电子从基态跃迁至激发态所产生的吸收谱线称为共振吸收线。外层电子由激发态直接跃迁回基态所辐射的谱线称为共振发射线。共振吸收线和共振发射线都简称为共振线。电子在基态和第一激发态之间跃迁产生的谱线称为第一共振线或主共振线，一般也是元素最灵敏的线。对大多数元素的原子吸收光谱分析，首先选择第一共振线作为分析线，只有受到光谱干扰时才选用其他吸收谱线。

由于原子能级是量子化的，原子对辐射的吸收都是有选择性的。由于各元素的原子结构和外层电子排布不同，不同的元素有不同的共振吸收线。共振吸收线是元素的特征谱线。

二、吸收谱线轮廓

AAS 是基于基态原子对其共振线的吸收而建立的分析方法。实验证明，原子吸收谱线并不是一条严格几何意义上的线，而是占据着相当窄的宽度，具有一定的形状，即有一定的轮廓。

若将一束频率为 ν，强度为 I_0 的平行光垂直通过厚度为 L 的原子蒸气，一部分光被吸收，透过光强度为 I_ν，如图 5-1 所示：

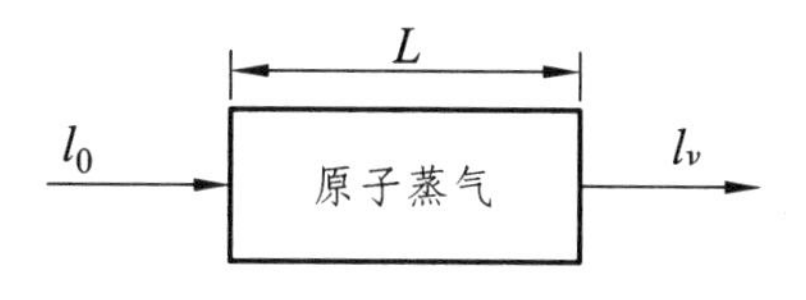

图 5-1　原子吸收示意图

I_0与I_ν之间的关系遵循吸收定律，即

$$I_\nu = I_0 e^{(-K_\nu L)}, \quad A = \lg\frac{I_0}{I_\nu} = 0.434K_\nu L$$

式中　K_ν——基态原子对频率为ν的光的吸收系数。

以K_ν-ν作图得到吸收谱线轮廓，如图 5-2 所示（注意：图 5-2 的坐标比例都放大了，以便于说明，实际宽度是很窄的）。由图可见，不同频率的吸收系数不同，在ν_0处吸收系数最大，称为峰值吸收系数K_0，ν_0为谱线的中心频率（或中心波长）。在吸收轮廓上，$K_0/2$ 处的频率或波长称为吸收线的半宽度$\Delta\nu$，简称为吸收线宽度。可用ν_0和$\Delta\nu$来表征原子吸收谱线的轮廓（峰）。原子吸收谱线的宽度为 10^{-3}～10^{-2} nm，比分子吸收带的半宽度（约 50 nm）要小很多。

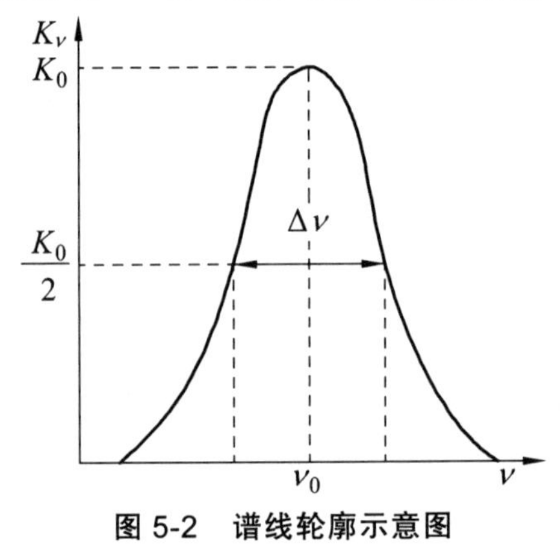

图 5-2　谱线轮廓示意图

三、谱线变宽

影响谱线宽度的因素有原子本身的因素及外界条件两个方面，具体有：

1. 自然宽度

在没有外界条件影响的情况下，谱线仍有一定的宽度，这种宽度称为自然宽度。自然宽度与激发态原子的平均寿命有关，平均寿命越长，谱线宽度越窄。不同元素的不同谱线的自然宽度不同，多数情况下约为 10^{-5} nm 数量级。与谱线的其他变宽宽度相比，自然宽度可以忽略不计。

2. 热变宽（也称多普勒变宽，$\Delta\nu_D$）

热变宽是由于原子无规则的热运动引起的。从物理学的多普勒效应可知，一个运动着的原子所发射出的光，若运动方向朝向观察者（检测器），则观测到光的频率较静止原子所发出光的频率高（波长短）；反之，若运动方向背向观察者（检测器），则观测到光的频率较静止原子所发出光的频率低（波长长）。原子化器中气态基态原子的无规则热运动，对检测器来说具有不同的运动速度分量，所以检测器接收到光的频率（波长）总会有一定的范围，故造成谱线变宽。$\Delta\nu_D$与温度的关系：

$$\Delta\nu_D = 7.16\times10^{-7}\cdot\nu_0\sqrt{\frac{T}{M}}$$

式中　ν_0——谱线的中心频率；

T——热力学温度；

M——相对原子质量。

温度升高，原子的相对热运动加剧，热变宽增大。热变宽的谱线频率分布曲线轮廓呈高斯分布，所以热变宽时中心频率 ν_0 不变，只是两侧对称变宽。通常 $\Delta\nu_D$ 比自然宽度大 1～2 个数量级。

3. 压力变宽（也称劳伦兹变宽、赫尔兹马克变宽，$\Delta\nu_C$）

原子蒸气中，大量粒子由于相互碰撞引起能量的稍微变化，因此造成谱线变宽。原子间相互碰撞的几率与原子吸收区的气体压力有关，故称为压力变宽。根据相互碰撞的粒子种类不同，压力变宽又分为劳伦兹（Lorents）变宽和赫尔兹马克（Holtsmark）变宽两种。劳伦兹变宽是指待测原子与其他外来粒子碰撞，赫尔兹马克变宽（也称为共振变宽）是指同种原子之间的碰撞。当被测元素的浓度较低时，同种原子的碰撞可忽略。因此，原子吸收法适合测定低浓度试样，压力变宽主要是劳伦兹变宽。应该注意的是，压力变宽使中心频率发生位移，吸收峰不对称，造成光源（空心阴极灯）发射的发射线和基态原子的吸收线错位，影响原子吸收光谱分析的灵敏度。压力变宽与热变宽具有相同的数量级，约为 10^{-3} nm。

4. 自吸变宽

光源（空心阴极灯）中同种基态原子吸收了由阴极发射的共振线所致。自吸变宽与灯电流和待测物浓度有关。

5. 场致变宽

在外界电场或磁场作用下，原子的外层电子能级进一步发生分裂（谱线的超精细结构）而导致的谱线变宽称为场致变宽。场致变宽包括斯塔克（Stark）变宽（电场）和塞曼（Zeeman）变宽（磁场）。在原子吸收分析中，场致变宽的影响可以忽略。

综上所述，在影响谱线变宽的因素中，热变宽和压力变宽（主要是劳伦兹变宽）是主要的，其数量级都是 10^{-3} nm，构成原子吸收谱线的宽度。当其他共存元素原子密度很低时，热变宽是谱线变宽的主要因素。在分析测试工作中，谱线的变宽往往会导致原子吸收分析的灵敏度下降。

四、原子吸收的测量

1. 积分吸收法

在原子吸收光谱分析中，测量气态基态原子吸收共振线的总能量称为积分吸收测量法。对图 5.2 的 K_ν-ν 曲线进行积分后得到的总吸收称为面积吸收系数或积分吸收，它表示吸收的全部能量。理论上，积分吸收与原子蒸气中吸收辐射的基态原子数成正比。根据光的吸收定律和爱因斯坦辐射量子理论，谱线的积分吸收与基态原子密度的关系由下式表达：

$$A=\int_0^\infty K_\nu \mathrm{d}\nu=\frac{\pi e^2}{mc}fN_0$$

式中 e——电子电荷；

m——电子质量；

c——光速；

f——振子强度，即每个原子中能被入射光激发的平均电子数；

N_0——基态原子密度。

在一定条件下，$\frac{\pi e^2}{mc}f$ 为常数，用 K 表示，则

$$A=\int_0^{\infty}K_\nu \mathrm{d}\nu = KN_0$$

该式为原子吸收光谱分析的重要理论依据。在原子化器的平衡体系中，N_0 正比于试液中被测物质的浓度。因此，若能测定积分吸收，则可求出被测物质的浓度。但是要对半宽度约为 10^{-3} nm 的吸收谱线进行积分，需要分辨率极高的光学系统和灵敏度极高的检测器，目前还难以做到。这就是早在 19 世纪初就发现了原子吸收现象，却难以应用于分析化学的原因之一。

2. 峰值吸收法与定量分析基础

1955 年瓦尔西（A. Walsh）提出，在温度不太高的稳定火焰条件下，K_0 与 N_0 成正比，并可以利用半宽度很窄的锐线光源来准确测定 K_0 值，从而可得到 N_0 值，这种方法称为峰值吸收测量法。实现峰值吸收测量的必要条件是：锐线光源辐射的发射线与原子吸收线的中心频率 ν_0（或波长 λ_0）严格一致，即 $\nu_{0,e}=\nu_{0,a}$；锐线光源发射线的半宽度比吸收线的半宽度更窄($\Delta\nu_e \ll \Delta\nu_a$)，即发射线宽度被吸收线完全“包含”，发射线在可吸收的范围之内，如图 5-3 所示。这时，发射线的轮廓可近似地看作一个矩形，吸收只限于在发射线宽度 $\Delta\nu_e$ 范围内进行，因此测量吸收前后发射线强度的变化，便可求出被测定元素的含量。这也说明在原子吸收光谱法中必须使用一个与待测元素相同元素制成的锐线光源的原因。

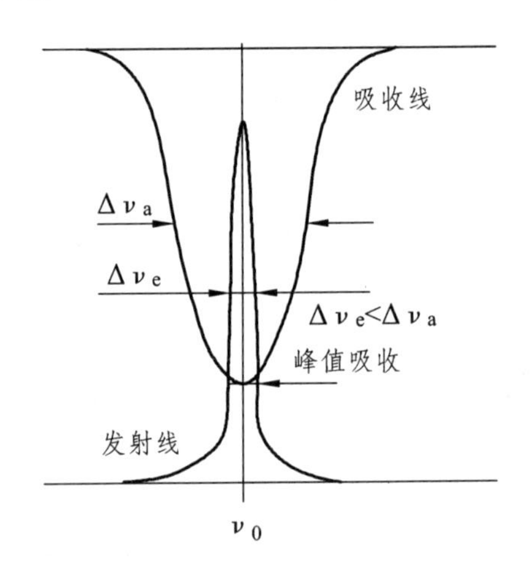

图 5-3　峰值吸收测量示意图

在通常原子吸收的测量条件下，原子吸收线的轮廓主要取决于多普勒变宽（$\Delta\nu_D$），经过严格推导，峰值吸收系数 K_0 与基态原子数 N_0 之间存在如下关系：

$$K_0=\frac{2}{\Delta\nu_D}\sqrt{\frac{\ln 2}{\pi}}\frac{\pi e^2}{mc}N_0 f \tag{5-1}$$

原子吸收共振线的强度和蒸气中原子浓度的关系与分光光度法中分子溶液对光的吸收规律相似。当满足瓦尔西方法的测定条件时，即 $\Delta\nu_e$ 很小，$\Delta\nu_e \ll \Delta\nu_a$，可用峰值吸收系数 K_0

代替吸收系数 K_ν。因此，结合吸收定律和式（5-1）可得

$$A=\lg\frac{I_\nu}{I_0}=0.43K_0L=0.43\frac{2\sqrt{\pi\ln 2}}{\Delta\nu_D}\cdot\frac{e^2}{mc}N_0fL=k\cdot N_0L \tag{5-2}$$

当通常的原子化温度（～3 000 K）和最强共振线波长低于 600 nm 时，在给定的实验条件下，原子蒸气中基态原子数 N_0 近似等于待测元素原子总数 N，而 N 与试样中被测元素的含量 c 成正比，即 $N_0\approx N\approx c$。则

$$A=Kc \tag{5-3}$$

式中　K——与实验条件有关的常数。

这就是原子吸收光谱法定量分析的基础，但要注意应用的前提条件：待测元素浓度低，锐线光源。

第二节　仪器及实验技术

一、AAS 仪器的基本组成及其工作原理

原子吸收分光光度计由锐线光源（空心阴极灯）、原子化系统、单色器、检测系统四大基本部分组成，如图 5-4 所示。

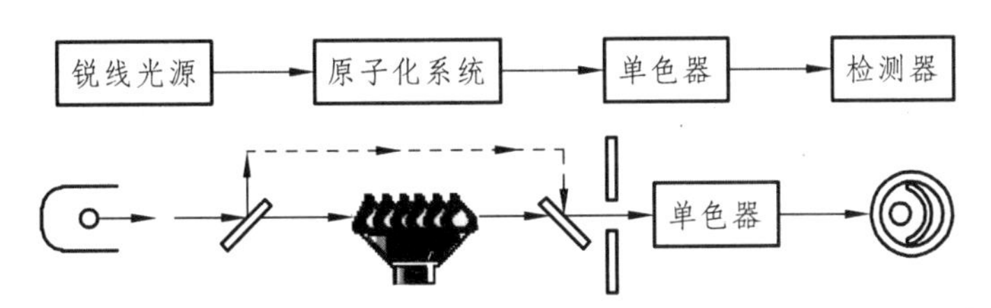

图 5-4　原子吸收分光光度计结构示意图

（一）空心阴极灯的构造及工作原理

根据峰值吸收测量法的基本原理，要求锐线光源能发射谱线宽度很窄的待测元素共振线。对锐线光源的要求是：辐射强度大、稳定性高、背景小、寿命长等。目前应用最广泛的是空心阴极灯。其他还有蒸气放电灯及高频无极放电灯。

空心阴极灯（HCL）是一种气体放电管，其结构如图 5-5 所示。

1. 构　造

空心阴极灯是一个带有石英窗的玻璃管，管内充入几百帕低压的惰性气体（谱线简单、背景小）。空心阴极灯中装有一个内径为几毫米的空心圆筒状阴极和一个阳极。阴极下部用钨-镍合金支撑，圆筒内壁衬上或熔入被测元素。阳极也用钨棒支撑，上部用钛丝或钽片等吸气性能的金属做成。

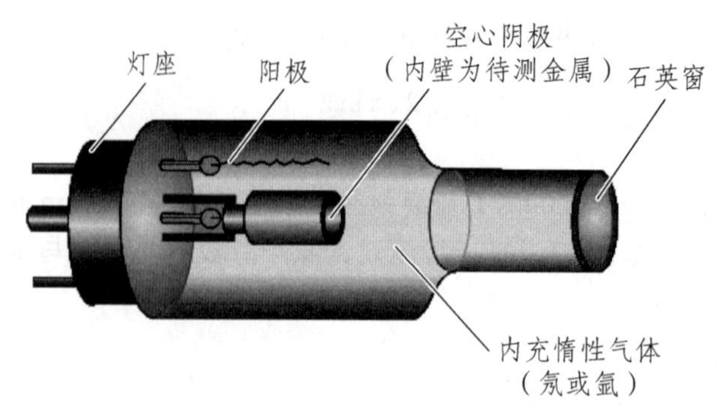

图 5-5　空心阴极灯结构示意图

2. 工作原理

当空心阴极灯的两极间施加几百伏（300～430 V）直流电压或脉冲电压时，就发生辉光放电，阴极发射的电子在电场作用下高速向阳极运动。在此过程中，电子与惰性气体分子碰撞并使之电离，放出二次电子及惰性气体的正离子。惰性气体的正离子在电场作用下强烈地轰击阴极表面，使阴极表面的金属原子溅射，溅射出来的金属原子在阴极区再与高速电子、惰性气体原子及离子发生碰撞而被激发，发射相应元素的特征谱线。

用不同待测元素作阴极材料，可制成相应空心阴极灯（有单元素空心阴极灯和多元素空心阴极灯）。

从空心阴极灯的工作原理可以看出，其结构中有两个关键部分：一是阴极圆筒内层的材料，只有衬上被测元素的金属，才能发射出该元素的特征共振线，所以空心阴极灯也叫元素灯。二是灯内充有低压惰性气体，其作用是一方面被电离为正离子，才能引起阴极的溅射；另一方面是传递能量，使被溅射出的原子激发，才能发射该元素的特征共振线。

空心阴极灯的辐射强度与灯的工作电流有关。灯电流过低，发射不稳定，且发射强度降低，信噪比下降；但灯电流过大，溅射增强，灯内原子密度增加，压力增大，谱线变宽，甚至引起自吸收，使测定的灵敏度下降，且灯的寿命缩短。使用前，一般要预热 5～20 min。在实际工作中，灯的工作电流一般在几毫安至几十毫安，阴极温度低，所以多普勒变宽效应不明显，自吸现象小。灯内的气体压力很低，原子密度小，劳伦兹变宽也可忽略。因此，在正常的工作条件下，空心阴极灯发射出半宽度很窄的特征谱线。

3. 光源的调制

光源为什么需要调制呢？原因有两方面：① 在原子化器中被测元素的原子受到热、光激发后，会再发生共振辐射，使吸收线减弱，干扰了吸收的测量。② 在原子化器火焰中，存在着其他组分，如分子或自由基：CH、CO、O_2、CN、OH、C_2H_2 等，这些粒子在 300～500 nm 区域中有带状辐射，同样影响吸收的测量。

上述原子化器中的共振线发射及分子、自由基的发射都是直流信号，是背景发射，通过调制，把直流信号滤去，使测量信号变为纯吸收的交流信号，通过交流放大，以消除这种背景发射的干扰。调制方法有：① 电调制：对空心阴极灯进行脉冲供电，调制为 400～500 Hz 的频率，从而产生频率相同的交流吸收信号。② 机械调制：在光源与原子化器之间加一个由同步电机带动的切光器（扇板），将光源的入射光调制成具有固定频率的辐射，射入原子化器，使检测器接收到交流信号，并与电机同步放大，直流信号被过滤掉。

（二）原子化系统

原子化系统的作用是提供能量，将试样中的待测元素转变成气态的基态原子（原子蒸气）。原子化是原子吸收分析的关键之一。实现原子化的方法可分为火焰原子化法和非火焰原子化法。

1. 火焰原子化法

火焰原子化系统是由化学火焰热能提供能量，使被测元素原子化。可分为预混合式和全消耗式（直接注入式）两种，应用较多的为预混合式。

（1）预混合式火焰原子化系统的结构：火焰原子化器由四部分组成，即喷雾器、雾化室、燃烧器与火焰，如图 5-6 所示。

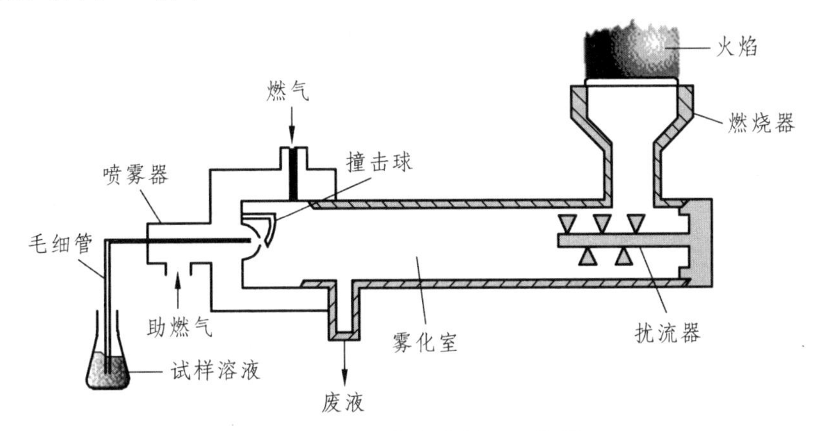

图 5-6　预混合式火焰原子化器

① 喷雾器：喷雾器是预混合式原子化器的关键部分，其作用是将试样溶液雾化，供给细小的雾滴。要求喷雾稳定、雾粒细而均匀、雾化效率高、适应性高（可用于不同比重、不同黏度、不同表面张力的溶液），单位时间内导入火焰的试样量要多（提升量要大）。目前的商品仪器多采用气动同心雾化器，喷出微米级直径雾粒的气溶胶。喷雾的雾滴直径越小，在火焰中生成的基态原子就越多，即原子化效率就越高。

气动同心雾化器由一根吸样毛细管和一只喷嘴组成，毛细管和喷嘴是同心的，喷嘴与吸样毛细管之间形成环形喷口，当达到音速的助燃气流由环形喷口高速喷出时，在吸样毛细管口形成负压，使试液由毛细管吸入，从管口高速喷出，形成雾珠。

② 雾化室：雾化室的作用是使气溶胶的雾粒更细微、更均匀，并与燃气、助燃气混合均匀后进入燃烧器。雾化室中装有撞击球，其作用是把雾滴撞碎，使雾珠进一步细化；还装有扰流器，可以阻挡大的雾滴进入燃烧器，使其沿室壁流入废液管排出，还可使气溶胶混合均匀。雾化室一般做成圆筒状，内壁具有一定锥度，下面开有一个排液口，由于雾化器产生的雾珠有大有小，在雾化室中，较大的雾珠由于地球重力作用重新在室内凝结成大溶珠，沿内壁流入排液口排出，小雾珠则在高速运动中使其大部分溶剂蒸发除去，形成进入火焰的微粒。

该类雾化器因雾化效率低（进入火焰的溶液量与排出的废液量的比值小），现已使用较少。目前多用超声波雾化器等新型装置。

③ 燃烧器：产生火焰。被雾化的试液微粒与燃气、助燃气均匀混合得到的气溶胶在燃烧器上燃烧。由于火焰温度的作用，使雾珠干燥、熔融、蒸发、解离和原子化，产生大量的基

态自由原子和少量激发态原子、离子和分子。为了防止在高温下变形，燃烧器一般使用大块不锈钢制成，燃烧器上面有细窄的燃烧缝，缝宽与缝长根据使用的火焰性质来决定，火焰燃烧速度快的，使用较窄的燃烧缝；反之，对于燃烧速度慢的火焰，可以使用较宽的燃烧缝，如使用空气-乙炔火焰，缝长一般为 100 mm。燃烧器的燃烧口之所以制成缝状，一方面为了获得较长的吸收光程，以保证原子吸收分析达到尽可能高的灵敏度；另一方面是为了避免火焰回火爆炸，保证操作。燃烧器有单缝和三缝两种形式，其高度和角度可调（让光通过火焰适宜的部位并有最大吸收）。

④ 火焰：

火焰分焰心（发射强的分子带和自由基，很少用于分析）、 内焰（基态原子最多，为分析区）和外焰（火焰内部生成的氧化物扩散至该区并进入环境）。当供气速度大于燃烧速度时，火焰稳定。但过大则导致火焰不稳或吹熄火焰，过小则可造成回火。

燃气和助燃气在雾化室中预混合后，在燃烧器缝口点燃形成火焰。用于原子吸收光谱分析的气体混合物主要有：空气-氢气、氩气-氢气、空气-丙烷、空气-乙炔和氧化亚氮-乙炔等。应用最多的火焰是空气-乙炔火焰。使用空气-乙炔火焰的原子吸收光谱法可以分析约 35 种元素，这种火焰的温度约为 2 600 K，燃烧稳定，重现性好，噪声低，使用较安全，操作较简单。

火焰原子化的能力不仅取决于火焰温度，还与火焰的氧化还原性有关。火焰的氧化还原性取决于燃气和助燃气的流量比，按燃助比可将火焰分为三类具不同性质的火焰：

a. 化学计量型：指燃助比近似于燃烧反应的化学计量关系，又称中性火焰。这类火焰燃烧完全，温度高、稳定、干扰小、背景低，适合于大多数元素分析。

b. 富燃火焰：燃气比例较大的火焰（燃助比大于化学计量比）。这类火焰燃烧不完全，温度略低，具还原性，所以也称还原火焰。适合于易形成难分解的氧化物的元素分析，如 Cr、Mo、W、Al、稀土等。其缺点是火焰发射和火焰吸收的背景都较强，干扰较大。

c. 贫燃火焰：助燃气大于化学计量比的火焰。大量冷的助燃气带走了火焰中的热量，这类火焰温度较低，有较强的氧化性，有利于测定易解离、易电离的元素，如碱金属等。

（2）试样溶液在火焰原子化系统中经过喷雾、粉碎、干燥、挥发、原子化等一系列物理化学历程，如图 5-7 所示。

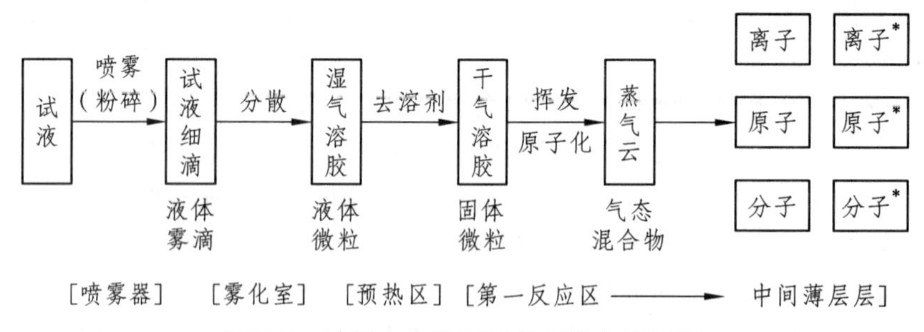

图 5-7　试样在火焰原子化系统中的历程

（3）火焰原子化系统的特点。

优点：结构简单，操作方便，应用较广；火焰稳定，重现性及精密度较好；基体效应及记忆效应较小。

缺点：雾化效率低，原子化效率低（一般低于 30%），检测限比非火焰原子化器高；使用大量载气，起了稀释作用，使原子蒸气浓度降低，也限制其灵敏度和检测限；某些金属原子易受助燃气或火焰周围空气的氧化作用，生成难熔氧化物或发生某些化学反应，也会减少原子蒸气的密度。

2. 石墨炉原子化器

非火焰原子化装置是利用电热、阴极溅射、等离子体或激光等方法使试样中待测元素形成基态自由原子。石墨炉原子化器是常用的非火焰原子化器，是用电热能提供能量以实现元素原子化。

（1）石墨炉原子化器由电源、保护系统、石墨管等三部分组成，如图 5-8 所示。将石墨管固定在两个电极之间（接石墨炉电源），石墨管具有冷却水外套（炉体）。炉体两端是两个石英窗。石墨管中心有一进样口，试样由此注入。

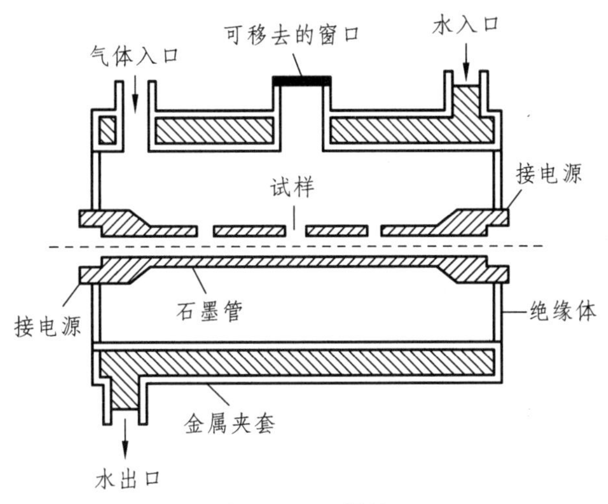

图 5-8　石墨炉

① 电源：提供低电压（10～25 V）、大电流（可达 500 A）的供电设备。当其与石墨管接通时，能使石墨管迅速加热到 2 000～3 000 °C 的高温，而且通过控制可以进行程序升温，以使试样蒸发、原子化和激发。

② 保护系统：保护气常用惰性气体 Ar，仪器启动，保护气 Ar 流通，空烧完毕后，切断保护气 Ar。进样后，外气路中的 Ar 气沿石墨管外壁流动，保护石墨管不被氧化、烧蚀。内气路中 Ar 气从管两端流向管中心，由管中心孔流出，可排出空气并驱除干燥和灰化过程中产生的基体蒸气，同时保护已原子化的原子不再被氧化。在原子化阶段，停止通气，以延长原子在吸收区内的平均停留时间，避免对原子蒸气的稀释。

石墨炉炉体四周通有冷却水，以保护炉体。当电源切断时，炉子很快冷却至室温。

③ 石墨管：多采用石墨炉平台技术。在管内置一放样品的石墨片，当管温度迅速升高时，样品因不直接受热（热辐射），因此原子化时间相应推迟。或者说，原子化温度变化较慢，从而提高重现性。

另外，从经验得知，当石墨管孔隙度小时，基体效应和重现性都得到改善，因此通常使用裂解石墨做石墨管材料。

（2）试样在原子化器中的物理化学过程：试样以溶液（一般为 1～50 μL）或固体（一般几毫克）从进样孔加到石墨管中，用程序升温的方式使试样原子化。净化石墨炉原子化器的操作分为干燥、灰化、原子化和净化（高温除残）四步，由计算机控制实行程序升温。图 5-9

为一程序升温过程的示意图。

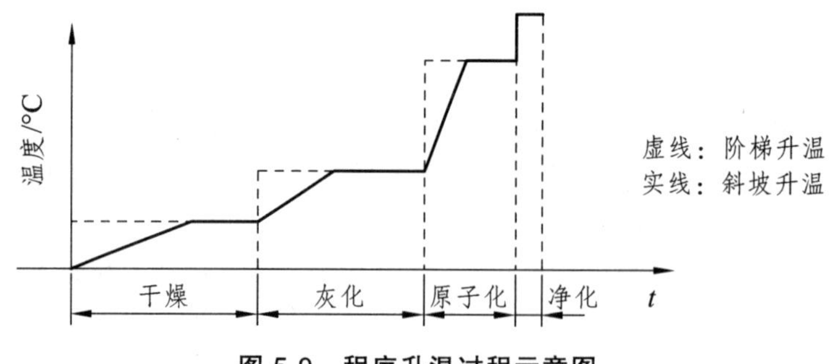

图 5-9　程序升温过程示意图

① 干燥：去除溶剂，以避免溶剂存在导致灰化和原子化过程飞溅。干燥的温度一般稍高于溶剂的沸点，如水溶液一般控制在 105 °C。干燥的时间视进样量的不同而有所不同，一般每微升试液需约 1.5 s。

② 灰化：尽可能除去易挥发的基体和有机物。这个过程相当于化学处理，不仅减少了可能发生干扰的物质，而且对被测物质也起到富集的作用。灰化的温度及时间一般要通过实验选择，通常温度在 100～1 800 °C，时间为 0.5～1 min。

③ 原子化：使待测化合物分解为基态原子。原子化的温度随被测元素的不同而异，原子化时间也不尽相同，应该通过实验选择最佳的原子化温度和时间，这是原子吸收光谱分析的重要条件之一。一般温度可达 2 500～3 000 °C，时间为 3～10 s。在原子化过程中，应停止 Ar 气通过，以延长原子在石墨炉管中的平均停留时间。

④ 净化（高温除残）：在一个样品测定结束后，把温度提高，并保持一段时间，以除去石墨管中的残留物，净化石墨管，减少因样品残留所产生的记忆效应。净化温度一般高于原子化温度 10%左右，净化时间通过选择而定。

（3）石墨炉原子化器的特点。

优点：灵敏度高，检测限低。这是由于温度较高，原子化效率高；管内原子蒸气不被载气稀释，原子在吸收区域中平均停留时间长；经干燥、灰化过程，起到了分离、富集的作用。可用于较难挥发和原子化的元素的分析；在惰性气体气氛下原子化，对于那些易形成难解离氧化物的元素分析更为有利。进样量少，溶液试样量仅为 1～50 μL，固体试样量仅为几毫克。

缺点：精密度较差，管内温度不均匀，进样量、进样位置的变化，引起管内原子浓度的不均匀等因素所致；基体效应、化学干扰较严重，有记忆效应，背景较强；仪器装置较复杂，价格较贵，需要水冷。

3. 低温原子化（化学原子化）

其原子化温度为室温至几百摄氏度。常用的有汞低温原子法化和氢化物法。

（1）汞低温原子化法：主要应用于各种试样中 Hg 元素的测量。汞在室温下有较大的蒸气压，沸点仅为 375 °C。将试样中汞的化合物以还原剂（如 $SnCl_2$ 或盐酸羟胺）还原为汞蒸气，然后由载气（Ar 或 N_2，也可用空气）将汞原子蒸气送入气体吸收池内测定。现已制成专用的测试仪。

特点：常温测量；灵敏度、准确度较高（可达 10^{-8} g 汞）。

（2）氢化物原子化法：适用于 Ge、Sn、Pb、As、Sb、Bi、Se 及 Te 等元素的测定。在一定酸度条件下，将被测元素以强还原剂（如 $NaBH_4$）还原为极易挥发和分解的氢化物，如 AsH_3、SnH_4、BiH_3 等。这些氢化物用载气送入加热的石英管进行原子化并测定。

特点：原子化温度低；灵敏度高（对砷、硒可达 10^{-9} g）；氢化物可将被测元素从大量基体中分离出来，其检测限比火焰法低 1～3 个数量级，且选择性好，干扰少。

（三）单色器

同其他光学分光系统一样，原子吸收光度计中的分光系统也包括两部分，即外光路和单色器。外光路也称照明系统，由锐线光源和两个透镜组成。它的作用是使锐线光源辐射的共振谱线能正确地通过或聚焦于原子化区，并把透过光聚焦于单色器的入射狭缝。

单色器也称为内光路，由入射和出射狭缝、反射镜及色散元件组成，如图 5-10 所示。色散元件一般用的都是光栅。单色器的作用主要是将空心阴极灯发射的未被待测元素吸收的共振谱线与其他邻近谱线分开。单色器置于原子化器与检测器之间（这是与分子吸收的分光光度计主要不同点之一），防止原子化器内发射辐射干扰进入检测器，也避免了光电倍增管疲劳。

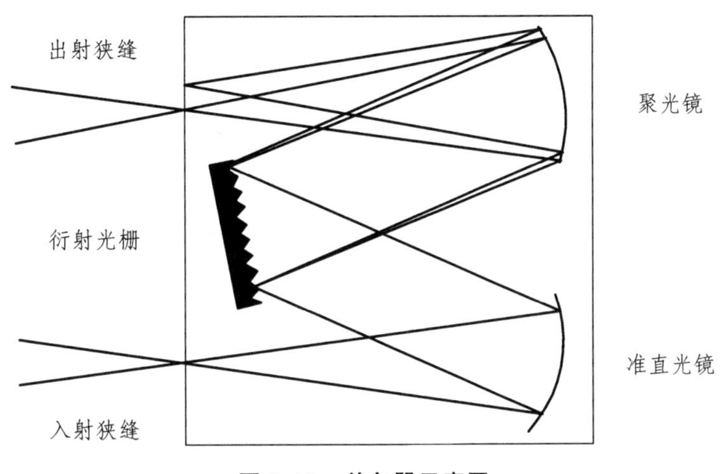

图 5-10　单色器示意图

若谱线比较简单，一般不需要分辨率很高的单色器。为了便于测定，又要有一定的出射光强度。因此若光源强度一定，就需要选用适当的光栅色散率与狭缝宽度配合，构成适于测定的光谱通带。

通带宽度（W）：单色器出射狭缝所能通过光束的波长宽度，称为光谱通带，也称通带宽度，可表示为

$$W = D \cdot S$$

式中　W——光谱通带，nm；

D——倒色散率，nm/mm；

S——狭缝宽度，mm。

如果相邻的干扰谱线与被测元素共振线之间相距小，光谱通带要小；反之，光谱通带可增大。不同元素谱线的复杂程度不同，选用光谱通带的大小也各不一样。碱金属、碱土金属元素的谱线简单，谱线及背景干扰小，可选用较大的光谱通带；而过渡元素、稀土元素的谱线复杂，测定时应采用较小的光谱通带。锐线光谱的谱线比较简单，对单色器分辨率的要求

不高，一般光谱通带为 0.2 nm 就可满足要求。当倒色散率一定时，可通过选择狭缝宽度来确定 W。

（四）检测器

检测器将单色器分出的光信号转变成电信号，经放大后，经过检波放大、数据处理后，可直接从原子吸收计算机工作站得到吸光度值。检测器通常使用光电池、光电倍增管、光敏晶体管等（其原理同紫外-可见分光光度计部分）。光电倍增管的工作电源应有较高的稳定性。使用时应注意光电倍增管的疲劳现象，避免使用过高的工作电压、过强的照射光和过长的照射时间。

二、原子吸收分光光度计类型

原子吸收分光光度计可分为单光束和双光束两种类型。如果将原子化器当作分光光度计的比色皿，其仪器的构造与分光光度计很相似。

“单光束”是指从光源发出的光仅以单一光束的形式通过原子化器、单色器和检测系统。这类仪器光路结构简单，体积小，价格低，操作方便，能量损耗小，有利于减少光电倍增管的散粒噪声，提高仪器的信噪比，能满足一般原子吸收分析的要求。其缺点是因光源不稳定而引起基线漂移，空心阴极灯需预热。

“双光束”是指从光源发出的光被切光器分成两束强度相等的光，一束为样品光束，通过原子化器被气态基态原子部分吸收；另一束只作为参比光束，不通过原子化器，其光强度不减弱。两束光被原子化器后面的反射镜反射后，交替进入同一单色器和检测器。检测器将接收到的脉冲信号进行光电转换，并由放大器放大，最后由读出装置显示。由于两光束来源于同一个光源，通过参比光束的作用可消除光源波动的影响，所以空心阴极灯不需预热，能获得一个稳定的输出信号。但是光能量损失严重，信噪比降低，检出限变差；由于参比光束不通过原子化器，火焰扰动和背景吸收影响无法消除。

结合以上两类仪器的特点，现在开发出的实时双光束型仪器采用单光束的主光路，另外再用光导纤维引出一路参比光束（这样就不存在切光器，半透半反镜类元件），光能量得以提高，信噪比高，重现性和稳定性较高。

三、原子吸收光谱分析中的干扰及消除

为了得到正确的分析结果，了解干扰的来源、类型和抑制方法是非常重要的。原子吸收光谱分析法的干扰一般可分成四类：物理干扰、化学干扰、电离干扰和光谱干扰。

（一）物理干扰及其消除

物理干扰是指试样在转移、蒸发和原子化过程中，由于试样任何物理性质的变化而引起的原子吸收信号强度变化的效应。例如，试样的黏度发生变化时，影响吸喷速率进而影响雾

量和雾化效率。毛细管的内径、长度以及空气的流量同样影响吸喷速率。试样的表面张力和黏度的变化，将影响雾滴的细度、脱溶剂效率和蒸发效率，最终影响原子化效率。当试样中存在大量的基体元素时，它们在火焰中蒸发解离，不仅要消耗大量的热量，而且在蒸发过程中，有可能包裹待测元素，延缓待测元素的蒸发，影响原子化效率。物理干扰一般都是负干扰，最终影响火焰分析体积中原子的密度。

为消除物理干扰，保证分析的准确度，一般采用以下方法：

（1）配制与待测试液基体相一致的标准溶液，这是最常用的方法。

（2）当配制与待测试液基体相一致的标准溶液有困难时，需采用标准加入法。

（3）当被测元素在试液中浓度较高时，可以用稀释溶液的方法来降低或消除物理干扰。

（二）化学干扰及其消除

化学干扰是由于待测元素与共存组分发生了化学反应，生成了难挥发或难解离的化合物，使基态原子数目减少所产生的干扰。化学干扰是原子吸收光谱分析中的主要干扰。这种干扰具有选择性，它对试样中各种元素的影响各不相同。影响化学干扰的因素很多，但主要是由被测元素和共存元素的性质决定。另外，还与火焰的类型、火焰的性质等有关。例如，在火焰中容易生成难挥发或难离解氧化物的元素有 Al、B、Be、Si、Ti 等，试样中存在硫酸盐、磷酸盐对钙的测定化学干扰较大。在石墨炉原子化器中，B、La、Mo、W、Zr 等元素易形成难离解的碳化物，使测定结果产生负误差。

消除化学干扰的方法有以下几种：

1. 选择合适的原子化方法

提高原子化温度，化学干扰会减小。使用高火焰温度或提高石墨炉原子化温度，可使难离解的化合物分解。如在高温火焰中磷酸根不干扰钙的测定。

采用还原性强的火焰与石墨炉原子化法，可使难离解的氧化物还原、分解。

2. 加入释放剂

释放剂的作用是与干扰物质能生成比被测元素更稳定的化合物，使被测元素释放出来。磷酸根干扰钙的测定，可在试液中加入镧、锶盐，镧、锶与磷酸根首先生成比钙更稳定的磷酸盐，就相当于把钙释放出来了。加入镧或锶盐，也可防止铝对镁测定的干扰。释放剂的应用比较广泛。

3. 加入保护剂

保护剂的作用是与被测元素生成易分解的或更稳定的配合物，防止被测元素与干扰组分生成难离解的化合物。保护剂一般是有机配合剂，用得最多的是 EDTA 与 8-羟基喹啉。例如，磷酸根干扰钙的测定，当加入 EDTA 后，EDTA-Ca 更稳定而又易破坏。铝干扰镁的测定，8-羟基喹啉可作为保护剂。

4. 加入基体改进剂

石墨炉原子化法，在试样中加入基体改进剂，使其在干燥或灰化阶段与试样发生化学变化，其结果可能增加基体的挥发性或改变被测元素的挥发性，以消除干扰。例如，测定海水中的 Cd，为了使 Cd 在背景信号出现前原子化，可加入 EDTA 来降低原子化温度，消除干扰。

当以上方法都不能消除化学干扰时，只能采用化学分离的方法，如溶剂萃取、离子交换、沉淀分离等方法，用得较多的是溶剂萃取分离法。

（三）电离干扰及其消除

在高温火焰中，部分自由金属原子获得能量而发生电离，使基态原子数减少，降低了元素测定的灵敏度，这种干扰称为电离干扰。

消除电离干扰的最有效方法是加入过量的消电离剂。消电离剂是比被测元素电离能低的元素，相同条件下消电离剂首先电离，产生大量的电子，抑制被测元素电离。例如，测钙时有电离干扰，可加入过量的 KCl 溶液来消除干扰。钙的电离能为 6.1 eV，钾的电离能为 4.1 eV，由于 K 产生大量电子，使钙离子得到电子而生成原子。

（四）光谱干扰及其消除

原子吸收光谱分析中的光谱干扰主要有谱线干扰和背景干扰两种。

1. 谱线干扰及其消除

（1）吸收线重叠。

共存元素吸收线与被测元素的分析线波长很接近时，两谱线重叠或部分重叠，会使分析结果偏高。消除这种干扰一般是选用其他的分析线或预分离干扰元素。

（2）光谱通带内存在的非吸收线。

这些非吸收线可能是被测元素的其他共振线与非共振线，也可能是光源中杂质的谱线等干扰。这时可以减小狭缝宽度与灯电流，或改用其他分析线。

2. 背景干扰及其校正

背景干扰来自于原子化器中的背景发射及背景吸收，在光源小节中已阐述，用光源的调制可以消除背景发射的影响，但光源调制不能消除背景吸收的影响。背景吸收来自原子化器中分子、半分解产物的吸收及固体、微粒的散射两个方面。

分子吸收与光散射是形成背景干扰的主要原因。

（1）分子吸收与光散射。

分子吸收是指在原子化过程中生成的分子对辐射的吸收。分子吸收是带状光谱，会在一定波长范围内形成干扰。例如，碱金属卤化物在紫外区有吸收；不同的无机酸会产生不同的影响，在波长小于 250 nm 时，H_2SO_4 和 H_3PO_4 有很强的吸收带，而 HNO_3 和 HCl 的吸收很小。因此，原子吸收光谱分析中多用 HNO_3 与 HCl 配制溶液。

光散射是指原子化过程中产生的微小固体颗粒使光产生散射，造成透过光减小，吸收值增加。

（2）背景干扰及其校正方法。

背景干扰使吸收值增加，产生正误差。石墨炉原子化法背景吸收的干扰比火焰原子化法严重，有时不扣除背景就不能进行测定。目前，主要采用一些仪器技术来校正背景，主要有邻近非共振线法、连续光源法和塞曼（Zeeman）效应法等。

① 邻近非共振线校正法。

背景吸收是宽带吸收。在分析线邻近选一条非被测元素的共振线，这条线可以是空心阴极灯中杂质的谱线，也可以是灯中惰性气体的谱线，也可以是被测元素所发射的非共振线，称为参比线。用参比线测得的吸光度为背景吸收的吸光度。而用分析线测得的是被测元素原子吸收的吸光度与背景吸收的吸光度之和。两次测得的吸光度的差值，即为扣除背景吸收后被测元素原子吸收的吸光度。

例如，测定含 Ca、Mg 较多的饲料中的 Pb，使用 Pb 共振线 283.3 nm 为分析线，在此波段内 Ca 在火焰中产生的分子有吸收带，此时测得的吸光度为 Pb 的原子吸收与 Ca 的分子吸收之和。然后在 Pb 283.3 nm 附近有一条非共振线 280.2 nm，用此谱线测定吸光度，此时 Pb 基态原子没有吸收，而宽吸收带的 Ca 分子有与 283.3 nm 处相同的吸收，因此在 280.2 nm 处测得的吸光度为背景吸收值。必须注意的是，邻近线与分析线的波长应接近，一般不应超过 10 nm，两者越靠近，背景校正越有效，而且应注意在分析线与邻近线的波段范围内，背景应该均匀。由于很难找到符合上述条件的“邻近线”，故此法应用较少。

背景吸收随波长而改变，因此，非共振线校正背景法的准确度较差。这种方法只适用于分析线附近背景分布比较均匀的场合。

② 连续光源背景校正法。

目前，原子吸收分光光度计一般都配有连续光源自动扣除背景装置。先用锐线光源测定分析线的原子吸收和背景吸收的总吸光度，再用氘灯（紫外区）或碘钨灯、氙灯（可见区）在同一波长下测定背景吸收（这时原子吸收可以忽略不计），计算两次测定吸光度之差，即可使背景吸收得到校正。由于商品仪器多采用氘灯为连续光源扣除背景，故此法也常称为氘灯扣除背景法。

用连续光源校正背景吸收最大的困难是要求连续光源与空心阴极灯光源的两条光束在原子化器中必须严格重叠，这种调整有时是十分费时的。此外，连续光源法对高背景吸收的校正也有困难。

③ Zeeman 效应背景校正法。

Zeeman 效应是指在磁场作用下简并的谱线发生分裂的现象。Zeeman 效应背景校正法是磁场将吸收线分裂为具有不同偏振方向的组分，利用这些分裂的偏振成分来区分被测元素和背景的吸收。Zeeman 效应校正背景法分为两大类：光源调制法与吸收线调制法。光源调制法是将强磁场加在光源上，吸收线调制法是将磁场加在原子化器上，后者应用较广。调制吸收线有两种方式，即恒定磁场调制和可变磁场调制方式。

a. 恒定磁场调制方式。

如图 5-11，在原子化器上施加一恒定磁场，磁场垂直于光束方向。在磁场作用下，由于 Zeeman 效应，原子吸收线分裂为 π 和 $\sigma\pm$ 组分：π 组分平行于磁场方向，波长不变；$\sigma\pm$ 组分垂直于磁场方向，波长分别向长波与短波方向移动。这两个分量之间的主要差别是：π 分量只能吸收与磁场平行的偏振光，而 $\sigma\pm$ 分量只能吸收与磁场垂直的偏振光，而且很弱。引起背景吸收的分子完全等同地吸收平行与垂直的偏振光。光源发射的共振线通过偏振器后变为偏振光，随着偏振器的旋转，某一时刻平行磁场方向的偏振光通过原子化器，吸收线 π 组分和背景都产生吸收。测得原子吸收和背景吸收的总吸光度。另一时刻，垂直于磁场的偏振光通过原子化器，不产生原子吸收，此时只有背景吸收。两次测定吸光度值之差，就是校正了背景吸收后的被测元素的净吸光度值。其原理如图 5-12 所示。

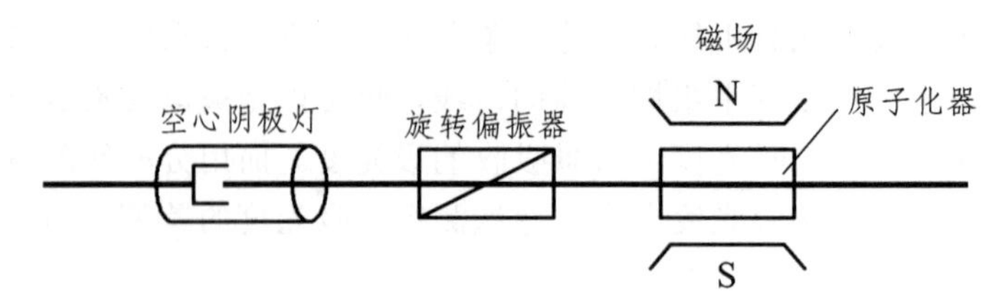

图 5-11　Zeeman 效应背景校正装置示意图

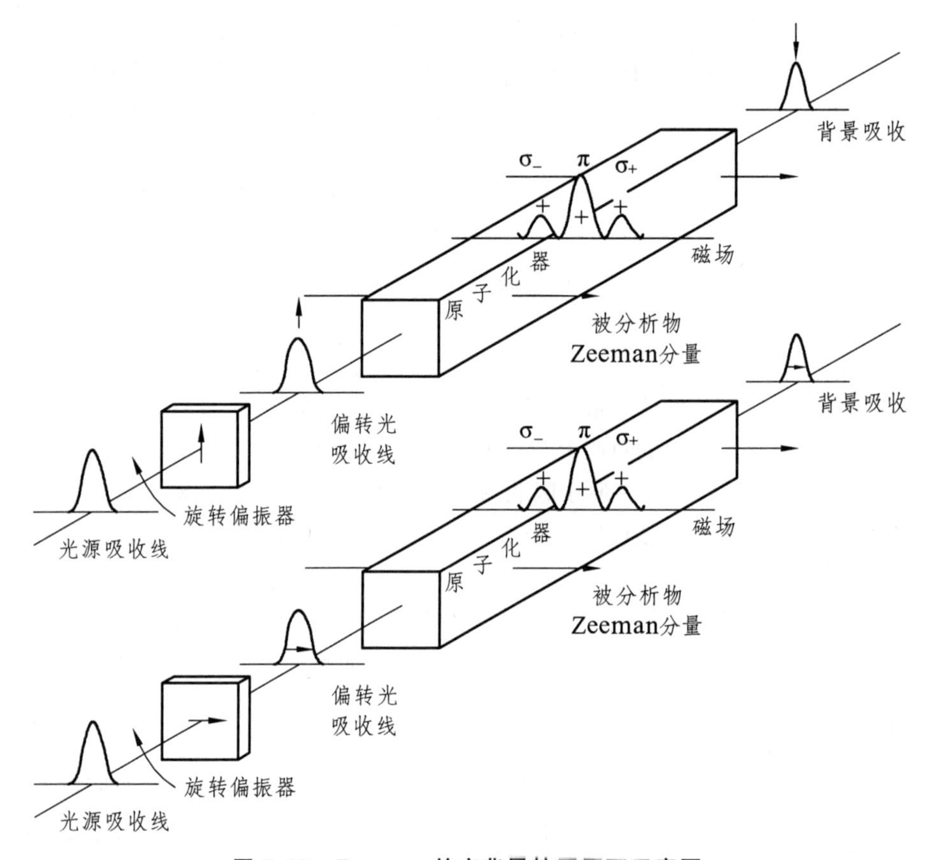

图 5-12　Zeeman 效应背景校正原理示意图

b. 可变磁场调制方式。

在原子化器上加一电磁铁，电磁铁仅在原子化阶段被激磁，偏振器是固定不变的，它只让垂直于磁场方向的偏振光通过原子化器，去掉平行于磁场方向的偏振光。在零磁场时，吸收线不发生分裂，测得的是被测元素的原子吸收与背景吸收的总吸光度值。激磁时测得的仅为背景吸收的吸光度值，两次测定吸光度之差，就是校正了背景吸收后被测元素的净吸光度值。

Zeeman 效应校正背景波长范围很宽，可在 190～900 nm 范围内进行，背景校正准确度较高，可校正吸光度高达 1.5～2.0 的背景。但仪器的价格较贵。

近年来，塞曼效应和自吸效应扣除背景技术的发展，使在很高的的背景下也可顺利实现原子吸收测定。基体改进技术的应用、平台及探针技术的应用以及在此基础上发展起来的稳定温度平台石墨炉技术（STPF）的应用，可以对许多复杂组成的试样有效地实现原子吸收测定。

四、原子吸收分析条件的选择

在原子吸收光谱法中，测量条件的选择对测定的准确度、灵敏度都会有较大的影响。因此必须选择、优化测量条件，才能获得满意的分析结果。

（一）测量条件的选择

1. 分析线的选择

通常选择元素的共振线作为分析线，但不是绝对的。如 Hg 185 nm 比 Hg 254 nm 灵敏 50 倍，但前者处于真空紫外区，大气和火焰均对其产生吸收；共振线 Ni 232 nm 附近还有 231.98 nm、232.12 nm 的原子线和 231.6 nm 的离子线，不能将其分开，可选取 341.48 nm 作为分析线。此外，当待测原子浓度较高时，为避免过度稀释和向试样中引入杂质，可选取次灵敏线。As、Se 等元素共振吸收线在 200 nm 以下，火焰组分也有明显的吸收，可选择非共振线作为分析线或选择其他火焰进行测定。表 5-1 列出了常用的各元素分析线。

表 5-1　原子吸收光谱法中常用的分析线

元素	λ/nm	元素	λ/nm	元素	λ/nm
Ag	328.07，338.29	Hg	253.65	Ru	349.89，372.80
Al	309.27，308.22	Ho	410.38，405.39	Sb	217.58，206.83
As	193.64，197.20	In	303.94，325.61	Sc	391.18，402.04
Au	242.80，267.60	Ir	209.26，208.88	Se	196.09，703.99
B	249.68，249.77	K	766.49，769.90	Si	251.61，250.69
Ba	553.55，455.40	La	550.13，418.73	Sm	429.67，520.06
Be	234.86	Li	670.78，323.26	Sn	224.61，520.69
Bi	223.06，222.83	Lu	335.96，328.17	Sr	460.73，407.77
Ca	422.67，239.86	Mg	285.21，279.55	Ta	271.47，277.59
Cd	228.80，326.11	Mn	279.48，403.68	Tb	432.65，431.89
Ce	520.00，369.70	Mo	313.26，317.04	Te	214.28，225.90
Co	240.71，242.49	Na	589.00，330.30	Th	371.90，380.30
Cr	357.87，359.35	Nb	334.37，358.03	Ti	364.27，337.15
Cs	852.11，455.54	Nd	463.42，471.90	Tl	276.79，377.58
Cu	324.75，327.40	Ni	232.00，341.48	Tm	409.4
Dy	421.17，404.60	Os	290.91，305.87	U	351.46，358.49
Er	400.80，415.11	Pb	216.70，283.31	V	318.40，385.58

续表 5-1

元素	λ/nm	元素	λ/nm	元素	λ/nm
Eu	459.40，462.72	Pd	247.64，244.79	W	255.14，294.74
Fe	248.33，352.29	Pr	495.14，513.34	Y	410.24，412.83
Ga	287.42，294.42	Pt	265.95，306.47	Yb	398.80，346.44
Gd	386.41，407.87	Rb	780.02，794.76	Zn	213.86，307.59
Ge	265.16，275.46	Re	346.05，346.47	Zr	360.12，301.18
Hf	307.29，286.64	Rh	343.49，339.69		

2. 狭缝宽度选择

调节狭缝宽度（S）可改变光谱通带宽度，也可改变照射在检测器上的光强。原子吸收分析中，谱线重叠的几率较小，因此可以使用较宽的狭缝，增加光强与降低检出限。狭缝宽度的选择要能使吸收线与邻近干扰线分开。通过实验进行选择，调节不同的狭缝宽度，测定吸光度随狭缝宽度的变化。当有干扰线进入光谱通带内时，吸光度值将立即减小。不引起吸光度减小的最大狭缝宽度即为应选择的合适的狭缝宽度。在实验中，也要考虑被测元素谱线复杂程度，碱金属、碱土金属谱线简单，可选用较大的狭缝宽度；过渡元素与稀土元素等谱线复杂的元素，要选择较小的狭缝宽度。一般狭缝宽度选择在通带为 0.4～4.0 nm 的范围内，对谱线复杂的元素如 Fe、Co 和 Ni，需在更小的狭缝宽度下测定。

3. 空心阴极灯电流选择

灯电流过小，光强低且不稳定；灯电流过大，发射线变宽，灵敏度下降，灯寿命缩短。

选择原则：在保证光源稳定且有合适的光强输出时，尽量选用较低的工作电流（一般商品的空心阴极灯都标有允许使用的最大电流与可使用的电流范围，通常选用最大电流的 1/2～2/3 为工作电流）。实际工作中，最合适的电流应通过测定吸收值随灯电流的变化而选定。

4. 燃烧器高度

燃烧器高度是控制光源光束通过火焰区域的。由于在火焰区内，自由原子浓度随火焰高度的分布是不同的，随火焰条件而变化。因此必须调节燃烧器的高度，使测量光束从自由原子浓度大的区域内通过，可以得到较高的灵敏度。

5. 原子化条件

（1）火焰原子化：火焰的选择与调节是影响原子化效率的重要因素。选何种火焰，取决于分析对象。对于低温、中温火焰，适合的元素可使用乙炔-空气火焰；在火焰中易生成难离解的化合物及难溶氧化物的元素，宜用乙炔-氧化亚氮高温火焰；分析线在 220 nm 以下的元素，可选用氢气-空气火焰。火焰类型选定以后，须通过试验调节燃气与助燃气比例，以得到所需特点的火焰。易生成难离解氧化物的元素，用富燃火焰；氧化物不稳定的元素，宜用化学计量火焰或贫燃火焰。合适的燃助比应通过实验确定。

（2）石墨炉原子化：升温程序的优化。具体温度及时间通过实验确定。干燥——除溶剂，主要是水；灰化——基体，尤其是有机质的去除，在不损失待测原子时，使用尽可能高的温度和长的时间；原子化——通过实验确定何时基态原子浓度达最大值；净化——短时间（3～5 s）内去除试样残留物，温度应高于原子化温度。

6. 进样量

进样量过大或过小都会影响测量过程：过小，信号太弱；过大，在火焰原子化法中，对火焰会产生冷却效应；在石墨炉原子化法中，会使净化产生困难。在实际工作中，通过实验测定吸光度值与进样量的变化，选择合适的进样量。

五、原子吸收定量分析方法

（一）分析方法的选择

1. 校准曲线法

这是最常用的分析方法。校准曲线法最重要的是绘制一条校准曲线。配制一组含有不同浓度被测元素的标准溶液，在与试样测定完全相同的条件下，依浓度由低到高的顺序测定吸光度，绘制吸光度 A 对浓度 C 的校准曲线。测定试样的吸光度值，在标准曲线上用内插法求出被测元素的含量。

标准曲线法简单、快速，适于大批量组成简单和相似的试样分析。

应用标准曲线法应注意以下几点：

（1）标准溶液配制注意事项：标准系列的组成与待测定试样组成尽可能相似（配制标准系列时，应加入与试样相同的基体成分）；合适的浓度范围；扣除空白；每次测定重配标准系列。

（2）所配制的试样浓度应该在 A-C 标准曲线的直线范围内，吸光度在 0.15～0.7 之间测量的准确度较高。通常根据被测元素的灵敏度来估计试样的合适浓度范围。

（3）在整个分析过程中，标样和试样的测定条件相同；在测定时应该进行背景校正。在大量试样测定过程中，应该经常用标准溶液校正仪器和检查测定条件。

2. 标准加入法

当试样组成复杂、待测元素含量很低时，应该采用标准加入法定量分析。标准加入法主要是为了克服标样与试样基体不一致所引起的误差（基体效应）。

分取几份相同量的待测试液，分别加入不同量待测元素的标准溶液，其中一份不加入待测元素标准溶液，最后稀释至相同的体积，使加入的标准溶液浓度为 0，C_s，$2C_s$，$3C_s$，…，然后分别测定它们的吸光度值。以加入的标准溶液浓度与吸光度值绘制标准曲线，即作 A-C 标准曲线，再将该曲线外推至与浓度轴相交。交点至坐标原点的距离即是被测元素经稀释后的浓度 C_x。这个方法称为作图外推法，如图 5-13 所示。

标准加入法有时只用单标准加入，即取两份相同量的被测试液，其中一份加入一定量的标准溶液，稀释到相同体积后测定吸光度。根据吸收定律，可得

$$A_x = kC_x\,,\quad A_{x+s} = k(C_x + C_s)$$

解得

$$C_x = A_x C_s / (A_{x+s} - A_s)$$

式中　C_x，C_s——测量试液中被测元素的浓度和加入的标准溶液浓度；

A_x，A_{x+s}——测量试液和试液加入标准溶液后溶液的吸光度。

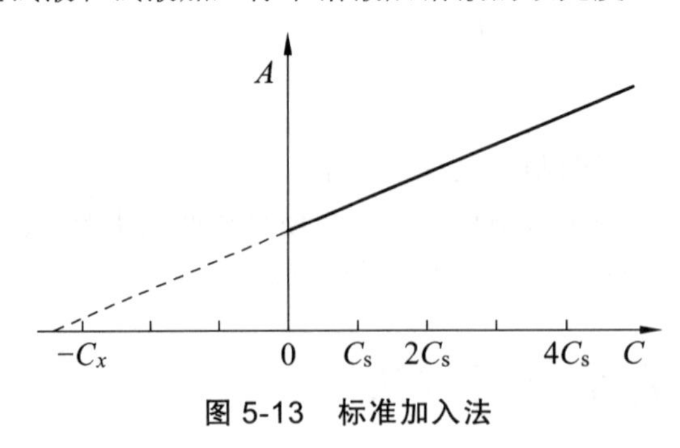

图 5-13　标准加入法

应用标准加入法应注意以下几点：

（1）被测元素的浓度应在 A-C 标准曲线的线性范围内。

（2）为了得到准确的分析结果，至少应采用 4 个工作点制作标准曲线后外推。首次加入的元素标准溶液的浓度（C_0）应大致和试样中被测元素浓度（C_x）相近。

（3）标准加入法只能消除基体干扰和某些化学干扰，不能消除背景吸收干扰。因此，在测定时应该首先进行背景校正。标准加入法应该进行试剂空白的扣除，而且须用试剂空白的标准加入法进行扣除，而不能用校准曲线法的试剂空白值来扣除。

（二）分析方法评价

在进行微量或痕量分析时，分析的灵敏度与检出限是评价分析方法与分析仪器的重要指标。

1. 灵敏度（Sensitivity）

在原子吸收光谱分析中，以往习惯用 1%吸收灵敏度表示，其定义为能产生 1%吸收（或 0.0044 吸光度）信号时，所对应的被测元素的浓度或被测元素的质量，其单位为 μg/mL 或 μg（或 ng）/1%。1%吸收灵敏度越小，表明方法灵敏度越高。对于火焰原子吸收结果来说，常用浓度表示，若被测元素溶液的浓度为 C（μg/mL），多次测得吸光度平均值为 A，则 1%吸收灵敏度为

$$S_{1\%}=\frac{C\times 0.0044}{A}\ (\mu g/mL/1\%)$$

对于石墨炉原子吸收法来说，常用绝对质量表示，若被测元素溶液的体积为 V（mL），则 1%吸收灵敏度为

$$S_{1\%}=\frac{CV\times 0.0044}{A}\ (\mu g/1\%)$$

1975 年 IUPAC 规定，以校准曲线的斜率作为灵敏度，即 $\frac{\mathrm{d}A}{\mathrm{d}C}=S$，表明吸光度对浓度的变化率，变化率越大，灵敏度越高。而把 1%吸收灵敏度称为“特征浓度”或“特征质量”。

2. 检测限（Detection limit，DL）

“灵敏度”并不能指出可测定元素的最低浓度或最小量（未考虑仪器的噪声），它可用“检出限”表示。

检出限的定义为：以特定的分析方法、以适当的置信水平被检出的最低浓度或最小量。

只有存在量达到或高于检出限，才能可靠地将有效分析信号与噪声信号区分开，确定试样中被测元素具有统计意义的存在。“未检出”就是被测元素的量低于检出限。

在 IUPAC 的规定中，对各种光学分析方法，可测量的最小分析信号 $X_{\min}$ 以下式确定：

$$X_{\min} = \bar{X}_0 + KS_0$$

式中　$\bar{X}_0$——用空白溶液（也可为固体、气体）按同样测定分析方法多次测定的平均值；

S_0——空白溶液多次测量的标准偏差；

K——由置信水平决定的系数。

过去采用 K=2，IUPAC 推荐 K=3，在误差正态分析条件下，其置信度为 99.7%。

由上式可看出，可测量的最小分析信号为空白溶液多次测量平均值与 3 倍空白溶液测量的标准偏差之和，它所对应的被测元素浓度即为检出限 D.L.。

$$\text{D.L.} = \frac{X_{\min} - \bar{X}_0}{S} = \frac{KS_0}{S} = \frac{3S_0}{S}$$

式中　S——灵敏度，即分析校准曲线的斜率。

可以看出，检出限不仅与灵敏度有关，而且还考虑到仪器噪声。因而检测限比灵敏度具有更明确的意义，更能反映仪器的性能。只有同时具有高灵敏度和高稳定性时，才有低的检出限。

第三节　原子吸收分光光度法在药物分析中的应用

原子吸收分光光度法作为一种成熟的分析方法，具有灵敏度高、准确性好、操作简便快速等优点，是微痕量金属元素分析的重要手段，也是药物分析的重要工具之一。目前，用原子吸收光谱法（AAS）测定药物可分为直接原子吸收光谱法和间接原子吸收光谱法两大类。

一、直接原子吸收光谱法

直接原子吸收光谱法是在待测的药物分子中有易于测定的金属原子或离子，用 AAS 法测定金属原子或离子而直接测定药物的一种方法。应用原子吸收光谱法直接测定药物中金属及类金属化合物已有大量报道。例如，维生素 B_{12} 分子中含有钴离子，将样品溶解后在 240.7 nm 波长下测定钴便可直接测定维生素 B_{12} 的含量；对金硫丁二酸钠用王水加热溶解后在 242.8 nm 波长下测定金便可测定其含量。大约有 30 多种药物分子结构中含有金属离子，能用直接 AAS 法进行测定。多年的药理实验及临床研究证明，一些元素如铝、锑、钡、钙、铁、镁、锂、钠、钾、银等金属的化合物具有药理学意义，已被制成制剂应用于临床。抗酸剂及收敛剂中常含有铝盐；钙盐广泛地用于片剂、糖浆剂以及注射剂中；镁盐可用于致泻、赋形剂或抗酸剂；锌常被用于各种软膏和乳膏中，这些膏剂中的锌通常以氧化锌、硬脂酸锌的形式存在；许多汞的化合物常用做利尿剂、消毒剂和药物防腐剂；渗透液中钾和钠的量必须严格限定。火焰原子吸收光谱法可准确、精密地测定这类产品中的这些元素。

药物在制造过程中，由于原料、试剂、催化剂以及设备及容器的污染，可能含有金属离子杂质。对于原料及制剂中的金属杂质以及有害元素进行限量测定，对于用药的安全性具有重要意义。砷的测定通常需要较高的灵敏度，可通过石墨炉原子化法进行测定。羧苄青霉素钠作为一种半合成青霉素，钯是合成过程中的催化剂。在 247.6 nm 波长处，采用自动背景校正可测定药物中的钯。硅可以各种形式存在于某些药品的制备过程中。链霉素在制备过程中易受硅的污染，其测定可采用标准加入法，选用氧化亚氮-乙炔火焰。石墨炉原子化法很适用于测定元素钡，因为它为克服钙的干扰提供了最为简单的方法。

现代研究表明，在中药材药效发挥过程中，微量元素的协同作用不可忽视。近年来，中药材中微量元素与其疗效的关系日益受到关注。K、Na、Ca、Mg、Cu、Zn、Fe 等为人体生命活动必不可少的微量元素。大多数中药材中均含有上述元素。采用空气-乙炔火焰原子吸收光谱法测定了黄芪、姜黄、何首乌、冬虫夏草、地黄及泽泻 6 种药材中的 K、Na、Ca、Mn 等 11 种元素。研究发现，不同产地石膏中 Mg、Fe、Mn、Cu 的含量不同，发现地道产地（湖北应城）石膏中的 Mg/Fe、Mn/Cu 的比例均为 1.0 左右，而其他产地的石膏无此比例。对地榆及其炭制品的微量元素分析也表明，不同方法炒制的地榆被制成不同程度的炭制品后，其微量元素的含量有所改变。对蓝萼香茶菜的根、茎、叶进行测定，发现有治疗作用的 Fe、Cu、Mn、Se 等元素在茎、叶中的含量较多。对西北 12 个产地甘草微量元素的测定，对浙、川、鄂产贝母中 8 种有机元素的含量比较，以及对甘肃大黄属 14 个分类群微量元素的测定均表明：同一种中药材，产地不同、炮制方法不同或是用药部位不同，其微量元素的含量也不尽相同。研究和测定中药材中的常见元素，不仅可为中药药理作用的研究提供基础数据，也能为中药材的鉴定提供依据。珍珠母在临床上可用于治疗头痛眩晕、肝虚目昏等症。其主要成分为碳酸钙，其中的锰、铁、镁、铜、锌五种元素可用原子吸收光谱法进行测定，并有望从微量元素的角度探讨真伪品的异同。女贞子及其混淆品中五种微量元素的定量分析也是原子吸收光谱法在鉴别中药材真伪方面的应用之一。中药水蛭中富含锌、铜，对治疗心脑血管疾患十分有益。水蛭中的有毒元素砷和汞可采用氢化物原子吸收光谱法测定。用原子吸收光谱法测定了海蛆与大海马中 11 种微量元素：以氯化镧为消干扰剂，用石墨炉原子化法测定了 Cr、Co、Pb；用火焰原子化法测定了 Cu、Mn、Zn、Fe、Na、K、Ca、Mg。

二、间接原子吸收光谱法

由于大多数药物分子不含金属离子，不能用直接 AAS 法进行测定。Christian 等人提出了运用间接原子吸收光谱法测定，有效地解决了这一难题，极大地推动了原子吸收光谱法在药物分析中的应用。间接 AAS 是测定能与待测物或待测组分进行定量化学反应的其他金属元素的原子吸收信号，来间接求出待测元素或待测组分的含量。按照间接 AAS 所应用的化学反应原理不同，可以将该方法分为以下六类：① 利用沉淀反应的间接法；② 利用配合和离子缔合反应的间接法；③ 利用氧化还原反应的间接法；④ 利用置换和分解反应的间接法；⑤ 利用杂多酸的化学放大效应的间接法；⑥ 酶解反应法。

1. 利用沉淀反应的间接 AAS 法

以沉淀反应为基础的间接 AAS 法是基于药物分子能与 AAS 法可测定的金属离子（标记

元素）或金属离子化合物（标记化合物）直接反应生成一种难溶的化合物，沉淀分离后可通过测定沉淀中金属离子的含量或上清液中未参加反应的金属离子的含量来间接测定样品中药物的含量。这一方法在制作工作曲线时须经与试样一样的沉淀、分离处理，较费时间，但可以避免沉淀反应本身带来的误差和一些操作误差。常用的沉淀剂有 Ca、Cu、Co、Zn、Ni、Ag、Cr、Pb 等金属离子及其化合物。例如，利用硫氰铬铵配阴离子与生物碱在冰水中可定量形成沉淀，过滤后测量滤液中过量的铬，从而可求得体系中总的生物碱含量。基于盐酸洛美沙星在适当酸度下与雷氏盐反应生成不溶性配合物，测定沉淀中铬的含量来间接求出盐酸洛美沙星的含量。利用氨基糖甙类药物与镍在二硫化碳存在的条件下，反应生成不溶于碱液的二烷基二硫代氨基甲酸镍沉淀的原理，离心分离后以 AAS 法测定沉淀中镍的含量，间接求出硫酸庆大霉素、硫酸小诺霉素的含量。基于在碱性水溶液中，甘草酸与 Ca^{2+}定量生成甘草酸钙沉淀，利用原子吸收法（AAS）测定 Ca 含量，从而间接测定甘草酸含量。基于茶多酚与碱式乙酸铅发生配合反应，定量生成难溶于水的黄色沉淀，经离心分离后，用原子吸收法测定上清液中过量的铅离子来间接测得茶多酚的含量。

2. 利用配合和离子缔合反应的间接 AAS 法

该法是基于一些待测药物的结构上有配合基团或螯合基团，可与金属离子或试剂反应生成金属配合物或离子对缔合物、螯合物等，经溶剂萃取等手段进行分离后，用 AAS 法测定配合物中的金属离子或剩余未参与配合反应的金属离子来间接测定药物的含量。例如，曲通-100与硫氰配镉形成缔合物被萃取入二甲苯内，测定二甲苯层中镉的吸光度值，间接求出曲通-100的含量。在 pH 4.6～6.4 的酸性溶液中，利用双氯灭痛与醋酸铜定量反应生成稳定的螯合物，经氯仿萃取后，测定水相中剩余的铜，间接求出样品中双氯灭痛的含量。麦迪霉素与镁的配合物被萃入甲基异丁基酮（MIBK）内，火焰原子吸收法测定有机相中与麦迪霉素配合的镁，从而间接求得麦迪霉素的含量。在 pH 为 6.8 的弱酸性溶液中，利用双氯芬酸胆碱与醋酸铜形成稳定的配合物，经氯仿萃取后，用火焰原子吸收分光光度法直接测定水相中剩余的铜，从而间接求得样品中双氯芬酸胆碱的含量。

从目前发展的趋势来看，此法是最有发展前途的一种间接 AAS 法，因为大多数药物分子中含有配合基团或螯合基团。

3. 利用氧化还原反应的间接 AAS 法

该法是基于一些药物含有可被氧化或还原的基团，经氧化还原反应后，使待测元素产生一种可直接测定的等物质的量的较高（或较低）价态的金属离子或其化合物，通过测定反应物中金属离子或化合物的含量便可间接测定药物的含量。例如，在弱酸性介质中，高碘酸与维生素 B_2 的反应产物碘酸与 $AgNO_3$ 定量反应生成碘酸银，通过测定 Ag^+的量即可间接确定维生素 B_2 的含量。异烟肼被 Ag(Ⅰ)氧化，定量析出金属银，用 AAS 法测定析出的银即可间接测定异烟肼的含量。抗坏血酸在酸性介质中将 Cu^{2+}还原为 Cu^+，后者与 SCN^-定量生成 CuSCN 沉淀，通过测定沉淀中铜的量来间接测定抗坏血酸的含量。

4. 利用置换反应或分解反应的间接 AAS 法

一些药物通过置换反应或分解反应后，其产物可与某些金属离子作用，以 AAS 法测定金属离子的量，即可间接测定药物的含量。例如，根据利血生在碱性介质中的分解产物 L-半胱

氨酸可和 Cu^{2+}生成很好的配合物沉淀，分离后测定上清液或沉淀中的铜含量，可间接测定利血生的含量。利用头孢菌素类药物在碱性介质中加热可发生水解，其水解产物与酒石酸铜定量反应生成沉淀，利用原子吸收法测定沉淀中铜的量来间接确定头孢唑啉、头孢氨苄、头孢拉定的含量。根据青霉素 V 钾在酸性条件下的水解产物可与 Pb^{2+}形成沉淀，用火焰原子吸收光谱法测定沉淀中铅的含量，可间接测定药片中青霉素 V 钾的含量。

5. 利用杂多酸的化学放大效应的间接 AAS 法

一些药物通过与钼酸根及其他离子反应生成杂多酸化合物，然后用原子吸收法直接测定杂多酸化合物中的钼以确定被测药物的含量。这类方法是基于在最后测定时形成一个高物质的量之比的测定元素。在杂多酸中，硅钼酸、磷钼酸与有机化合物的物质的量之比都比较大，因此钼对有机药物有很大的放大系数（又称化学放大效应）；再加上有机溶剂效应和萃取富集，使有机化合物的间接 AAS 法的灵敏度提高了 1～6 个数量级。例如，将马钱子碱、番木鳖碱等生物碱与磷钼酸反应生成磷钼酸有机盐沉淀，将生成的沉淀消化或用 MIBK 溶剂萃取后直接测定钼的量来间接确定待测有机药物的含量。

6. 利用酶解反应的间接 AAS 法

该法是通过测定一些有机物的酶解反应产物与 AAS 法可测的金属离子作用的生成物来测定有机物的含量。例如，苦杏仁甙在苦杏仁酶的作用下水解产生苯甲醛、葡萄糖和氢氰酸，当此水解产物流经装有 CuS 微柱的 FIA 流路时，CN^-与 CuS 作用生$[Cu(SCN)_4]^{3-}$可溶性离子，并随载流进入原子化器，检测参与反应的铜的含量来间接求得苦杏仁甙的含量。在一定温度下，硫代葡萄糖苷发生酶解反应产生 HSO_4^-，与 Ba^{2+}形成沉淀，测量上清液或沉淀中 Ba^{2+}的量，可间接测定硫代葡萄糖苷的含量。

综上所述，间接 AAS 法的实质就是在进行原子吸收测定之前，巧妙地利用某些特殊的化学反应，使待测物与易测元素定量反应，最后测定易测定元素的吸光度，来间接求出待测物质含量的一种分析方法。间接 AAS 法既扩大了 AAS 法的测定范围，也为药物分析提供了新的分析手段，同时还可以以金属离子为标准，弥补药物纯品缺乏的困难。特别是近年来，随着 FIA 和 AAS 的联用，AAS 得到了广泛的应用。

科学技术进步为原子吸收仪器的不断更新和发展提供了技术和物质基础。近年来，使用连续光源和中阶梯光栅，结合使用光导摄像管、二极管阵列多元素分析检测器，设计出了微机控制的原子吸收分光光度计，为解决多元素同时测定开辟了新的前景。微机控制的原子吸收光谱系统简化了仪器结构，提高了仪器的自动化程度，改善了测定准确度，使原子吸收光谱法的面貌发生了重大的变化。联用技术（色谱-原子吸收联用、流动注射-原子吸收联用）日益受到人们的重视。色谱-原子吸收联用不仅在解决元素的化学形态分析方面，而且在测定有机化合物的复杂混合物方面，都有着重要的用途，是一个很有前途的发展方向。

习　题

1. 对原子吸收光谱法作出重大贡献，解决了测量原子吸收的困难，建立了原子吸收光谱

的科学家是（　　）

A. R. Bunren（本生）　　B. W. H. Wollarten（伍朗斯顿）　　C. A. Walsh

D. G. Kirchhoff（克希荷夫）　　E. D. Brewster（布鲁斯特）

2. 原子吸收分光光度法是基于______从光源辐射出待测元素的特征谱线的光，通过样品的蒸气时，被蒸气中待测元素的______粒子吸收，由辐射特征谱线光被减弱的程度，求出样品中待测元素的含量。

A. 原子　　B. 激发态原子　　C. 离子　　D. 分子　　E. 基态原子

3. 原子吸收光谱分析中，所谓谱线的轮廓，是下列哪个变化的关系（　　）

A. 吸收系数随频率的变化　　B. 吸收系数随波长的变化

C. 谱线强度随频率的变化　　D. 谱线强度随波长的变化

E. 吸收系数随温度的变化

4. 吸收线的轮廓，用以下哪些参数来表征（　　）

A. 波长　　B. 特征频率　　C. 谱线宽度　　D. 谱线半宽度　　E. 吸收系数

5. 对于 GFAAS 中基体干扰消除方法，下列哪种说法不对（　　）

A. 化学预处理　　B. 基体改进剂

C. 降低升温速率　　D. 石墨炉平台原子化技术

6. 与火焰原子吸收法相比，石墨炉原子吸收法有哪些特点（　　）

A. 灵敏度低但重现性好　　B. 基体效应大但重现性好

C. 样品量大但检出限低　　D. 物理干扰少且原子化效率高

7. GFAAS 的升温程序为（　　）

A. 灰化、干燥、原子化和净化

B. 干燥、灰化、净化和原子化

C. 干燥、灰化、原子化和净化

D. 净化、干燥、灰化和原子化

8.《中国药典》采用原子吸收分光光度法检查的特殊杂质是（　　）

A. 砷盐的 A 异（DDC）法检查

B. 肾上腺素类药物中的酮体检查

C. 维生素 C 中铜离子检查

D. 异烟肼中游离肼的检查

E. 有机溶剂残留量检查

9. 解释下列名词：（1）谱线轮廓；（2）峰值吸收；（3）锐线光源；（4）光谱通带。

10. 简要说明原子吸收光谱定量分析基本关系式的应用条件。

11. 原子吸收光谱分析中的干扰是怎样产生的？简述消除各种干扰的方法，并说明这些方法能消除干扰的原因。

12. 原子吸收光谱分析对光源的基本要求是什么？

13. 空心阴极灯的阴极内壁应衬上什么材料？其作用是什么？灯内充有的低压惰性气体的作用是什么？

14. 火焰原子化法的燃气、助燃气比例及火焰高度对被测元素有何影响？试举例说明。

15. 化学火焰的特性和影响它的因素是什么？在火焰原子吸收法中为什么要调节燃气和

助燃气的比例？

16. 分析下列元素时，应选用何种类型的火焰？并说明其理由：（1）人发中的硒；（2）矿石中的锆；（3）油漆中的铅。

17. 简述原子吸收分光光度计主要组成部分及各部件的工作原理。

18. 试从方法、原理、特点、应用范围等方面对原子吸收光谱法与分光光度法进行比较。

19. 在测定血清中的钾时，先用水将试样稀释 40 倍，再加入钠盐至 0.8 mg/mL，试解释此操作的理由，并说明标准溶液应如何配制。

20. 原子吸收分光光度计的单色器倒色散率为 1.6 nm/mm，欲测定 Si 251.61 nm 线的吸收值，为了消除多重线 Si 251.43 nm 和 Si 251.92 nm 的干扰，应采取什么措施？

21. 测定血浆中 Li 的浓度，将两份均为 0.500 mL 血浆分别加入 5.00 mL 水中，然后向第二份溶液加入 20.0 μL 0.050 0 mol/L 的 LiCl 标准溶液。在原子吸收分光光度计上测得读数分别为 0.230 和 0.680，求此血浆中 Li 的浓度（单位：μg/mL）

22. 用原子吸收光谱法测定水样中 Co 的浓度。分别吸取水样 10.0 mL 于 50 mL 容量瓶中，然后向各容量瓶中加入不同体积的 6.00 μg/mL Co 标准溶液，并稀释至刻度，在同样条件下测定吸光度，由表 5-2 数据用作图法求得水样中 Co 的浓度。

表 5-2　测定水样中 Co 的浓度实验数据

编号	水样体积/mL	Co 标液体积/mL	稀释最后体积/mL	吸光度
1	0	0	50.0	0.042
2	10.0	0	50.0	0.201
3	10.0	10.0	50.0	0.292
4	10.0	20.0	50.0	0.378
5	10.0	30.0	50.0	0.467
6	10.0	40.0	50.0	0.554

23. 用双标准加入法原子吸收光谱测定二乙基二硫代氨基甲酸盐萃取物中的铁含量，得到如表 5-3 所示的数据，求试液中铁的浓度。

表 5-3　测定二乙基二硫代氨基甲酸盐萃取物中的铁含量实验数据

吸光度读数		铁标准加入量/（mg/200 mL）
空白溶液	试样溶液	
0.020	0.090	0
0.214	0.284	2.00
0.414	0.484	4.00
0.607	0.677	6.00

第六章　电位分析法

【教学要求】

（1）熟悉电位分析法的理论依据；

（2）理解膜电位的形成机制及选择性；

（3）理解离子选择电极的类型和性能；

（4）掌握电位滴定法的测定原理和应用；

（5）掌握直接电位法测量溶液活度的方法和应用。

【思　考】

（1）参比电极和指示电极有哪些类型？它们的主要作用是什么？

（2）pH 玻璃电极膜电位是如何形成的？

（3）试讨论膜电位、电极电位和电动势三者之间的关系。

（4）用离子选择性电极进行电位分析时，在标准溶液和试液中加入总离子强度调节缓冲溶液（TISAB）的作用是什么？

（5）直接电位法的依据是什么？为什么用此法测定溶液 pH 时，必须使用标准 pH 缓冲溶液？

（6）如何衡量离子选择性电极的选择性？

（7）直接电位法测定离子活度的方法有哪些？哪些因素影响测定的准确度？

（8）试比较直接电位法和电位滴定法的特点。

（9）电位滴定法的基本原理是什么？有哪些确定终点的方法？

第一节　电化学分析法概述

电化学分析法是应用电化学的基本原理和实验技术，依据物质的电化学性质来测定物质组成及含量的分析方法。这类方法是将待测试液以适当的形式作为电化学电池的一部分，选配适当的电极，然后通过测量电池的某些参数，如电导（电阻）、电极电位、电荷量、电流等，或者测量这些参数在某个过程中的变化情况来求分析结果。

根据所测量的电参数不同，电分析化学法可分为：电导法、电位法、电解分析法、库仑分析法、伏安法、极谱法等。电化学分析法中一些传统方法的应用范围在逐渐缩小，如电导分析、电解分析及经典极谱分析等，同时又不断有一些新方法出现，如生物与电化学传感器、微电极活体分析、光谱电化学分析及电致发光分析等，这些均是目前十分活跃的研究领域，其中微电极活体分析是其他分析方法无法取代的。

电化学分析法不仅可用于成分分析，也可用于化合物的价态和形态分析，以及用来研究电极反应过程（动力学、催化、吸附、氧化还原）及参数测量。电化学分析法的主要应用领域包括：① 化学平衡常数测定；② 化学反应机理研究；③ 化学工业生产流程中的监测与自动控制；④ 环境监测与环境信息实时发布；⑤ 生物、药物分析；⑥ 活体分析与监测（将超微电极直接刺入生物体内获得信号）。

电化学分析法具有以下主要特点：

（1）灵敏度、准确度高，选择性好。在某些方法中，被测物质的最低检出量可达到 10^{-12} mol/L 数量级。

（2）电化学仪器装置较为简单，操作方便。可直接得到电信号，易传递，尤其适合于化工生产中的自动控制和在线分析。

（3）应用广泛：传统的电化学分析，无机离子的分析，测定有机化合物、活体分析以及药物和生物活性成分分析。

第二节　电位法

电极电位与溶液中相应离子的活度之间的关系，可用能斯特方程表示：

$$\varphi=\varphi^{\ominus}+\frac{RT}{nF}\ln\frac{a_{\mathrm{ox}}}{a_{\mathrm{Red}}}$$

在一定条件下，活度可近似用平衡浓度代替，则 25 °C 时上式可写为

$$\varphi=\varphi^{\ominus}+\frac{0.0592}{n}\lg\frac{c(\mathrm{Ox})}{c(\mathrm{Red})}$$

由此可见，通过测量电极电位就可确定离子的活度（浓度）。在此基础上建立起来的一类分析方法称为电位分析法，简称为电位法。

电位法具有如下特点：

（1）选择性好，灵敏度高。对组成复杂的试样一般不需要分离处理就可直接测定。直接电位法的检出限一般为 10^{-5}～10^{-8} mol/L，特别适合于微量组分的分析。

（2）电位法可以测定其他方法难以测定的许多离子，如氟离子、硝酸根离子、碱金属和碱土金属离子、无机阴离子和有机离子等。

（3）使用的仪器装置非常简单，操作方便，易于实现自动化。

一、电位法基本原理

由于单个电极的电位无法测量，电极电位测量时，必须由一个能指示被测离子活度变化的指示电极和另一个与被测离子活度无关的、电位稳定的、能提供电位测量标准的参比电极组成一个化学电池（图 6-1）。在零电流条件下，用高输入阻抗的测量仪器测量电池电动势或

指示电极的电极电位（或 pH），利用指示电极的电极电位（或电池电动势）与相应离子的浓度之间的关系（能斯特方程），来获得溶液中待测组分的浓度（或活度）信息。

测定时，参比电极的电极电位保持不变，指示电极的电极电位随溶液中待测离子活度的变化而改变，而电池电动势 E 随指示电极的电极电位而变化。

$$E = \varphi_{+} - \varphi_{-} + \varphi_{液接}$$

式中，电极电位用符号 φ 表示，电极电位高的电极作正极，电极电位低的电极作负极；$\varphi_{液接}$ 可用盐桥来降低或消除。

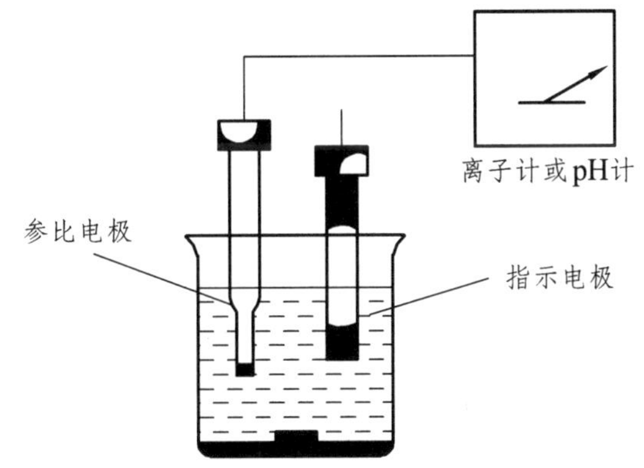

图 6-1　电位法测量装置示意图

特别指出：测量电动势的仪器必须是高输入阻抗的电子电压表。若不是采用高输入阻抗的测量仪器，当有极微小的电流（如 10^{-9} A）通过回路时，在内阻 10^{8} Ω 的电极上电位降达 0.1 V，造成 pH 测量误差近 2 个 pH 单位。

二、参比电极

参比电极是电极电位稳定且已知，用作比较标准的电极，必须满足可逆性、重现性和稳定性好。参比电极的类型有：标准氢电极、Ag/AgCl、Hg/Hg_2Cl_2（甘汞电极），电化学分析中最常用的参比电极是饱和甘汞电极（SCE）和 Ag/AgCl 电极。

1. 甘汞电极（Calomel electrode）

甘汞电极由汞、Hg_2Cl_2 和已知浓度（0.1，3.5，4.6 mol/L）的 KCl 溶液组成。

电极组成：$Hg|Hg_2Cl_2|KCl(x\ mol/L)||$

电极反应：$Hg_2Cl_2(s) + 2e^- \longrightarrow 2Hg(l) + 2Cl^-$

电极电位：

$$\varphi = \varphi_0 + \frac{0.059}{2}\lg\frac{a_{Hg_2^{2+}}}{a_{Hg}^2} = \varphi_0 + \frac{0.059}{2}\lg a_{Hg_2^{2+}} = \varphi_0 + 0.059\lg\frac{K_{sp\,Hg_2Cl_2}}{a_{Cl^-}}$$

$$\varphi = \varphi_0 - 0.059\lg a_{Cl^-}$$

可见，电极电位与 Cl^- 的活度或浓度有关。当 Cl^- 浓度不同时，可得到具有不同电极电位的参比电极。

注意：SCE 中 KCl 浓度为 4.6 mol/L。该电极 25 °C 时电位为 0.243 8 V，稳定性好，但使用温度不能超过 80 °C，否则 Hg_2Cl_2 会发生歧化反应。

特点：制作简单、应用广泛；使用温度较低（<40 °C），但受温度影响较大（当 T 为 20～25 °C 时，饱和甘汞电极电位为 0.247 9～2 444 V，E=0.003 5 V）；当温度改变时，电极电位平衡时间较长；Hg(Ⅱ)可与一些离子产生反应。

2. Ag/AgCl 电极

该电极是将涂有 AgCl 的银丝插入用 AgCl 饱和的一定浓度的 KCl 溶液中构成。该参比电极结构与甘汞电极类似，只是将甘汞电极内管中的（$Hg|Hg_2Cl_2|KCl$）换成涂有 AgCl 的银丝即可。

电极组成：Ag|AgCl| KCl(x mol/L) ||

电极反应：$AgCl + e^- \Longleftrightarrow Ag + Cl^-$

电极电位：$\varphi = \varphi^{\ominus}_{Ag^+/Ag} - 0.059 \lg a_{Cl^-}$

特点：可在高于 60 °C 的温度下使用；较少与其他离子发生反应（但可与蛋白质作用并导致与待测物界面堵塞）。

3. 参比电极使用注意事项

（1）电极内部溶液的液面应始终高于试样溶液液面！防止试样对内部溶液的污染或因外部溶液与 Ag^+、Hg^{2+}发生反应而造成液接面堵塞，尤其是后者，可能是测量误差的主要来源。

（2）上述试液污染有时是不可避免的，但通常对测定影响较小。但如果用此类参比电极测量 K^+、Cl^-、Ag^+、Hg^{2+}时，其测量误差可能会较大。这时可用盐桥（不含干扰离子的 KNO_3 或 Na_2SO_4）来克服。

三、离子选择性电极

电位法要求指示电极仅对混合物中特定离子产生选择性响应，故通常将离子选择性电极（Ion selective electrode，ISE）作为指示电极，零类电极、第一类、第二类和第三类电极也可做指示电极。离子选择性电极是以敏感膜为基础的电化学传感器，这层膜是使电极对特定离子有选择性响应的元件，故离子选择性电极又称为膜电极。这类电极的电位是离子交换所形成的，不同于那些涉及电子转移反应的体系（零类电极、第一类、第二类和第三类电极）。当离子选择性电极和含待测离子的溶液接触时，在它的敏感膜和溶液的相界面上产生与该离子活度直接有关的膜电位，膜电位与溶液中待测离子含量之间的关系符合能斯特公式。这类电极由于具有选择性好、平衡时间短的特点，是电位分析法用得最多的指示电极。

（一）离子选择性电极的结构

离子选择性电极的典型结构如图 6-2 所示，主要包括三部分。

1. 敏感膜

它是离子选择性电极最关键的部分。制模的材料通常是对某种离子能产生选择性响应的活性材料。用适当的方法将活性材料制成一定大小的膜片，将其固定在电极杆末端。敏感膜的作用是将溶液中给定离子的活度转变成可测量的电位信号。

2. 内参比电极

通常用 Ag/AgCl 电极。

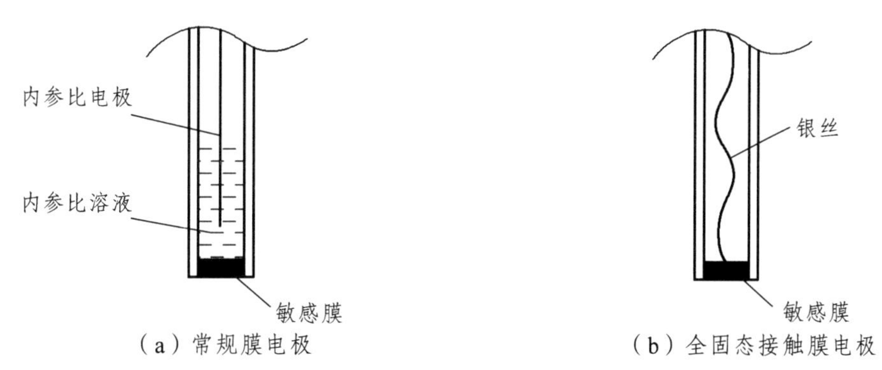

图 6-2　离子选择性电极结构示意图

3. 内参比溶液

一般含有膜的敏感离子和使内参比电极电位稳定的离子。也有不使用内参比溶液的离子选择电极[图 6-2（b）]。

（二）离子选择性电极的分类

根据 1976 年 IUPAC 基于离子选择性电极绝大多数都是膜电极这一事实，依据膜的特征将离子选择性电极分为以下几类（表 6-1）：

表 6-1　离子选择性电极的分类

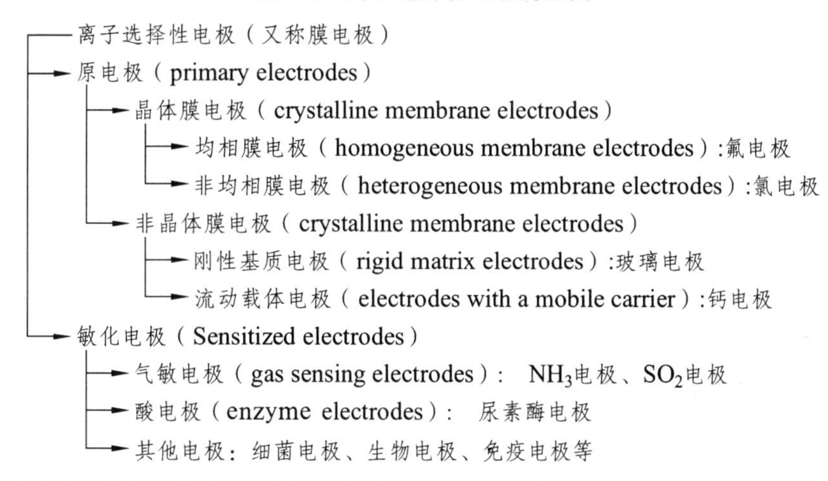

原电极是指敏感膜直接与试液接触的离子选择性电极。敏化离子选择性电极是以原电极为基础装配成的离子选择性电极。

1. 晶体膜电极

晶体膜电极分为均相、非均相晶体膜电极。均相晶体膜由一种化合物的单晶或几种化合物混合均匀的多晶压片而成。晶体膜电极是目前品种最多、应用最广泛的一类离子选择性电极。常见的晶体膜电极及其性能见表 6-2。

晶体膜电极的响应机理包括两个方面：

（1）晶体膜表面与溶液两相界面上响应离子的扩散形成界面电位（道南电位）。

响应离子进入晶体中可能存在的晶格离子空穴，而晶体膜中的晶格离子也会扩散进入溶液而在膜中留下空穴，平衡时在界面上形成双电层而产生电位。

（2）晶膜内部离子的导电机制形成了扩散电位。

由于膜、液界面上响应离子的扩散，使膜内晶格离子分布不均匀，即空穴不均匀，引起晶格离子的扩散、空穴的移动，如 LaF_3 晶体中 F^- 的扩散：

$$LaF_3 + 空穴 \longrightarrow LaF_2^+(新空穴) + F^-$$

必须指出的是：能传递的电荷只是少数晶格能小的晶体，而且只能是半径最小、电荷最少的晶格离子才能扩散移动。扩散的结果产生了扩散电位。

此类电极的干扰是共存离子与晶格离子生成难溶盐或稳定的配合物，改变晶体膜表面的性质，而不是共存离子进入膜参与响应。如 OH^- 对 F^- 电极的干扰是产生 $La(OH)_3$ 沉淀所致。因此，晶体膜电极的选择性取决于膜化合物和共存离子与晶格离子生成化合物溶解度的相对大小，而检测限取决于膜化合物的 K_{sp}。

表 6-2　常用的晶体膜电极及其性能

电极	膜材料	线形响应浓度范围/mol · L^{-1}	适用 pH 范围	主要干扰离子
F^-	LaF_3+Eu^{2+}	$5\times10^{-7}\sim1\times10^{-1}$	5 ~ 6.5	OH^-
Cl^-	$AgCl+Ag_2S$	$5\times10^{-5}\sim1\times10^{-1}$	2 ~ 12	Br^-，$S_2O_3^{2-}$，I^-，CN^-，S^{2-}
Br^-	$AgBr+Ag_2S$	$5\times10^{-6}\sim1\times10^{-1}$	2 ~ 12	$S_2O_3^{2-}$，I^-，CN^-，S^{2-}
I^-	$AgI+Ag_2S$	$1\times10^{-7}\sim1\times10^{-1}$	2 ~ 11	S^{2-}
CN^-	AgI	$1\times10^{-6}\sim1\times10^{-1}$	>10	I^-
Ag^+，S^{2-}	Ag_2S	$1\times10^{-7}\sim1\times10^{-1}$	2 ~ 12	Hg^{2+}
Cu^{2+}	$CuS+Ag_2S$	$5\times10^{-7}\sim1\times10^{-1}$	2 ~ 10	Ag^+，Hg^{2+}，Fe^{3+}，Cl^-
Pb^{2+}	$PbS+Ag_2S$	$5\times10^{-7}\sim1\times10^{-1}$	3 ~ 6	Cd^{2+}，Ag^+，Hg^{2+}，Cu^{2+}，Fe^{3+}，Cl^-
Cd^{2+}	$PbS+Ag_2S$	$5\times10^{-7}\sim1\times10^{-1}$	3 ~ 10	Pb^{2+}，Ag^+，Hg^{2+}，Cu^{2+}，Fe^{3+}

非均相膜一般是将难溶盐均匀分散在惰性材料中，经过加压或拉制成单、多晶或混晶的活性膜。惰性物质可以是硅橡胶、聚氯乙烯、聚苯乙烯、石蜡等。

2. 非晶体膜电极—— 玻璃电极

（1）玻璃电极的结构及类型。

玻璃电极的结构同样由电极腔体（玻璃管）、内参比溶液、内参比电极及敏感玻璃膜组成，而关键部分为敏感玻璃膜。玻璃电极依据玻璃球膜材料的特定配方不同，可以做成对不同离子响应的电极，如表 6-3 所示。玻璃电极不受氧化剂、还原剂、颜色及沉淀等影响；不足之处是电极内阻很高，且电阻随温度变化，一般只能在 5～60 °C 的范围内使用。

表 6-3　阳离子玻璃电极

主要响应离子	玻璃膜组成（物质的量分数，10^{-2}）			选择性系数
	Na_2O	Al_2O_3	SiO_2	
Na^+	11	18	71	K^+ 3.3×10^{-3}（pH 7），3.6×10^{-4}（pH 11）；Ag^+ 500
K^+	27	5	68	Na^+ 5×10^{-2}
Ag^+	11	18	71	Na^+ 1×10^{-3}
	28.8	19.1	52.1	H^+ 1×10^{-5}
Li^+	Li_2O 15	25	60	Na^+ 0.3，$K^+<1\times10^{-3}$

玻璃电极包括对 H^+响应的 pH 玻璃电极及对 K^+、Na^+响应的 pK、pNa 玻璃电极。pH 玻璃电极的结构如图 6-3 所示。现在不少商品的 pH 玻璃电极制成复合电极，它集指示电极和外参比电极于一体，使用起来甚为方便和牢固。pH 玻璃电极测量范围宽，应用广泛，适用于医药、造纸、电镀、生物制药、电厂等行业的纯水、高纯水的测量。

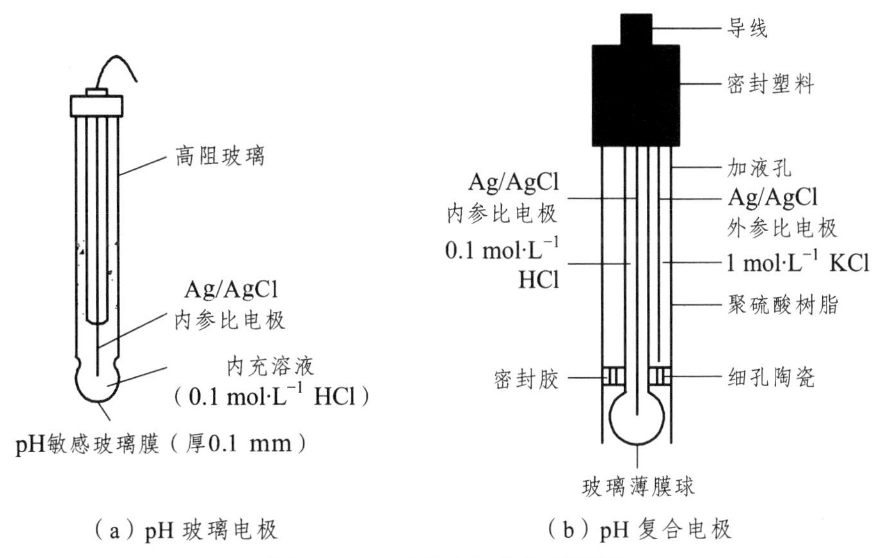

（a）pH 玻璃电极　　（b）pH 复合电极

图 6-3　pH 玻璃电极结构示意图

（2）pH 玻璃电极的响应机理。

硅酸盐玻璃中含有金属离子、氧和硅，Si—O 键在空间中构成固定的带负电荷的三维网络骨架，金属离子与氧原子以离子键的形式结合，存在并活动于网络之中，承担着电荷的传导，其结构如图 6-4 所示。

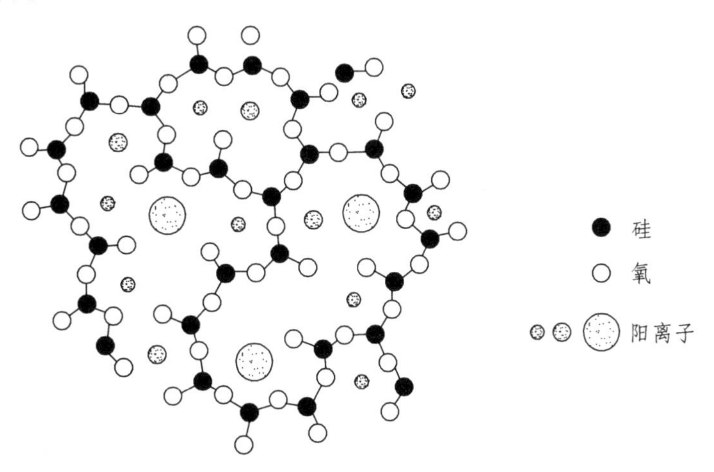

图 6-4　硅酸盐玻璃的结构

新做成的电极，干玻璃膜的网络中由 Na^+所占据。当玻璃膜与纯水或稀酸接触时，由于 Si—O 与 H^+的结合力远大于与 Na^+的结合力，因而发生了如下的交换反应：

$$G^-Na^+ + H^+ \rightleftharpoons G^-H^+ + Na^+$$

反应的平衡常数很大，向右进行的趋势大，玻璃膜表面形成了水化胶层。因此水中浸泡后的玻璃膜由三部分组成：膜内外两表面的两个水化胶层及膜中间的干玻璃层，如图 6-5 所示。

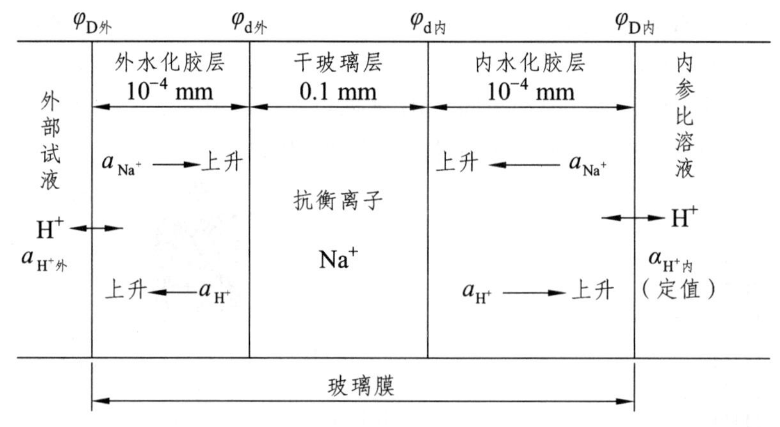

图 6-5　玻璃膜的水化胶层及膜电位的产生

Baucke 认为水化胶层中$\geqslant$Si—O$^-$H$^+$的离解平衡及水化胶层中 H$^+$与溶液中 H$^+$的交换是决定界面电位的主要因素，即

$$\geqslant Si—O^-H^+ + H_2O \rightleftharpoons \geqslant SiO^- + H_3O^+$$

（水化胶层）（溶液）　　　　（水化胶层）（溶液）

形成水化胶层后的电极浸入待测试液中时，在玻璃膜内外界面与溶液之间均产生界面电位，而在内、外水化胶层中均产生扩散电位。膜电位是这四部分电位的总和。即

$$\varphi_{M玻} = \varphi_{D外} + \varphi_{d外} + \varphi_{d内} + \varphi_{D内}$$

当玻璃膜内外表面的性状相同时，可以认为

$$\varphi_{d内} \approx -\varphi_{d外}$$

则 pH 玻璃电极的电极电位为

$$\varphi_G = \varphi_{内参} + \varphi_M = K + \frac{RT}{F}\ln a_{H^+外} \xlongequal{25\ ^\circ C} K - 0.059\ pH_{外}$$

按照上面推得的膜电位公式，当膜内外的溶液相同时，$\varphi_M = 0$，但实际上仍有一很小的电位存在，称为不对称电位 $\varphi_{不}$，其产生的原因是膜的内外表面的性状不可能完全一样。影响它的因素主要有：制作电极时玻璃膜内外表面产生的表面张力不同，使用时膜内外表面所受的机械磨损及化学吸附、浸蚀不同。不同电极或同一电极使用状况、使用时间不同，都会使 $\varphi_{不}$ 不一样，所以 $\varphi_{不}$ 难以测量和确定。干的玻璃电极使用前经长时间在纯水或稀酸中浸泡，以形成稳定的水化胶层，可降低 $\varphi_{不}$；pH 测量时，先用 pH 标准缓冲溶液对仪器进行校正，可消除 $\varphi_{不}$ 对测定的影响。各种离子选择电极均存在不同程度的 $\varphi_{不}$，而玻璃电极较为突出。

（3）pH 玻璃电极的“碱差”和“酸差”。

当测量 pH 较高或 Na$^+$浓度较大的溶液时，测得的 pH 偏低，称为“碱差”或“钠差”。每一支 pH 玻璃电极都有一个测定 pH 上限，超出此高限时，“钠差”就显现了。产生“钠差”的原因是在水化凝胶层与溶液界面间的离子交换过程中，不仅有 H$^+$，而且还有 Na$^+$参与，由电极电位值反映出来的是 H$^+$活度增加，故 pH 偏低。

当测量 pH<1 的强酸，或盐度大，或某些非水溶液时，测得的 pH 偏高，称为"酸差"。产生“酸差”的原因是：在强酸溶液中，水分子活度减小，H$^+$主要以 H_3O^+形式传递，结果到达电极表面的 H$^+$减少；当测定盐度大或非水溶液时，溶液中 a_{H^+} 变小，故 pH 增加。

（4）pH 的实用（操作性）定义及 pH 的测量。

pH 的热力学定义为：$pH = -\lg a_{H^+} = -\lg \gamma_{H^+} c(H^+)$，活度系数 γ_{H^+} 难以准确测定，此定义难以与实验测定值严格相关。因此提出了一个与实验测定值严格相关的实用（操作性）定义。测量电池如下：

$$\underbrace{Ag \mid AgCl,\ HCl(0.1\ mol\cdot L^{-1}) \mid 玻膜}_{pH玻璃电极} \mid 测量溶液 \mid \underbrace{KCl(饱和),\ Hg_2Cl_2 \mid Hg}_{饱和甘汞电极}$$

电池电动势：

$$E = \varphi_{SCE} - \varphi_G \xlongequal{25\ ^\circ C} \varphi_{SCE} - K + 0.059\ pH = K' + 0.059\ pH$$

因为 K' 是一个不确定的常数，所以不能通过测定 E 直接求算 pH，而是分别测定标准缓冲溶液（pH_s）及试液（pH_x）的电动势（E_s 及 E_x），得到

$$\begin{cases} E_s = K_1' + 0.059\ pH_s \\ E_x = K_2' + 0.059\ pH_x \end{cases}$$

$$K_1' = K_2'$$

解得

$$pH_x = pH_s + \frac{E_x - E_s}{0.059}$$

即 pH 是试液和 pH 标准缓冲溶液之间电动势差的函数，这就是 pH 的实用（操作性）定义。pH 计（酸度计）就是根据这一原理设计的。

实际工作中，用 pH 计测量试液 pH 时，先用 pH 标准溶液对仪器进行校正，然后测量试液，pH 计可直接显示溶液的 pH。

美国国家标准局已确定了七种 pH 标准溶液。我们常用的三种标准溶液为：邻苯二甲酸氢钾、磷酸二氢钾-磷酸氢钾、硼砂，25 °C 时的 pH 分别为 4.01、6.86、9.18。常用的几种 pH 标准缓冲溶液见表 6-4。

表 6-4　标准缓冲溶液的 pH

温度 /°C	草酸氢钾（0.05 mol/L）	酒石酸氢钾（25 °C，饱和）	邻苯二甲酸氢钾（0.05 mol/L）	KH_2PO_4，Na_2HPO_4（均 0.025 mol/L）	硼砂（0.01 mol/L）	氢氧化钙（25 °C，饱和）
0	1.666	—	4.003	6.984	9.464	13.423
10	1.670	—	3.998	6.923	9.332	13.003
20	1.675	—	4.002	6.881	9.225	12.627
25	1.679	3.557	4.008	6.865	9.180	12.454
30	1.683	3.552	4.015	6.853	9.139	12.289
35	1.688	3.549	4.024	6.844	9.102	12.133
40	1.694	3.547	4.035	6.838	9.068	11.984

3. 敏化电极——气敏电极

气敏电极由离子敏感电极、参比电极，中间电解质溶液和憎水性透气膜组成（图 6-6）。它是通过界面化学反应工作的。试样中待测气体扩散通过透气膜，进入离子敏感膜与透气膜之间形成的中间电解质溶液薄层，使其中某一离子活度发生变化，由离子敏感电极指示出来，这样可间接测定透过的气体。例如 CO_2、NH_3、SO_2 等气体可能引起 pH 的升高或降低，可用

pH 玻璃电极指示 pH 变化；HF 与水产生 F^-，可用氟离子选择电极指示其变化等。除上述气体外，气敏电极还可以测定 NO_2、H_2S、HCN、Cl_2 等。

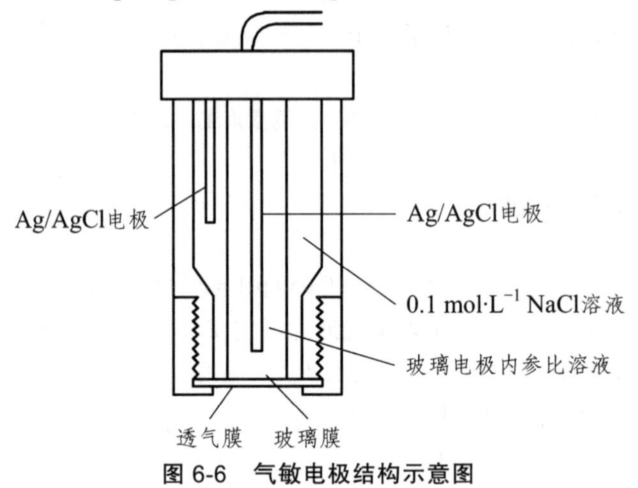

图 6-6　气敏电极结构示意图

（三）离子选择性电极定量分析基础

将离子选择性电极置于待测溶液中进行测定，在膜电极的敏感膜两侧，待测离子 i^{n+}的活度不同，并与膜中的离子产生交换而形成膜电位 φ_m，其表现为离子选择性电极的特性。因为膜电极内充液中 i^{n+}的活度为定值，膜电位为

$$\varphi_m = \text{常数} + \frac{RT}{n_i F}\ln a_{\text{i外}}$$

式中，常数项包括膜内界面上的相间电位和由于膜内外两个表面不完全相同引起的不对称电位。

离子选择性电极的电位为内参比电位与膜电位之和，即

$$\varphi_{ISE} = \varphi_{\text{内参比}} + \varphi_m = k + \frac{RT}{n_i F}\ln a_{\text{i外}}$$

式中　k——常数项，包括内参比电极的电位和膜内的相间电位及不对称电位等。

与此类似，对于阴离子 R^{n-}有响应的敏感膜，由于双电层结构中电荷的符号与阳离子敏感膜的情况相反，因此相间电位的方向也相反，阴离子选择性电极的电位为

$$\varphi_{ISE} = k - \frac{RT}{n_R F}\ln a_{\text{R外}}$$

在一定条件下，离子选择性电极的膜电位与溶液中待测离子活度之间的关系符合能斯特方程，这是离子选择性电极测定离子活度的基础。

（四）离子选择电极的特性参数

1. 能斯特响应、线性范围及检测下限

溶液中某种特定离子的活度变化服从能斯特方程式，则称为能斯特响应：

$$\varphi_{ISE} = K \pm \frac{2.303RT}{nF}\lg a \quad (25\ ^\circ\text{C})$$

上式中，对阳离子取“+”，对阴离子取“−”；不同的电极，K 值不同，它与敏感膜、内部溶液组成等有关。

图 6-7 是以电池电动势 E（或离子选择性电极的电位）对响应离子活度的对数作图所得的校准曲线。此校准曲线的直线部分（AB 段）称为离子选择性电极响应的线性范围，定量检测必须在线性范围内进行。

AB 段的斜率称为极差，用 S 表示。25 °C 时，一价离子 S=0.059 2 V，二价离子 S=0.029 6 V。离子的电荷数越大，极差越小，测定的灵敏度也越低，故电位法多用于低价离子测定。

当被测离子活度较低时，曲线逐渐弯曲。AB 与 CD 延长线的交点 M 所对应的待测离子的活度（或浓度）即为检测下限（检出限）。离子选择性电极一般不用于测定高浓度试液（$>$ 1.0 mol/L），这是因为高浓度溶液既造成敏感膜腐蚀溶解严重，也不易获得稳定的液接电位。

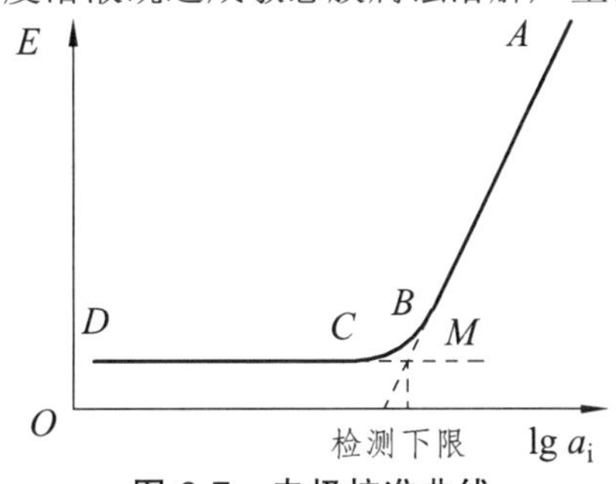

图 6-7　电极校准曲线

2. 选择性系数

理想的离子选择性电极应只对某一种特定的离子产生电位响应，但事实上，任何一种离子选择性电极都不可能做到这一点，在某种程度上它还会受到干扰离子的影响。若电极主要响应的离子 i 的电荷为 n_i，干扰离子 j 的电荷为 n_j。为了表示干扰离子 j 对电位的贡献，这时电极电位由尼柯尔斯方程表示：

$$\varphi = K \pm \frac{RT}{nF}\lg\left(a_i + K_{i,j}a_j^{n_i/n_j}\right)$$

式中　$K_{i,j}$——电极的选择性系数，表明待测离子与干扰离子对产生电极膜电位的贡献不同。意义为待测离子和干扰离子在相同的测定条件下，产生相同电位时，待测离子的活度 a_i 与干扰离子的活度 a_j 的比值：

$$K_{i,j} = \frac{a_i}{a_j^{n_i/n_j}}$$

$K_{i,j}$ 常用来判断离子选择性电极对某种离子选择性的好坏。例如，某 pH 玻璃电极的选择性系数 $K_{H^+,Na^+}=10^{-12}$，这表示当 Na^+活度比 H^+活度大 10^{12} 倍时，两者产生相同的电位，即此电极对 H^+的敏感性是对 Na^+敏感性的 10^{12} 倍。若 $K_{ij}=10^2$，则与 i 比较，j 是电极的主要响应离子。对于任何一种离子选择性电极来说，K_{ij} 值越小越好。K_{ij} 值越小，电极对 i 离子的选择性越高，一般要求 $K_{i,j}$ 值在 10^{-3} 以下。必须指出，$K_{i,j}$ 是一个实验数据，不是一个严格的热力学常数，它随测定的方法和条件而异。因此 K_{ij} 只能用来估计干扰离子存在时，产生的测定误差或确定电极的适应范围，不能用于分析测定时的干扰校正。

可用下式估计测定时的相对误差，以此判断在干扰离子存在下所用的测定方法是否可行：

$$相对误差（\%）=K_{i,j}\times\frac{(a_j)^{n_i/n_j}}{a_i}\times100$$

【例 6.1】 硝酸根离子选择性电极对硫酸根离子的 $K_{i,j}$ 为 4.1×10^{-5}。在 1 mol/L Na_2SO_4 介质中测定 8.2×10^{-4} mol/L 硝酸根，由硫酸根引起的相对误差为多少？

解： $相对误差（\%）=[4.1\times10^{-5}\times(1)^{1/2}]\times100\%/8.2\times10^{-4}=5\%$

应该注意，$K_{i,j}$ 并非常数，它与 i 及 j 离子活度和实验条件及测定方法等有关。

选择性系数 $K_{i,j}$ 的值常采用混合溶液固定干扰离子活度法测定。方法如下：配制一系列的试液，其中所含干扰离子 j 的活度固定，改变被测离子 i 的活度。分别测定离子选择性电极和参比电极所组成的电池电动势 E，绘制 E-pa_i 曲线（图 6-8）。当 a_i 显著大于 a_j，电极对 i 呈能斯特响应（AB 段），此时 j 的影响可忽略不计，

$$E_i=常数\pm\frac{2.303RT}{n_iF}\lg a_i$$

当 $a_i \ll a_j$ 时，a_i 可忽略，此时电位由 a_j 决定，固定不变（CD 段），

$$E_j=常数\pm\frac{2.303RT}{n_iF}\lg(K_{i,j}a_j^{n_i/n_j})$$

AB、DC 延长线的交点 M 处，E_i=E_j，可得

$$K_{i,j}=\frac{a_i}{a_j^{n_i/n_j}}$$

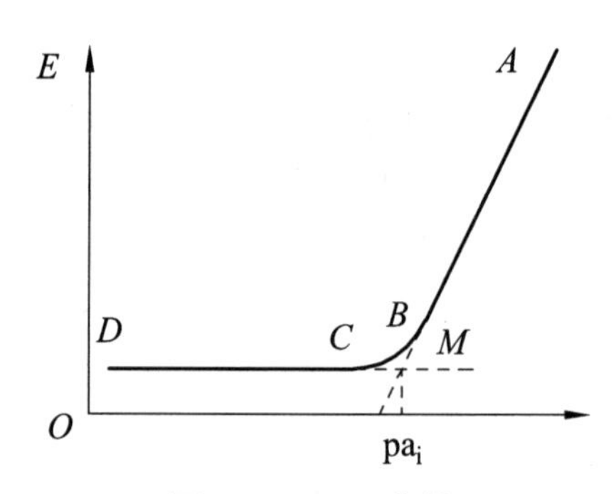

图 6-8 E-pa_i 曲线

3. 响应时间

根据 IUPAC 的推荐，离子选择性电极的响应时间是指离子选择性电极和参比电极一起从接触试液开始到电极电位达稳定值（波动在±1 mV 以内）所经过的时间。响应时间主要取决于敏感膜的性质，另外还与待测离子、干扰离子的浓度，介质的离子强度及溶液搅拌速度等因素有关。响应时间是离子选择性电极在实际应用中的一个重要参数。事实上，这一时间包括了离子选择性电极的膜电位平衡时间、参比电极的稳定时间及液接电位的稳定时间。通常通过搅拌溶液来缩短响应时间。

4. 内　阻

离子选择性电极的内阻较高，一般在几百千欧到几兆欧之间，玻璃电极和微电极则更高。电极的阻抗越高，要求测量仪器的输入阻抗越高，而且越容易受外界噪声的干扰，造成测量上的困难和误差。

5. 稳定性

在同一溶液中，离子选择性电极的电位值随时间的变化，称为漂移。稳定性以 8 h 或 24 h 内漂移的电位（单位：mV）表示。漂移的大小与膜的稳定性、电极的结构和绝缘性有关。测定时液膜电极的漂移较大。

（五）离子选择性电极使用原则

（1）离子选择性电极一般用于测定较低浓度试液（<1.0 mol/L），高浓度溶液对敏感膜腐蚀溶解严重，也不易获得稳定的液接电位。

（2）若有多个样品要测定，测定的次序应从稀到浓。

（3）应用离子选择性电极进行在线（或连续自动测定）测定时，特别要考虑响应时间的影响。

四、电位法的定量分析方法

电位法按应用方式可分为直接电位法和电位滴定法两类。直接电位法通过测量电极电位（或电池电动势），根据能斯特方程计算被测物质的浓度（或活度）。电位滴定法是利用电极电位的变化来指示滴定终点的容量分析方法。在测定离子浓度时，直接电位法仅仅测定溶液中自由离子的浓度，而电位滴定法测定被测离子的总浓度。

（一）直接电位法

直接电位法是一种简便而快速的分析方法。能斯特方程是其定量分析的理论基础。实验时，常以离子选择性电极作为指示电极，饱和甘汞电极作为参比电极，插入被测溶液中构成工作电池。

采用直接电位法测定被测离子含量，有以下几种方法：直读法、标准曲线法和标准加入法。

1. 直读法

在 pH 计或离子计上直接读出试液的 pH（pA）的方法称为直读法。对试液组分稳定、不复杂的试样，使用此法比较合适，如电厂水汽中钠离子浓度的检测。

测量仪器通常以 pA 为标度直接读出。测量时，先用标准溶液校正仪器，然后测量试液，即可直接读取试液的 pA。测量的方法是标准曲线法的改进。使用时要尽量使温度保持恒定并选用与待测液 pA 接近的标准缓冲溶液。经过这样的校正后，pA 计的刻度就符合校准曲线的要求。

2. 标准曲线法

配制一系列含被测组分的标准溶液，分别测定其电位值 E，绘制 E 对 $\lg C$ 曲线。然后测量样品溶液的电位值，在校准曲线上查出其浓度，这种方法称为标准曲线法。

标准曲线法适用于被测体系较简单的例行分析和成批量试样的分析。测量时需要在标准系列溶液和试液中分别加入总离子强度调节缓冲液（TISAB），它的作用主要有：① 维持试样和标准溶液有相同的总离子强度和活度系数；② 控制溶液 pH 在适合的 pH 范围内，避免 H^+ 或 OH^-的干扰；③ 含配位剂，可掩蔽干扰离子。例如，用氟离子选择性电极测定自来水中氟离子，TISAB 由 1.0 mol/L 氯化钠、0.25 mol/L 醋酸、0.75 mol/L 醋酸钠和 1.0×10^{-3} mol/L 柠檬酸钠组成。

3. 标准加入法

标准加入法是将已知量的标准试样加入一定量的待测试样中后，测得试样量和标准试样的总响应值后，进行定量分析。由于标准溶液加入前后试液的性质（组成、活度系数、pH、干扰离子、温度等）基本不变，所以准确度较高。标准加入法比较适合用于组成较复杂以及非成批试样的分析。

（1）一次标准加入法。

一次标准加入法是指向被测溶液中只加一次标准溶液。设某一试液体积为 V_x，其待测离子 i 的总浓度为 C_x，测定电池电动势为 E_x，则

$$E_x = K_1 + S\lg(\gamma_i C_x)$$

式中 γ_i——待测离子的活度系数。

往试样溶液中准确加入一小体积 V_s（大约为 V_x 的 1/100）的标准溶液（用待测离子的纯物质配制），浓度为 C_s（大约为 C_x 的 100 倍）。搅拌均匀后，在相同条件下再测量电池电动势 E_{x+s}（ΔE 变化约 20 mV），则

$$E_{x+s} = K_2 + S\lg(\gamma_i' \frac{C_x V_x + C_s V_s}{V_x + V_s})$$

式中 γ_i'——待测离子的活度系数。

由于 $V_x \gg V_s$，可认为标准溶液加入前后溶液的组成、体积和离子强度基本不变，$\gamma_i \approx \gamma_i'$，$K_1=K_2$，$V_x + V_s \approx V_x$，则

$$\Delta E = E_{x+s} - E_x = \pm S\lg\frac{C_x V_x + C_s V_s}{C_x(V_x + V_s)}$$

$$\pm\Delta E / S = \lg\frac{C_x V_x + C_s V_s}{C_x V_x}$$

$$10^{\pm\Delta E/S} = \frac{C_s V_s}{C_x V_x} + 1$$

所以
$$C_x = \frac{C_s V_s}{V_x}(10^{\pm\Delta E/S} - 1)^{-1}$$

式中，右端指数项的符号，对阳离子取“+”，对阴离子取“-”；S 为电极的实际响应斜率，可从校准曲线的斜率求得，也可做这样一个实验得到：用空白溶液稀释已测得 E_x 的试样溶液恰好一倍，然后测出 $E_{稀}$，按能斯特方程可得

$$S = \frac{|E_{稀} - E_x|}{\lg 2} = \frac{|\Delta E|}{0.30}$$

（2）连续标准加入法*。

在测量过程中连续多次向一测量溶液中加入标准溶液，根据一系列的 E 值对相应的 V_s 值作图来求结果。该法的准确度比一次标准加入法高。

（二）电位滴定法

电位滴定法是在滴定过程中通过测量电极电位变化以确定滴定终点的容量分析方法。在滴定到达终点前后，滴液中的待测离子浓度往往连续变化 n 个数量级，引起电位的突跃，被测成分的含量仍然通过消耗滴定剂的量来计算。

1. 电位滴定法的特点

和直接电位法相比，电位滴定法不需要终点电位的准确数值，仅需注意终点前后电位的变化，因此，温度、液体接界电位的影响并不重要，其准确度优于直接电位法。

电位滴定的基本原理与普通容量分析相同，其区别在于确定终点的方法不同，因而具有下述特点：

（1）能用于难以用指示剂判断终点的浑浊或有色溶液的滴定。

（2）可用于浓度较稀的试液或滴定反应进行不够完全的情况。

（3）用于非水滴定。某些有机物的滴定需要在非水溶液中进行，一般缺少合适的指示剂，可采用电位滴定。

（4）灵敏度和准确度高，并可实现连续滴定和自动滴定。

2. 滴定终点的确定

电位滴定的基本仪器装置包括滴定管、滴定池、指示电极、参比电极、搅拌器，测电动势的仪器。电位滴定装置示意图如图 6-9 所示。

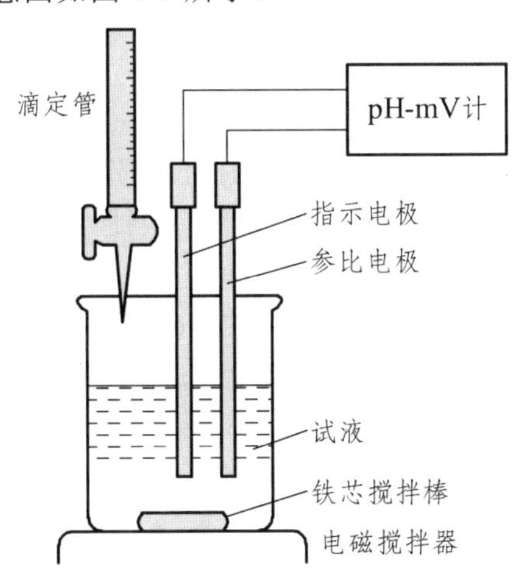

图 6-9　电位滴定装置示意图

进行电位滴定时，在被测溶液中插入一个指示电极和一个参比电极组成工作电池。随着滴定剂的加入，由于发生化学反应，被测离子浓度不断变化，指示电极的电位也相应地变化。电极电位发生突跃时，说明滴定到达终点。因此测量工作电池电动势的变化，可确定滴定终点。

确定电位滴定终点的方法有作图法、微商计算法和 Gran 作图法。

（1）作图法。

以电池电动势（或指示电极的电位）对加入的滴定剂体积作图，可得到 E-V 关系曲线。例如，以硝酸银标准溶液滴定氯化钠溶液，用银电极为指示电极，它的电位决定于溶液中 Ag^+

的活度（浓度），如图 6-10 所示。

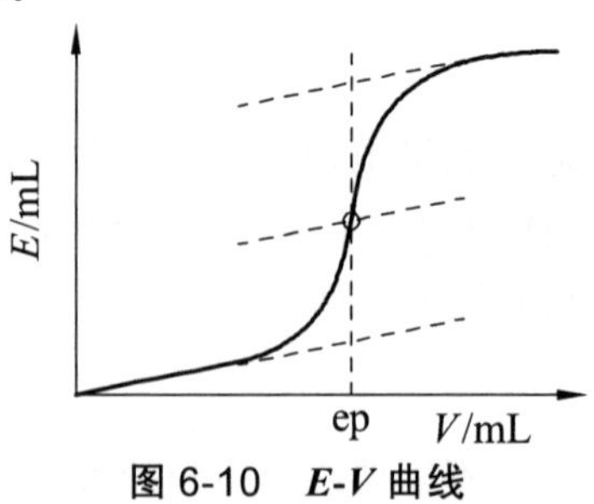

图 6-10　*E-V* 曲线

（2）微商计算法。

用微分曲线比普通滴定曲线更容易确定滴定终点。若突跃不明显，则可绘制如图 6-11（a）所示的 dE/dV 对 V 的一次微商曲线，曲线上将出现极大值。极大值对应的滴定体积即为终点。也可绘制 d^2E/dV^2 对 V 的二次微商曲线，见图 6-11（b），图中 d^2E/dV^2 等于零的点即为滴定终点。

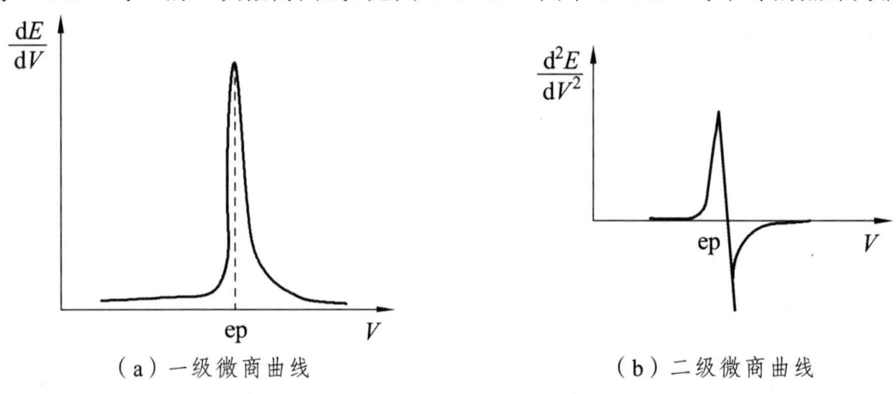

（a）一级微商曲线　　（b）二级微商曲线

图 6-11　微商曲线

作图或计算法手续较麻烦。如果使用全自动电位滴定仪，在滴定过程中可以自动绘出滴定曲线，自动找出滴定终点，自动给出滴定剂体积，快捷方便。

（3）Gran 作图法*。

Gran 作图法步骤和标准加入法相似，只是将 Nerst 方程以另外一种形式表示，并以作图的办法求出待测离子浓度。Gran 作图法对直接电位法和电位滴定法都适用，对于低浓度物质的测定更为合适。

在体积为 V_0、浓度为 C_x 的试样溶液中，加入体积 V_s、浓度 C_s 的待测离子标准溶液后，测得电动势 E_1 与 C_x、C_s 应符合如下关系：

$$E = K' + S\lg\gamma(C_xV_0 + C_sV_s)/(V_0 + V_s)$$

将此式重排，得

$$(V_0 + V_s)10^{E/S} = 10^{E/S}\cdot\gamma(C_xV_0 + C_sV_s)$$

式中 $10^{E/S}\cdot\gamma =$ 常数 $= k$，则

$$(V_0 + V_s)10^{E/S} = k(C_xV_0 + C_sV_s)$$

若每添加一次标准溶液，测一个 E，并计算出 $(V_0 + V_s)10^{E/S}$，以 $(V_0 + V_s)10^{E/S}$ 为纵坐标，以 V_s 为横坐标作图，如图 6-12 所示。将直线外延至与 V_s 相交于一点，该点即为滴定终点所对应的体积，此处横坐标为零，即 $(V_0 + V_s)10^{E/S} = 0$，故 $C_x = -C_sV_s/V_0$，因此，可求算 C_x。

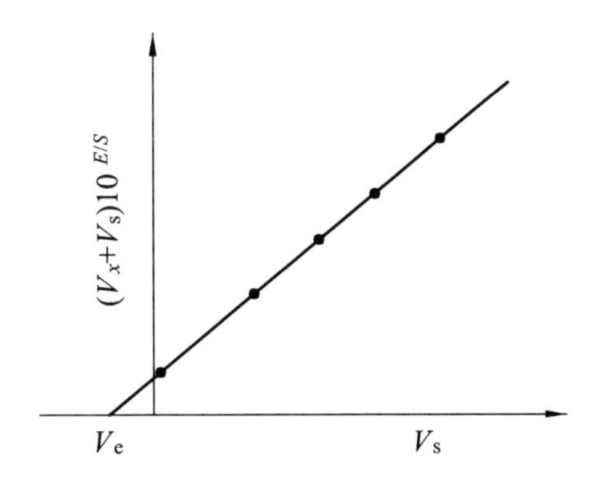

图 6-12 $(V_0+V_s)10^{E/S}$-V_s 曲线

3. 指示电极的选择

电位滴定的反应类型与容量分析完全相同。滴定时应根据不同的反应选择合适的指示电极。

（1）酸碱反应：滴定过程中溶液的氢离子浓度发生变化，可采用 pH 玻璃电极作为指示电极。

（2）沉淀反应：根据不同的沉淀反应，选择不同的指示电极。例如，以 $AgNO_3$ 标准溶液滴定 Cl^-、Br^-、I^-等离子，可用银电极作为指示电极。

（3）氧化还原反应：在滴定过程中，溶液中的氧化态和还原态的浓度比值发生变化，可采用铂电极作为指示电极。

（4）配合反应：利用配合反应进行电位滴定时，应根据不同的配合反应选择不同的指示电极。例如，用 EDTA 滴定金属离子时，可以用离子选择性电极作为指示电极。

第三节　电位法在药物分析中的应用

电位分析法的应用较广，它可用于环保、生物化学、临床化工和工农业生产领域中的成分分析，也可用于平衡常数的测定和动力学的研究等。电位法能用于小体积试液的测定，而且在有色或浑浊的试液中也能测定，用于定量分析具有线性范围宽（一般有 4～6 个数量级）、响应快、平衡时间较短（1～5 min）、灵敏度和选择性较高等优点，所需设备简单，操作方便，适用于流动分析和在线分析。它还可用作色谱分析的检测器。随着各种新型生物膜电极和微电极的出现，电位法用于药物、生物试样的分析已日益增加。

一、直接电位法在药物分析中的应用

直接电位法的基本理论已较成熟，其应用研究主要体现在指示电极的研究。指示电极的结构简单，使用方便，易实现微型化、多功能化和高度自动化，用于检测时无需或仅需简单的样品前处理，并可能实现定点检测。基于性能优异的指示电极，直接电位法将更多地在原料药和制剂分析、体内药物分析、新药研制和药品生产质量控制等方面得到应用。

（一）离子选择性电极

离子选择性电极是一种简单、迅速，能用于有色和浑浊溶液的非破坏性分析工具，它不要求复杂的仪器，可以分辨不同离子的存在形式，能测量少到几微升的样品，所以十分适用于野外分析和现场自动连续监测。与其他分析方法相比，它在阴离子分析方面特别具有竞争力。离子选择性电极的分析对象十分广泛，它已成功应用于环境监测、水质和土壤分析、临床化验、海洋考察、工业流程控制以及地质、冶金、农业、食品和药物分析等领域。

目前，几十种商品化离子选择性电极在生产实践中得到了广泛的应用。常用的离子选择性电极的应用见表 6-5。

表 6-5　离子选择性电极的应用

被测物质	离子选择电极	线性范围/mol·L^{-1}	适用的 pH 范围	应用举例
F^-	氟	$10^0 \sim 5\times10^{-7}$	5～8	水、牙膏、生物体液、矿物
Cl^-	氯	$10^{-2} \sim 5\times10^{-5}$	2～11	水、碱液、催化剂
CN^-	氰	$10^{-2} \sim 10^{-6}$	11～13	废水、废渣
NO	硝酸根	$10^{-1} \sim 10^{-5}$	3～10	天然水
H^+	pH 玻璃电极	$10^{-1} \sim 10^{-14}$	1～14	溶液酸度
Na^+	pNa 玻璃电极	$10^{-1} \sim 10^{-7}$	9～10	锅炉水、天然水
NH_3	气敏氨电极	$10^0 \sim 10^{-6}$	11～13	废气、土壤、废水
脲	气敏氨电极			生物化学
氨基酸	气敏氨电极			生物化学
K^+	钾微电极	$10^{-1} \sim 10^{-4}$	3～10	血清
Na^+	钾微电极	$10^{-1} \sim 10^{-3}$	4～9	血清
Ca^{2+}	钾微电极	$10^{-1} \sim 10^{-7}$	4～10	血清

离子选择性电极在一定 pH 范围内响应自由离子的活度，所以必须在试液中加入 TISAB。测定电位时应注意控制搅拌速度和选择合适的参比电极。溶液搅拌速度的快慢会影响电极的平衡时间，测定低浓度试液时搅拌速度应快一些，但不能使溶液中的气泡吸着在电极膜上。选择参比电极时应注意参比电极的内参比溶液是否干扰测定，若有干扰，应采用双液接型参比电极。

（二）药物膜电极

药物膜电极由于具有体积小、全固态制作方便等优点，易微型化、多功能化，主要用于临床监测和药物的生理动态研究。药物膜电极在分析中的应用参看表 6-6。

表 6-6　药物膜电极在分析中的一些应用

电极结构	活性物质	待测成分	线性范围/mol·L^{-1}	检测限/mol·L^{-1}	响应时间/s	响应速率/mV
A	四苯硼酸型	阿米替林	$1.0\times10^{-2}\sim2.8\times10^{-6}$	8.0×10^{-7}	20～120	58.4
A′	四苯硼酸型	阿米替林	$1.0\times10^{-2}\sim5.8\times10^{-6}$	1.5×10^{-6}	20～120	57.8
A	四苯硼酸型	可乐定	$1.0\times10^{-1}\sim2.0\times10^{-6}$	5.0×10^{-7}	30～180	57.1
A′	四苯硼酸型	左旋咪唑	$1.0\times10^{-1}\sim1.5\times10^{-6}$	4.2×10^{-6}	30～120	58.6
A	四苯硼酸型	普鲁卡因	$1.0\times10^{-1}\sim2.0\times10^{-6}$	7.9×10^{-6}	15	56.0
A	四苯硼酸型	维拉帕米	$1.0\times10^{-2}\sim6.0\times10^{-6}$	2.8×10^{-6}	20～60	68.1
A			$1.0\times10^{-2}\sim5.7\times10^{-6}$	2.5×10^{-6}		58.0
B			$1.0\times10^{-1}\sim2.6\times10^{-6}$	1.4×10^{-6}		56.4
B	四苯硼酸型	小檗碱等	$1.0\times10^{-1}\sim1.0\times10^{-5}$	$5.0\times10^{-5}\sim1.0\times10^{-7}$	5～30	50.0～60.0
B	四苯硼酸型	罂粟碱	$2.82\times10^{-2}\sim1.00\times10^{-6}$	3.30×10^{-7}	20	59.0
B	滇汞酸型	黄连素	$10^{-1}\sim5\times10^{-7}$	2.2×10^{-7}	5～20	56.0
B	Nafion	强力霉素氢化物	$10^{-2.7}\sim10^{-5.3}$	2.2×10^{-6}	30	52.0
C	硅钨酸型等	四环素类	$10^{-2}\sim10^{-5}$	$10^{-5}\sim5\times10^{-6}$		50～56
C	四苯硼酸型	阿托品等	$10^{-2}\sim10^{-5}$	$5\times10^{-1}\sim2\times10^{-6}$	5～30	57.3～59.2
C	硅钨酸型等	脱氢土霉素	10～0.1（mmol/L）	4×10^{-6}	10～60	58.0
C	四苯硼酸型	匹鲁卡品	$1.0\times10^{-2}\sim3.0\times10^{-5}$		10～40	
C	四苯硼酸型	四环素	$8.0\times10^{-3}\sim5.0\times10^{-6}$	2.0×10^{-7}	5～60	55.8
C	硅钨酸型	乌头碱	$10^{-2}\sim10^{-6}$		30～50	57.5
C	硅钨酸型	四环素	$10^{-2}\sim10^{-5}$	5.0×10^{-6}	90～120	55.3
C	四苯硼酸型	尼古丁	$10^{-1}\sim2.8\times10^{-5}$	2.8×10^{-5}	30～120	56±1
C	叶绿素 P667	黄连素	$10^{-2}\sim10^{-7}$		20～90	55.6
C	四苯硼酸型等	美西律	$1\times10^{-1}\sim1.5\times10^{-5}$	3.6×10^{-6}	30～120	56.7
C	三辛基甲基氯化铵型	黄芩甙	$2.0\times10^{-2}\sim5.0\times10^{-5}$	3.98×10^{-5}	300	62±1
C	四苯硼酸型	雷尼替丁	$3.0\times10^{-2}\sim3.0\times10^{-6}$		10	
C	四苯硼酸型	维拉帕米	$1.0\times10^{-2}\sim8.5\times10^{-6}$	4.2×10^{6}		57.7
C	四苯硼酸型	阿托品	$10^{-1}\sim10^{-5}$	10^{-6}	8～12	59.2
C	四苯硼酸型	奎宁	$10^{-2}\sim10^{-5}$	4×10^{-6}	10	40～60
C	十六烷基三辛基铵	苯妥英钠	$10^{-2}\sim3\times10^{-6}$			58.9
C	碘化汞	小檗碱等	$10^{-1}\sim3\times10^{-6}$			47～60
C	苦味酸型	麻黄碱	$10^{-3}\sim10^{-4}$		<60	53.5±0.5
C	苦味酸型	麻黄碱	$10^{-3}\sim10^{-6}$			54
C	四苯硼酸型	磷酸苯丙哌林	$1.0\times10^{-2}\sim3.0\times10^{-5}$	4.5×10^{-6}		

注：A—涂膜铂丝电极；A′—双层涂膜铂丝电极；B—涂膜碳电极；C—内参比药物膜电极。

（三）生物电极

生物电极是将生物体的成分（酶、抗原、抗体、激素等）或生物体本身（组织、细胞、细胞器等）作为敏感膜固定在基体电极上的传感器。这种电极对生物分子和有机物的检测具有高选择性或特异性。生物电极包括酶电极、组织电极、免疫电极和 DNA 电极等。

1. 酶电极

酶电极的分析原理是基于用电位法直接测量酶促反应中反应物的消耗或生成物的产生而实现对底物分析的一种分析方法。它将酶活性物质覆盖在电极表面，这层酶活性物质与被测的有机物或无机物（底物）反应，形成一种能被电极响应的物质。由于酶的专一性强，故酶电极的选择性特别好。目前已有几十种酶电极，它可以测一些生化体系的物质，如尿素、葡萄糖、氨基酸、胆固醇、青霉素、苦味仁苷等。例如，将固定化葡萄糖氧化酶凝胶膜包在极谱仪氧电极上，就构成酶电极，它放入葡萄糖溶液中可测定葡萄糖的含量。又如，尿素在尿素酶催化下发生下列反应：$NH_2CONH_2 + 2H_2O \xrightarrow{\text{尿素酶}} 2NH_4^+ + CO_3^{2-}$；氨基酸在氨基酸氧化酶催化下发生反应：$RCHNH_2COOH + O_2 + H_2O \xrightarrow{\text{氨基酸氧化酶}} RCOCOO^- + NH_4^+ + H_2O_2$，反应生成的 NH_4^+ 可用铵离子电极来测定。若将尿素酶涂在铵离子电极上则成为尿素电极，此电极插入含有尿液的试液中，可由于尿素分解出来的 NH_4^+ 的响应而间接测出尿素的含量。

2. 组织电极

组织电极是以生物组织内丰富存在的酶作为催化剂，利用电位法指示电极对酶促反应产物或反应物的响应，而实现对底物的测量。组织电极所使用的生物敏感膜可以是动物组织切片，如肾、肝、肌肉、肠黏膜等，也可以是植物组织切片，如植物的根、茎、叶等。使用组织切片作为生物传感器的敏感膜是基于组织切片有很高的生物选择性。例如，用尼龙网将兔肝组织切片固定在氨气敏电极表面测定鸟嘌呤；将香蕉与碳糊混合制成的组织电极可以测定多巴胺的含量；将猪肾切片粘接在氨电极表面制成的生物电极可测谷氨酰胺含量等。组织电极中的组织切片的厚度对电极响应有一定的影响。一些组织电极的酶源和测定对象列入表 6-7。

表 6-7　一些组织电极的酶源和测定对象

组织酶原	测定对象
猪肝	丝氨酸、L-谷氨酰胺
兔肝	鸟嘌呤
鱼肝	尿酸 L-谷氨酰胺
猪肾	嘌呤、儿茶酚胺
鼠脑	儿茶酚胺
鱼鳞	儿茶酚胺
土豆	L-抗坏血酸
生姜	儿茶酚
烟草	儿茶酚、草酸
香蕉	

有些组织电极并不是基于酶反应，而是基于组织切片的膜传输性质。例如，将蟾蜍组织切片贴在 Na^+选择性电极上，可用于抗利尿激素的检测。其原理是该激素能打开蟾蜍组织切片中的 Na^+通道，使 Na^+可以穿过膜而达到 Na^+指示电极的表面。Na^+的流量与抗利尿激素的浓度相关。

3. 免疫电极

生物中的免疫反应具有很高的特异性。电位法免疫电极检测免疫反应原理是：抗体与抗原结合后的电化学性质与单一抗体或抗原的电化学性质发生了较大的变化。将抗体（或抗原）固定在膜或电极的表面，与抗原（或抗体）形成免疫复合物后，膜中电极表面的物理性质，如表面电荷密度、离子在膜中的扩散速度，发生了改变，从而引起了膜电位或电极电位的改变。例如，将人绒毛膜促性腺激素（hCG）的抗体通过共价交联的方法固定在二氧化钛电极上，形成检测 hCG 的免疫电极。当该电极上 hCG 抗体与被测液中的 hCG 形成免疫复合物时，电极表面的电荷分布发生变化。该变化通过电极电位的测量反映出来。同样，抗体也可以交联在乙酰纤维素膜上形成免疫电极。

4. 微生物电极

微生物电极的分子识别部分是由固定化的微生物构成。这种生物敏感膜的主要特征是：① 微生物细胞内含有活性很高的酶体系。② 微生物的可繁殖性使该生物膜获得长期可保存的酶活性，从而延长了传感器的使用寿命。例如，将大肠杆菌固定在二氧化碳气体敏感电极上，可实现对赖氨酸的检测分析；将球菌固定在氯气体敏感电极上，可实现对精氨酸的检测。微生物菌体系含有天然的多酶系列，活性高，可活化再生，稳定性好，作为生物膜传感器，具有广泛的应用和开发前景。表 6-8 列出了一些电位法微生物电极。

表 6-8　一些电位法微生物电极

被测物	微生物	基础电极
头孢菌素	弗氏柠檬酸杆菌	玻璃电极
精氨酸	链球菌	氨电极
天冬氨酸	短杆菌	氨电极
赖氨酸	大肠杆菌	二氧化碳电极
谷氨酸	大肠杆菌	二氧化碳电极
谷氨酰胺	黄色八叠球菌	氨电极

二、电位滴定法在药物分析中的应用

电位滴定法是利用指示剂进行容量分析的补充，它的灵敏度高于普通的容量分析，但滴定终点的确定不如指示剂法直观、简单。滴定时使用 pH 计的毫伏标度比 pH 标度更好。

饱和甘汞电极是常用的参比电极，选配不同的指示电极，电位滴定法可以进行酸碱滴定、氧化还原滴定、配合滴定和沉淀滴定。酸碱滴定时使用 pH 玻璃电极为指示电极；在氧化还原滴定中，常用零类电极，如惰性 Pt 电极等作为指示电极；在配合滴定中，常用第三类电极中的 pM 电极和离子选择电极作为指示电极，例如，用 EDTA 做滴定剂，可以用光度电极或汞电极作为指示电极；在沉淀滴定中，指示电极通常用 Ag 电极、Hg 电极或氯、碘等离子选择电极。

在沉淀滴定法和氧化还原滴定法中，因为缺少指示剂，电位滴定法比指示剂法用得更广泛。电位滴定法还可进行连续滴定，例如，用高锰酸钾连续滴定溶液中不同价态的钒。

（一）酸碱滴定

在酸碱滴定中，电位滴定法能滴定较弱酸，它还能在同一样品中连续滴定两种以上的酸。用电位滴定法来确定非水滴定终点较合适。非水滴定法主要用来测定有机碱及其氢卤酸盐、磷酸盐、硫酸盐或有机酸盐，以及有机酸碱金属盐类药物的含量，也用于测定某些有机弱酸的含量。该法大多用于测定药物活性成分的含量以及用于药物合成的原料药品的含量测定和纯度控制，例如，阿司匹林中的乙酰水杨酸或复合维生素片剂中的维生素 C。该法还用于药物合成的药物添加剂的含量测定和纯度控制。

酸碱滴定是医药行业用得最多的滴定。一个典型的例子就是盐酸麻黄碱的纯度控制，该成分通常出现在咳嗽糖浆中，用以治疗支气管哮喘。其含量的测定是在含有无水醋酸和醋酸汞的有机溶剂中，用高氯酸做滴定剂进行滴定。

$$2R-NH_3^+-Cl^- + Hg(OAc)_2 = 2R-NH_2 + HgCl_2 + 2HOAc$$

$$R-NH_2 + HClO_4 = R-NH_3^+-ClO_4^-$$

使用高氯酸的冰醋酸非水溶液为滴定剂测定的药物还有：克霉唑、双氯芬酸钠、盐酸苯海拉明、硝西泮、硝酸士的宁（番木鳖碱单硝酸盐）、硝酸毛果芸香碱、硝酸咪康唑、硝酸益康唑、硝酸硫胺、硫酸吗啡、硫酸沙丁胺醇、硫酸阿托品、硫酸奎尼丁片、硫酸胍乙啶、硫酸特布他林等。

在非水介质中用 NaOH 为滴定剂来测试的药物有布洛芬、硫酸苯丙胺等。

可用非水滴定测试的药物还有：盐酸麻黄碱、盐酸氟桂利嗪、苯磺酸左旋氨氯地平、氧氟沙星、乙氧基喹啉、凝血酸、盐酸萘替芬、德福韦酯、盐酸曲普立啶等。

（二）氧化还原滴定

氧化还原滴定通常用来检测原料、填充物和防腐剂的纯度。氧化还原滴定可分成碘量法、铈量法、溴量法和重氮化法滴定等。碘量法滴定可以测定某些具有氧化或还原性质的物质，主要用碘或硫代硫酸钠作为滴定剂进行滴定。而重氮化法滴定主要分析含有芳伯胺类药物，或水解、还原后具有芳伯胺结构的药物。

氧化还原滴定应用举例：

1. 碘量法

直接碘量法是用碘滴定液直接滴定的方法。用于测定具有较强还原性的药物，如维生素 C、青霉素类药物等。I_2 作为氧化剂氧化被测定的药物，本身被还原为 I^-。直接碘量法只能在酸性、中性或弱碱性溶液中进行，如果溶液 pH＞9，则要发生副反应。

间接碘量法是在供试品中先加入一定量、过量的碘滴定液，待 I_2 与测定组分反应完全后，再用硫代硫酸钠滴定剩余的碘，根据与药物作用的碘的量来计算药物含量的方法。

2. 铈量法

铈量法是一种应用硫酸铈作为滴定剂的氧化还原滴定法。Ce^{4+}容易水解，所以铈量法要求在酸性溶液中进行。铈量法可用于葡萄糖酸亚铁片的含量及硝苯地平片的含量测定。

3. 溴量法

溴量法使用两种滴定液，一种是 $Na_2S_2O_3$ 滴定液，它的配制、标定与碘量法相同；另一种是 Br_2 滴定液，通常是按 $KBrO_3$ 与 KBr 质量比为 1∶5 配制的水溶液，Br_2 滴定液的浓度用置换碘量法标定。

溴量法主要用来测定能和 Br_2 发生溴代反应或能被溴氧化药物的含量，如司可巴比妥钠的含量测定、盐酸去氧肾上腺素的含量测定等。

4. 亚硝酸钠滴定法（也称重氮化法）

亚硝酸钠滴定法是利用亚硝酸钠在盐酸存在下可与具有芳伯胺基的化合物（如普鲁卡因胺、对乙酰氨基酚等）发生重氮化反应，定量生成重氮盐，根据亚硝酸钠的消耗量可计算药物有效成分的含量。滴定反应如下：

$$Ar—NH_2+NaNO_2+2HCl \longequal Ar—N_2+Cl^-+NaCl+2H_2O$$

用重氮化法可测定间氨基酚的含量，测定通常用亚硝酸钠作为滴定剂，在溴化钾存在的条件下，在酸性环境中与芳胺类化合物进行反应，反应步骤如下：

$$R—NH_2+HNO_2+HBr = [R—N\equiv N^+]Br^-+2H_2O$$

制药行业中，可用氧化还原滴定分析的还有：青霉素抗生素类药物、西罗莫司口服溶液剂的过氧化值、安乃近片的含量、硝酸纤维素中氮含量等。

（三）沉淀滴定

某些药品由于其结构的关系，在滴定过程中会有沉淀析出。例如，氯化亚苄翁通常用四苯基硼酸钠或十二烷基磺酸钠作为滴定剂，硫酸软骨素钠通常用氯化十六烷基吡啶作为滴定剂，用光度电极就可以进行滴定。而对于氯离子的测定，一般用银电极作为指示电极，用硝酸银作为滴定剂。

制药行业中，可用沉淀滴定分析的还有：维生素 B_1 含量、硝普钠（亚硝基铁氰化钠）含量、羟乙酸淀粉钠中氯化钠的含量、安命注射液中氯离子含量、注射液中氯化钠含量等。

（四）配位滴定

配位滴定主要用于测定药物中的金属离子含量，如保健品中的一大类补钙剂（硬脂酸钙、葡萄糖酸钙等）的有效成分钙含量的测定，以及其他碱金属或碱土金属离子的测定，通常用 EDTA 做滴定剂。

（五）恒 pH 滴定

恒 pH 滴定主要用于鉴定药品、检测酶制品纯度以及研究化学反应动力学。恒 pH 表示 pH

恒定，即在某一特定时段内保持 pH 恒定。这项技术尤其被用于测定诸如酶的活性等反应动力学参数。生成或消耗 H^+的酶反应可以通过 pH 电极来跟踪。这些生成或被消耗的 H^+可以通过分别添加一定量的碱或酸来中和，由此来控制使 pH 恒定。滴定剂的添加速率与被测样品（如酶）的反应速率成正比。例如，恒 pH 滴定（pH=3.5）方法测定氨基酸的活性，恒 pH 滴定测定脂肪酶的活性、酶反应动力学等。

恒 pH 滴定在制药工业中的另一个应用领域则是用来测定解酸药的缓冲能力、溶解速率等。解酸药作为治疗用剂被用来中和过多胃酸或是由肠功能紊乱引起的肠酸过多。这类抗酸剂有氢氧化镁、氧化镁、碳酸镁、硅酸镁、氢氧化铝、磷酸铝和硅酸铝镁等。解酸药必须要能够在约 1 h 的平均停留时间内保持胃部或肠部的 pH 恒定。这就意味着测定反应速率、酸中和能力、缓冲能力等特性是非常重要的。

习　题

1．电位分析法的理论基础是什么？它可以分成哪两类分析方法？它们各有何特点？

2．离子选择电极分哪几类？各举一例说明并写出其离子选择性电极的能斯特方程。

3．写出溶液中存在主响应离子 A^{z+}和干扰离子 B^{z+}时，A^{z+}离子选择性电极的能斯特方程，并说明各符号的意义。

4．试述 pH 玻璃电极的响应机理。解释 pH 的操作性实用定义。

5．何谓总离子强度调节缓冲剂？测定 F^-浓度时，在溶液中加入 TISAB 的作用是什么？

6．用电位法如何测定酸（碱）溶液的电离常数、配合物的稳定常数及难溶盐的 K_{sp}?

7．pH 玻璃电极与饱和甘汞电极组成测量电池，298 K 时若测得 pH 5.00 标准缓冲溶液的电动势为 0.218 V。若用未知 pH 溶液代替标准缓冲溶液，测得三个未知 pH 溶液的电动势分别为：（1）0.060 V；（2）0.328 V；（3）−0.019 V。试计算每个未知溶液的 pH。

8．用氟离子选择电极测定牙膏中 F^-含量。称取 0.200 g 牙膏并加入 50 mL TISAB 试剂，搅拌、微沸，冷却后移入 100 mL 容量瓶中，用蒸馏水稀释至刻度。移取其中 25.0 mL 于烧杯中测得其电位值为 0.155 V，加入 0.10 mL 0.50 mg/mL F^-标准溶液，测得电位值为 0.134 V。该离子选择电极的斜率 59.0 mV/pF^-。试计算牙膏中氟的质量分数。

9．准确移取 50.00 mL 含 NH_4^+的试液，经碱化后（若体积不变）用气敏氨电极测得其电位为−80.1 mV。若加 1.00×10^{-3} mol/L 的 NH_4^+标准溶液 0.50 mL，测得电位值为−96.1 mV。然后在此溶液中再加入离子强度调节剂 50.00 mL，测得其电位值为−78.3 mV。计算试液中的 NH_4^+浓度为多少（单位：μg/mL）。

10．用氰离子选择电极测定 CN^-和 I^-混合液中 CN^-浓度。该电极适用的 pH 范围为 11～12。现移取试液 100.0 mL，在 pH 为 12 时测得电位值为−251.8 mV。然后用固体试剂调节试液至 pH=4（此时，CN^-完全以 HCN 形式存在），测得电位值为−235.0 mL。若向 pH=4 的该试液中再加 1.00 mL 9.00×10^{-4} mol/L 的 I^-标准溶液，测得电位值为−291.0 mV。已知该电极的响应斜率为 56.0 mV/pCN^-，$K_{CN^-,I^-}=1.2$。请计算混合试液中 CN^-的浓度。

第七章 核磁共振波谱法

【教学要求】

（1）了解核磁共振谱的基本原理、基本概念和氢谱、碳谱之间的区别。

（2）理解核磁共振谱的化学位移、偶合裂分、积分高度与化合物结构的关系。

（3）熟悉核磁共振氢谱和碳谱的解析方法。

【思 考】

（1）是不是所有原子核都有自旋现象和核磁共振信号？

（2）自旋核在外磁场 B_0 中的运动是如何的？

（3）什么是核磁共振现象？

（4）弛豫过程分为哪两种？其对核磁共振信号的影响是什么？

（5）化学位移是怎么产生的？它和哪些因素有关？

（6）什么是自旋偶合和自旋裂分？

（7）自旋裂分的一般规律是什么？

（8）什么是化学等价和磁等价？化学等价的核一定磁等价吗？

（9）如何解析一级谱图和简化高级谱图？

（10）核磁共振氢谱和碳谱的化学位移有哪些相似性？

将具有磁矩的原子核放入磁场后，用适当频率的电磁波照射，若其能量恰好等于原子核相邻 2 个能级之差，则该核就可能吸收能量（称为共振吸收），发生原子核能级跃迁（即从低能级跃迁至高能级），同时产生核磁共振信号，得到核磁共振谱。这种方法称为核磁共振波谱法（nuclear magnetic resonance spectroscopy，NMR）。

1946 年，斯坦福大学的 F. Bloch（布洛赫）用感应法观测到液态水的核磁共振现象，几乎同时，哈佛大学的 E. M. Purcell（波塞尔）用吸收法观测到石蜡中质子的核磁共振信号。他们二人因此共同获得 1952 年诺贝尔物理学奖。20 世纪 80 年代，R. R. Ernst（能斯特）完成了在核磁共振发展史上具有里程碑意义的一维、二维以及多维脉冲傅里叶变换核磁共振的相关理论，为脉冲傅里叶变换核磁共振技术的不断发展奠定了坚实的理论基础，因此成为唯一一位因为在核磁共振方面的突出贡献而获得 Nobel 化学奖的科学家。

核磁共振波谱法是结构分析的重要根据之一，在化学、生物、医学、制药、临床等研究工作中得到了广泛的应用。

目前，核磁共振波谱法已成为鉴定化合物结构及研究化学动力学等的重要手段和方法之一，在化学、生物、医学、制药、临床等研究工作中得到了广泛的应用，其中，最常用的是 ^{1}H 核和 ^{13}C 核的共振吸收谱。

第一节　核磁共振的基本原理

一、原子核的自旋和磁矩

有自旋现象的原子核，应具有自旋角动量（P）。由于原子核是带正电的粒子，故在自旋时产生磁矩 μ，如图 7-1（a）所示。磁矩的方向可用右手定则确定，如图 7-1（b）所示。由此可将自旋的原子核看作一个小磁棒，如图 7-1（c）。

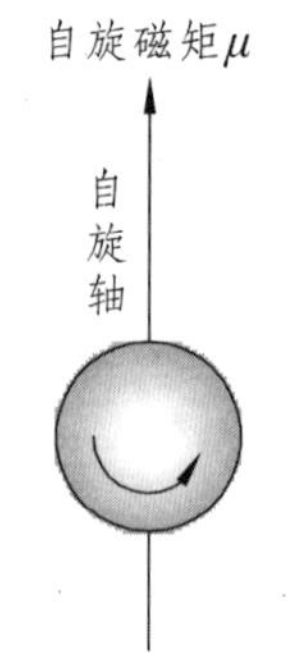

（a）原子核自旋和磁矩

（b）右手定则

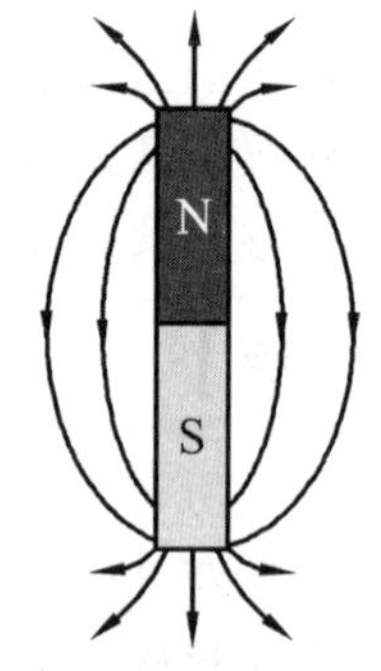

（c）与自旋核相似的磁棒

图 7-1　右手定则判定核自旋产生的磁矩方向

磁矩 $\boldsymbol{\mu}$ 和角动量 $\boldsymbol{P}$ 都是矢量，方向相互平行，且磁矩与角动量成正比，如下式所示：

$$\mu = \gamma \cdot P \tag{7-1}$$

式中　γ——磁旋比（magnetogyric ratio），有时也被称为旋磁比（gyromagnetic ratio），不同的核具有不同的磁旋比。

核的自旋角动量是量子化的，可用自旋量子数 I 表示。P 的数值与 I 的关系如下式所示：

$$P = \sqrt{I(I+1)} \cdot \frac{h}{2\pi} \tag{7-2}$$

I 可以为 0，$\frac{1}{2}$，1，$1\frac{1}{2}$，…。很明显，当 $I=0$ 时，$P=0$，即原子核没有自旋现象。只有当 $I>0$ 时，原子核才有自旋角动量和自旋现象。

实验证明，自旋量子数 I 与原子的质量数（A）及原子序数（Z）有关，如表 7-1 所示。

表 7-1　自旋量子数与原子的质量数及原子序数的关系

质量数 A	原子序数 Z	自旋量子数 I	自旋核电荷分布	NMR 信号	原子核
偶数	偶　数	0	—	无	$^{12}_{6}C$，$^{16}_{8}O$，$^{32}_{16}S$
奇数	奇数或偶数	$\frac{1}{2}$	呈球形	有	$^{1}_{1}H$，$^{13}_{6}C$，$^{19}_{9}F$，$^{15}_{7}N$，$^{31}_{15}P$
奇数	奇数或偶数	$\frac{3}{2},\frac{5}{2},\cdots$	扁平椭圆形	有	$^{17}_{8}O$，$^{32}_{16}S$
偶数	奇　数	1，2，3	伸长椭圆形	有	$^{1}_{1}H$，$^{14}_{7}N$

从表中可以看出，质量数和原子序数均为偶数的核，自旋量子数 $I=0$，即没有自旋现象。当自旋量子数 $I=1/2$ 时，核电荷呈球形分布于核表面，它们的核磁共振现象较为简单，是目前研究的主要对象。属于这一类的原子核主要有 ${}_{1}^{1}H$、${}_{6}^{13}C$、${}_{7}^{15}N$、${}_{9}^{19}F$、${}_{15}^{31}P$。其中研究最多、应用最广的是 ^{1}H 和 ^{13}C 核磁共振谱。

二、自旋核在外磁场 B_0 中的运动——进动

当自旋核置于外磁场 B_0 中，自旋核的行为就像一个在地心引力场中的陀螺。

自旋量子数 $I=1/2$ 的原子核的运动情况如图 7-2 所示。核的自旋轴与外磁场（B_0）方向有一定的夹角 θ，自旋轴绕外磁场方向发生回旋。外磁场方向称为回旋轴（铅直轴），自旋核的这种运动就叫做进动（precession）或拉莫尔进动（Larmor precession）。核回旋的频率（ν_0）叫做进动频率（拉莫尔频率），与外磁场强度（B_0）成正比，如下式所示，γ 为核的磁旋比。

$$\nu_0 = \frac{\gamma}{2\pi} \cdot B_0 \tag{7-3}$$

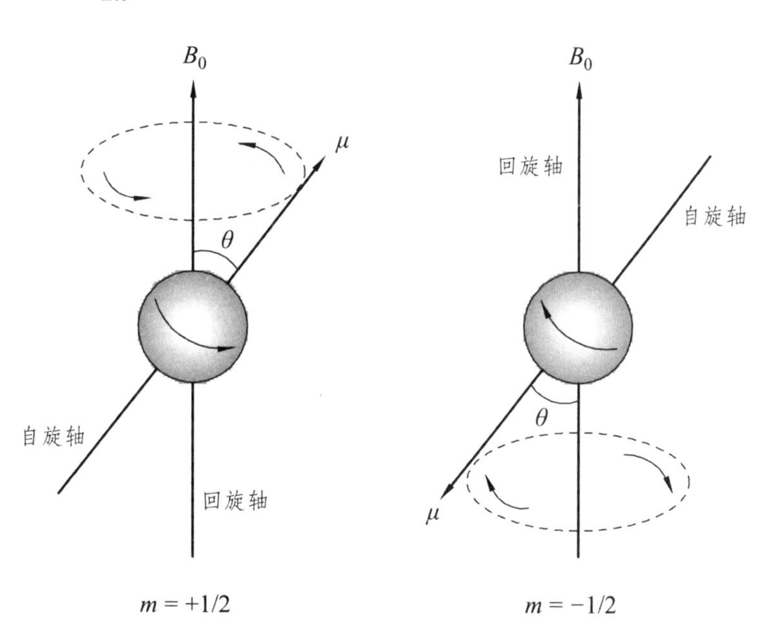

图 7-2 自旋量子数 $I=1/2$ 的自旋核在外磁场（B_0）中的运动状态

三、自旋磁矩的空间取向量子化

若将自旋核放入场强为 B_0 的磁场中，由于磁矩与磁场相互作用，核磁矩相对外加磁场有不同的取向。按照量子力学原理，它们在外磁场方向的投影是量子化的，可用磁量子数 m 描述。m 可取下列数值：$m=I, I-1, I-2, \cdots, -I$。如图 7-3（a）所示，$I$ 为 1/2 的核就有两种不同的自旋状态：顺着外磁场（B_0）方向进动（$m=+1/2$）、逆着外磁场（B_0）方向进动（$m=-1/2$），所以，其自旋磁矩在空间就有两种取向。而 I 为 1 的核自旋磁矩的空间取向有三种（$m=I, I-1, I-2, \cdots, -I$），如图 7-3（b）所示。

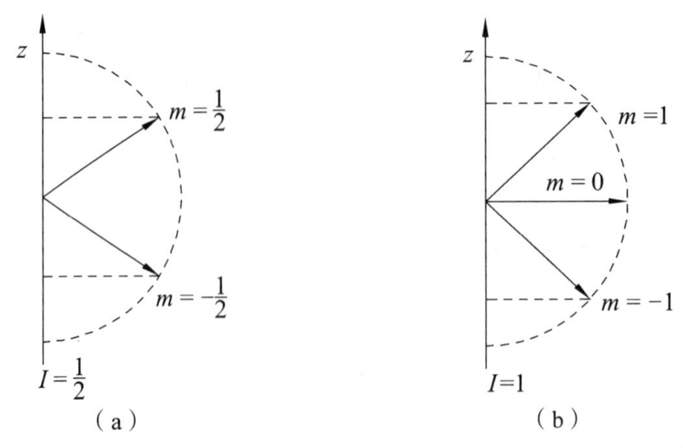

图 7-3　在外磁场（B_0）中，原子核自旋磁矩的空间取向量子化

自旋量子数为 I 的核在外磁场中可有（$2I+1$）个取向，每种取向各对应一定的能量。对于具有自旋量子数 I 和磁量子数 m 的核，量子能级的能量可用下式确定：

$$E=-\frac{m\mu}{I}\beta B_0 \tag{7-4}$$

式中　B_0——外加磁场强度，T；

β——常数，称为核磁子，等于 5.049×10^{-27} J · T^{-1}；

μ——以核磁子单位表示的核的磁矩，质子的磁矩为 2.7927β。

^1H 在外加磁场中只有 $m=+\frac{1}{2}$ 及 $m=-\frac{1}{2}$ 两种取向，这两种状态的能量分别为

当 $m=+\frac{1}{2}$　　$E_{+1/2}=-\frac{m\mu}{I}\beta B_0=-\frac{\frac{1}{2}(\mu\beta B_0)}{\frac{1}{2}}=-\mu\beta B_0$

当 $m=-\frac{1}{2}$　　$E_{-1/2}=-\frac{m\mu}{I}\beta B_0=-\frac{\left(-\frac{1}{2}\right)(\mu\beta B_0)}{\frac{1}{2}}=+\mu\beta B_0$

对于低能态（$m=+\frac{1}{2}$），核磁矩方向与外磁场同向；对于高能态（$m=-\frac{1}{2}$），核磁矩方向与外磁方向相反，见图 7-3，其高低能态的能量差由下式确定：

$$\Delta E=E_{-1/2}-E_{+1/2}=2\mu\beta B_0 \tag{7-5}$$

一般来说，自旋量子数 I 的核，其相邻两能级之差为

$$\Delta E=\mu\beta\frac{B_0}{I} \tag{7-6}$$

四、核磁共振

如果以射频照射处于外磁场 B_0 中的原子核，且射频频率 ν 恰好满足下式所示的关系时：

$$h\nu=\Delta E \quad 或 \quad \nu=\mu\beta\frac{B_0}{Ih} \tag{7-7}$$

处于低能态的核将吸收射频能量而跃迁至高能态。这种现象称为核磁共振现象。

由式（7-7）可知：

（1）对自旋量子数 $I=1/2$ 的同一核来说，因磁矩 μ 为一定值，β 和 h 又为常数，所以发生共振时，照射频率 ν 的大小取决于外磁场强度 B_0 的大小。在外磁场强度增加时，为使核发生共振，照射频率也相应增加；反之，则减小。例如，若将 ^{1}H 核放在磁场强度为 1.409 2 T 的磁场中，由于 ^{1}H 的磁矩 μ=2.79 核磁子，1 核磁子单位=5.05×10^{-27} J · T^{-1}，h（普朗克常量）= 6.63×10^{-34} J · s，则发生核磁共振时的照射频率必须为

$$\nu_{共振} = \frac{2.79\times5.05\times10^{-27}\times1.4092}{\frac{1}{2}\times6.6\times10^{-34}} \approx 60\times10^6\ \text{Hz}$$

$$= 60\ \text{MHz}$$

如果将 ^{1}H 放入场强为 4.69 T 的磁场中，则可知共振频率 $\nu_{共振}$ 应为 200 MHz。

（2）对 $I=1/2$ 的不同核来说，若同时放入一固定磁场强度的磁场中，则共振频率 $\nu_{共振}$ 取决于核本身磁矩的大小。μ 大的核，发生共振时所需的照射频率也大；反之，则小。例如，^{1}H 核、^{19}F 核和 ^{13}C 核的磁矩分别为 2.79、2.63、0.70 核磁子，在场强为 1 T 的磁场中，其共振时的频率分别为 42.6 MHz、40.1 MHz、10.7 MHz。

（3）同理，若固定照射频率，改变磁场强度，对不同的核来说，磁矩大的核，共振所需磁场强度将小于磁矩小的核。例如，$\mu_H > \mu_F$，则 $B_H < B_F$。表 7-2 列出了常见核的某些物理数据。

表 7-2　几种原子核的某些物理数据

核	自然界丰度/%	4.69 T 磁场中 NMR 频率/MHz	磁矩/核磁子	自旋量子数	相对灵敏度
^{1}H	99.98	200.00	2.7927	1/2	1.000
^{13}C	1.11	50.30	0.7021	1/2	0.016
^{19}F	100	188.25	2.6273	1/2	0.83
^{31}P	100	81.05	1.1305	1/2	0.066

五、在 NMR 中的弛豫过程

如前所述，^{1}H 核在磁场作用下，被分裂为 $m=+\frac{1}{2}$ 和 $m=-\frac{1}{2}$ 两个能级，处在较稳定的 $+\frac{1}{2}$ 能级的核比处在 $-\frac{1}{2}$ 能级的核稍多一点。处于高、低能态核数的比例服从波尔兹曼分布：

$$\frac{N_j}{N_0} = e^{-(\Delta E/kT)} \tag{7-8}$$

式中　N_j，N_0——处于高能态和低能态的氢核数；

ΔE——两种能态的能级差；

k——波尔兹曼常数；

T——绝对温度。

若将 10^6 个质子放入温度为 25 °C、磁场强度为 4.69 T 的磁场中，则处于低能态的核与处于高能态的核的比为

$$\frac{N_j}{N_0} = e^{-\left[\frac{2\times 279\ K\times(5.05\times 10^{-27})J\cdot T^{-1}\times 4.69\ T}{1.38\times 10^{-23}\ J\cdot K^{-1}\times 293K}\right]}$$

$$\frac{N_j}{N_0} = e^{-3.27\times 10^{-5}} = 0.999\,967$$

则处于高、低能级的核数分别为

$$N_j \approx 499992$$

$$N_0 \approx 500008$$

即处于低能级的核比处于高能级的核只多 16 个。

若以合适的射频照射处于磁场中的核，核吸收外界能量后，由低能态跃迁到高能态，其净效应是吸收，产生共振信号。此时，^{1}H 核的波尔兹曼分布被破坏。当数目稍多的低能级核跃迁至高能态后，从 $+\frac{1}{2} \to -\frac{1}{2}$ 的速率等于从 $-\frac{1}{2} \to +\frac{1}{2}$ 的速率时，试样达到“饱和”，不能再进一步观察到共振信号。为此，被激发到高能态的核必须通过适当的途径将其获得的能量释放到周围环境中去，使核从高能态降回到原来的低能态，产生弛豫过程（relaxation）。就是说，弛豫过程是核磁共振现象发生后得以保持的必要条件。否则，信号一旦产生，将很快达到饱和而消失。由于核外被电子云包围，所以它不可能通过核间的碰撞释放能力，而只能以电磁波的形式将自身多余的能量向周围环境传递。

在 NMR 中有两种重要的弛豫过程：自旋-晶格弛豫和自旋-自旋弛豫。

1. 自旋-晶格弛豫 (spin-lattic relaxation)

自旋核都是处在晶格包围之中的。核外围的晶格是指同分子或其他分子中的磁性核（如带有未成对电子的原子、分子和铁磁性物质等）。晶格中的各种类型磁性质点对应于共振核作不规则的热运动，形成一频率范围很大的杂乱的波动磁场，其中必然存在与共振频率相同的频率成分，高能态的核可通过电磁波的形式将自身能量传递到周围的运动频率与之相等的磁性粒子（晶格），核回到低能态。于是对全体核而言，总的能量是下降了，故又称为纵向弛豫（longitudinal relaxation）。

自旋-晶格弛豫过程所经历的时间以 T_1 表示，T_1 越小，纵向弛豫过程的效率越高，越有利于核磁共振信号的测定。气体、液体的 T_1 约为 1 s，固体和高黏度的液体 T_1 较大，有的甚至可达数小时。

2. 自旋-自旋弛豫 (spin-spin relaxation)

两个进动频率相同、进动取向不同的磁性核，即两个能态不同的相同核，在一定距离内会相互交换能量，改变进动方向，这就是自旋-自旋弛豫。这时系统的总能量未变，但此核处在某一固定能态的寿命却因此变短，故又称为横向弛豫（transverse relaxation）。

自旋-自旋弛豫时间以 T_2 表示，一般气体、液体的 T_2 也是 1 s 左右。固体和高黏度试样中，由于各个核的相互位置比较固定，有利于相互间能量的转移，故 T_2 极小，约为 10^{-4}～10^{-5} s。即在固体中各个磁性核在单位时间内迅速往返于高能态与低能态之间，其结果是使共振吸收峰的宽度增大，分辨率降低。因此，固体试样宜先配成溶液后再进行核磁共振分析。

第二节　核磁共振波谱仪

按工作方式，可将高分辨率核磁共振仪分为两种类型：连续波核磁共振波谱仪和脉冲傅里叶变换核磁共振波谱仪。

一、连续波核磁共振波谱仪

图 7-4 是连续波核磁共振波谱仪（continuous wave NMR，CW-NMR）的基本结构示意图。它主要由下列部件组成：磁铁，探头，射频和音频发射单元，频率和磁场扫描单元，信号放大、接受和显示单元。后三个部件装在波谱仪内。

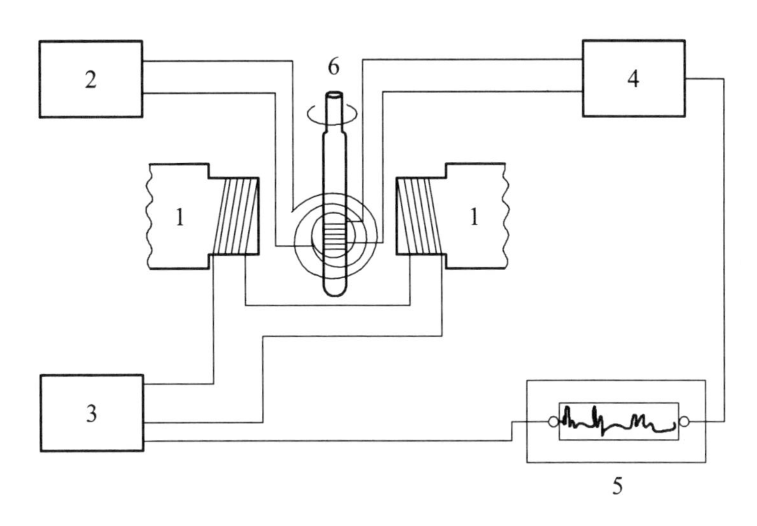

图 7-4　连续波核磁共振波谱仪基本结构示意图

1—磁铁；2—射频振荡器；3—扫描发生器；4—检测器；5—记录器；6—样品管.

1. 磁　铁

磁铁是核磁共振仪最基本的组成部件。要求磁铁能提供强而稳定、均匀的磁场。核磁共振仪使用的磁铁有三种：永久磁铁、电磁铁和超导磁铁。由永久磁铁和电磁铁获得的磁场一般不能超过 2.5 T，而超导磁体可使磁场高达 10 T 以上，并且磁场稳定、均匀。目前超导核磁共振仪一般在 200～400 MHz，最高可达 600 MHz。但超导核磁共振仪价格高昂，目前使用还不十分普遍。

2. 探　头

探头装在磁极间隙内，用来检测核磁共振信号，是仪器的心脏部分。探头除包括试样管外，还包括发射线圈、接受线圈以及弛豫放大器等元件。待测试样放在试样管内，再置于绕有接受线圈和发射线圈的套管内。磁场和频率源通过探头作用于试样。

为了使磁场的不均匀性产生的影响平均化，试样探头还装有一个气动涡轮机，以使试样管能沿其纵轴以每分钟几百转的速度旋转。

3. 波谱仪

（1）射频源和音频调制。

高分辨波谱仪要求有稳定的射频频率和功能。为此，仪器通常采用恒温下的石英晶体振荡器得到基频，再经过倍频、调频和功能放大得到所需要的射频信号源。

为了提高基线的稳定性和磁场锁定能力，必须用音频调制磁场。为此，从石英晶体振荡器中得到音频调制信号，经功率放大后输入探头调制线圈。

（2）扫描单元。

核磁共振仪的扫描方式有两种：一种是保持频率恒定，线形地改变磁场，称为扫场；另一种是保持磁场恒定，线形地改变频率，称为扫频。许多仪器同时具有这两种扫描方式。扫描速度的大小会影响信号峰的显示。速度太慢，不仅增加了实验时间，而且信号容易饱和；相反，扫描速度太快，会造成峰形变宽，分辨率降低。

（3）接受单元。

从探头预放大器得到的载有核磁共振信号的射频输出，经一系列检波、放大后，显示在示波器和记录仪上，得到核磁共振谱。

（4）信号累加。

若将试样重复扫描数次，并使各点信号在计算机中进行累加，则可提高连续波核磁共振仪的灵敏度。当扫描次数为 N 时，则信号强度正比于 N，而噪音强度正比于 $\sqrt{N}$，因此，信噪比扩大了 $\sqrt{N}$ 倍。考虑仪器难以在过长的扫描时间内稳定，一般取 $N = 100$ 左右为宜。

核磁共振波谱仪是按照 ^{1}H 在不同磁感应强度下的共振频率来划分信号的，例如，60 MHz 的仪器是指磁感应强度为 1.409 2 T，^{1}H 的共振频率为 60 MHz。

二、脉冲傅里叶变换核磁共振波谱仪

连续波核磁共振波谱仪采用的是单频发射和就手方式，在某一时刻内，只能记录谱图中的很窄一部分信号，即单位时间内获得的信息很少。在这种情况下，对那些核磁共振信号很弱的核，如 ^{13}C 、^{15}N 等，即使采用累加技术，也得不到良好的效果。为了提高单位时间的信息量，可采用多道发射机同时发射多种频率，使处于不同化学环境的核同时共振，再采用多道接受装置同时得到所有的共振信息。例如，在 100 MHz 共振仪中，质子共振信号化学位移范围为 10 时，相当于 1000 Hz；若扫描速度为 $2\ Hz \cdot s^{-1}$，则连续波核磁共振波谱仪需 500 s 才能扫完全谱。而在具有 1 000 个频率间隔 1 Hz 的发射机和接受机同时工作时，只要 1 s 即可扫完全谱。显然，后者可大大提高分析速度和灵敏度。脉冲傅里叶变换核磁共振波谱仪（plus and Fourier transform NMR，PFT-NMR）是以适当宽度的射频脉冲作为“多道发射机”，使所选的核同时激发，得到核的多条谱线混合的自由感应衰减（free induction decay，FID）信号的叠加信息，即时间域函数，然后以快速傅里叶变换作为“多道接受机”变换出各条谱线在频率中的位置及其强度，得到共振谱图，这就是脉冲傅里叶变换核磁共振波谱仪的基本原理。例如，将图 7-5（a）所示的 FID 信号累加 1000 次后经过傅里叶变换就得到了乙基苯的傅里叶变换核磁共振（PFT-NMR）谱，如图 7-5（b）所示。

此外，从图 7-5（b）所示的 PFT-NMR 谱和（c）所示的 CW-NMR 谱的对比，我们可以看出，与 CW-NMR 相比，PFT-NMR 使检测灵敏度大为提高，对氢谱而言，试样可由几十毫克降低至 1 mg，甚至更低；测量时间大为降低，使试样的累加测量大为有利。因此，PFT-NMR 除可进行核的动态过程、瞬变过程、反应动力学等方面的研究外，还易于实现累加技术，从共振信号强的 ^{1}H、^{19}F 到共振信号弱的 ^{13}C、^{15}N 核，均能测定。因而，PFT-NMR 已成为当前主要的 NMR 波谱仪器，其实物图如图 7-6 所示。

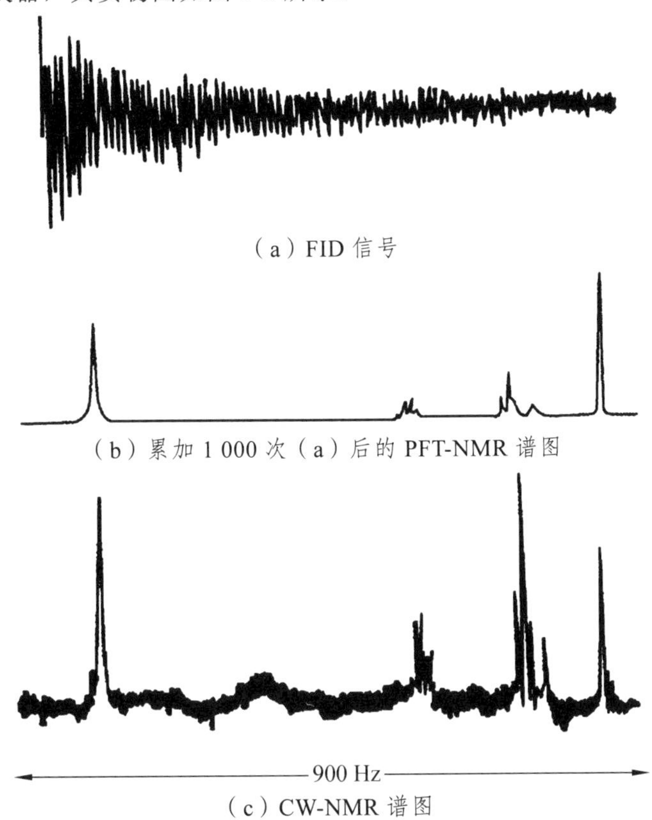

（a）FID 信号

（b）累加 1 000 次（a）后的 PFT-NMR 谱图

（c）CW-NMR 谱图

图 7-5　0.1%乙基苯的 PFT-NMR 和 CW-NMR 对比谱图

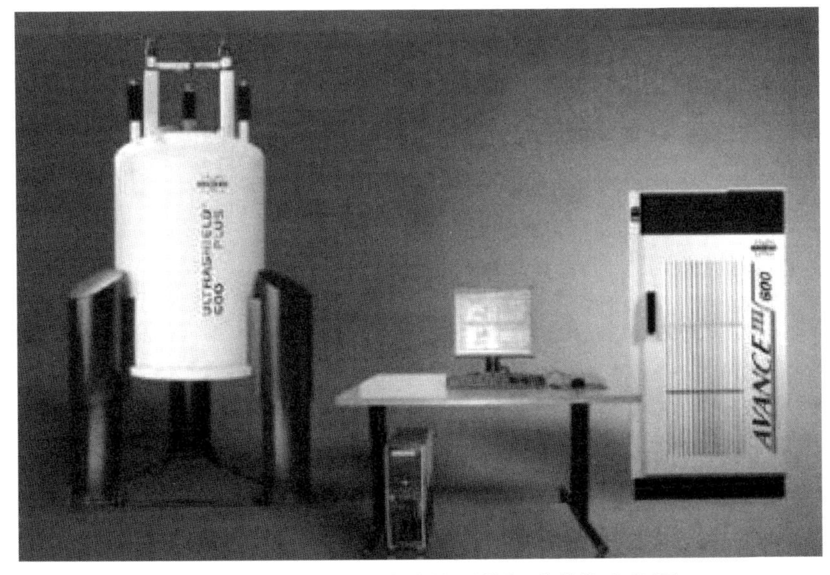

图 7-6　脉冲傅里叶变换核磁共振波谱仪实物图

由于 PFT-NMR 采用脉冲激发，因而可设计多种脉冲序列以完成多种用 CW-NMR 无法完成的实验。核磁共振二维谱就是重要例子。二维核磁共振谱（two-dimensional NMR spectra，2D-NMR）是 NMR 的一个重要分支，它最重要的用途为鉴定有机化合物结构，使鉴定结构更客观、可靠，增加了解决问题的途径。需要时可参考书末所列参考文献[6]、[7]、[8]等，在此，就不多作介绍了。

第三节　化学位移和核磁共振谱

一、化学位移的产生

由式（7-7）可知，原子核的共振频率 ν，由外部磁场强度 B_0 和核的磁矩 μ 决定。其实，任何原子核都被电子所包围，按照楞次定律，在外磁场 B_0 作用下，核外电子会产生环电流，并感应产生一个与外磁场方向相反的次级磁场 $B_{感应}$，如图 7-7 所示。这种对抗外磁场的作用称为电子的屏蔽效应（shielding effect）。

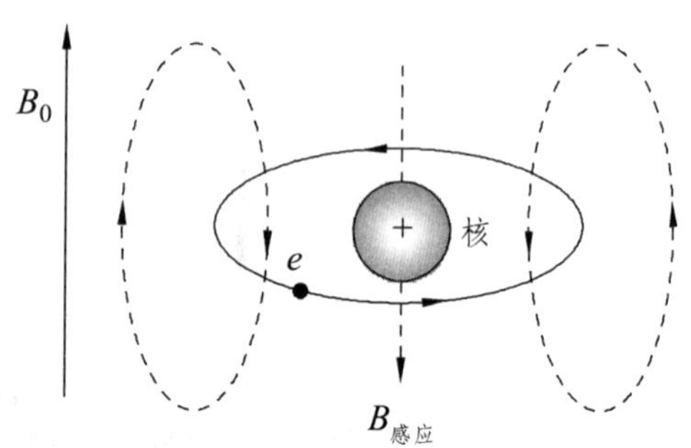

图 7-7　核外电子的屏蔽效应

由于电子的屏蔽效应，某一个质子实际上受到的磁场强度不完全与外磁场强度相同。此外，分子中处于不同化学环境中的质子，核外电子云的分布情况也各不相同，因此，不同化学环境中的质子，受到不同程度的屏蔽作用。由于屏蔽作用使得原子核实际受到的磁场强度减小，为了使氢核发生共振，必须增加外加磁场的强度以抵消电子云的屏蔽作用。在这种情况下，氢核实际上受到的磁场强度 B，等于外加磁场 B_0 减去其外围电子产生的次级磁场 $B_{感应}$，其关系可用下式表示：

$$B = B_0 - B_{感应} \tag{7-9}$$

由于次级磁场的大小正比于所加的外磁场强度，即 $B_{感应} \propto B_0$，故上式可写为

$$B = B_0 - \sigma B_0 = B_0(1-\sigma) \tag{7-10}$$

式中　σ——屏蔽常数（shielding constant）。它与原子核外的电子云密度大小密切相关，电子云密度越大，屏蔽程度越大，σ 值也大；反之，则越小。

当氢核发生核磁共振时，应满足如下关系：

$$\nu_{共振} = \mu\beta\frac{2B}{h} = \mu\beta\frac{2B_0(1-\sigma)}{h}$$

或

$$B_0 = \frac{\nu_{共振}h}{2\mu\beta(1-\sigma)} \tag{7-11}$$

因此，屏蔽常数 σ 不同的质子，其共振峰将分别出现在核磁共振谱的不同频率区或不同磁场强度区域，即在分子中所处化学环境不同的氢核受到的屏蔽作用不同，导致共振频率 $\nu_{共振}$ 的移动现象，称为化学位移（chemical shift）。若照射频率一定，σ 大的质子出现在高磁场处，

而σ小的质子出现在低磁场处，据此我们可以进行氢核结构类型的鉴定。

二、化学位移的表示

在有机化合物中，化学环境不同的氢核化学位移的变化，只有百万分之十左右。例如，选用 60 MHz 的仪器，氢核发生共振的磁场变化范围为 1.409 2±0.000 014 0 T；如选用 1.4092 T 的核磁共振仪扫频，则频率的变化范围相应为 60±0.000 6 MHz。在确定结构时，常常要求测定共振频率绝对值的准确度达到正负几个赫兹。要达到这样的精确度，显然是非常困难的。但是，测定位移的相对值比较容易。

从式（7-11）可知，共振频率与外部磁场呈正比。例如，若用 60 MHz 仪器测定 1, 1, 2-三氯丙烷时，其甲基质子的吸收峰与 TMS 吸收峰相隔 134 Hz；若用仪器测定，则相隔 233 Hz。为了消除磁场强度变化所产生的影响，以使在不同核磁共振仪上测定的数据统一，通常用试样和标样共振频率之差与所用仪器频率的比值δ来表示化学位移。一般以四甲基硅烷 [tetramethy-silane，$Si(CH_3)_4$，TMS]为标准试样，将其作为内标向试样中加入少许 TMS，以 TMS 中氢核共振时的磁场强度作为标准。由于化学位移δ值很小，故通常乘以 10^6。这样，δ就为一相对值，量纲为 1，单位为 ppm[①]（10^{-6}）或无单位：

$$\delta=\frac{\nu_{试样}-\nu_{TMS}}{\nu_0}\times 10^6=\frac{\Delta\nu}{\nu_0}\times 10^6 \tag{7-12}$$

式中　δ，$\nu_{试样}$——试样中质子的化学位移及共振频率；

ν_{TMS}——TMS 的共振频率（一般$\nu_{TMS}=0$，$\delta=0$）；

$\Delta\nu$——试样与 TMS 的共振频率之差；

ν_0——操作仪器选用的频率。

另，除四甲基硅醚（TMS）外，在较高温度测定时可使用较不易挥发的六甲基二硅醚 [HMDS，$(CH_3)_3SiOSi(CH_3)_3$，δ=0.055]，水溶液中则可改用 3-三甲基硅丙烷磺酸钠 [DDS，$(CH_3)_3Si(CH_2)_3SO_3Na$，δ=0.015] 做内标。

由式（7-12）可知，用δ表示化学位移，就可以使不同磁场强度的核磁共振仪测得的数据统一起来。例如，用 60 MHz 和 100 MHz 仪器上测得的 1, 1, 2-三氯丙烷中甲基质子的化学位移均为 2.23 ppm。

在核磁共振分析中，由于不能用含有氢的溶剂，只能用四氯甲烷（CCl_4）、氘代氯仿（$CDCl_3$）、二硫化碳（CS_2）和重水（D_2O）等试剂作为溶剂。

有的早期文献中用τ表示化学位移值，δ与τ的关系可用下式表示：

$$\delta=10-\tau$$

TMS 的信号用δ表示时为 0 ppm，用τ表示时为 10 ppm。

三、核磁共振谱

由于化学位移δ值大，其共振频率大，共振的磁场强度小（^1H 核受到的屏蔽作用小）；反

注：① ppm 为国标中已废弃的单位，但在核磁共振仪输出的数据中仍沿用，为与实际工作保持一致，本书予以保留——编者注。

之，化学位移 δ 值小，其共振频率小，共振的磁场强度大（^{1}H 核受到的屏蔽作用大）。因此，在核磁共振谱图中，横坐标为化学位移，用 δ 表示，δ 值左大右小，图谱的左边高频低场，右边低频高场（图 7-8）。

图 7-8 为乙醚的 ^{1}H-NMR 谱图，其中右边的三重峰为乙基中化学环境相同的甲基（—CH_3）质子的共振吸收峰，左边的四重峰为乙基中化学环境相同的亚甲基（—CH_2）质子的共振吸收峰。δ=0 的吸收峰是标准试样 TMS 的吸收峰。谱图中阶梯式曲线是积分线，它用来确定各基团的质子比。

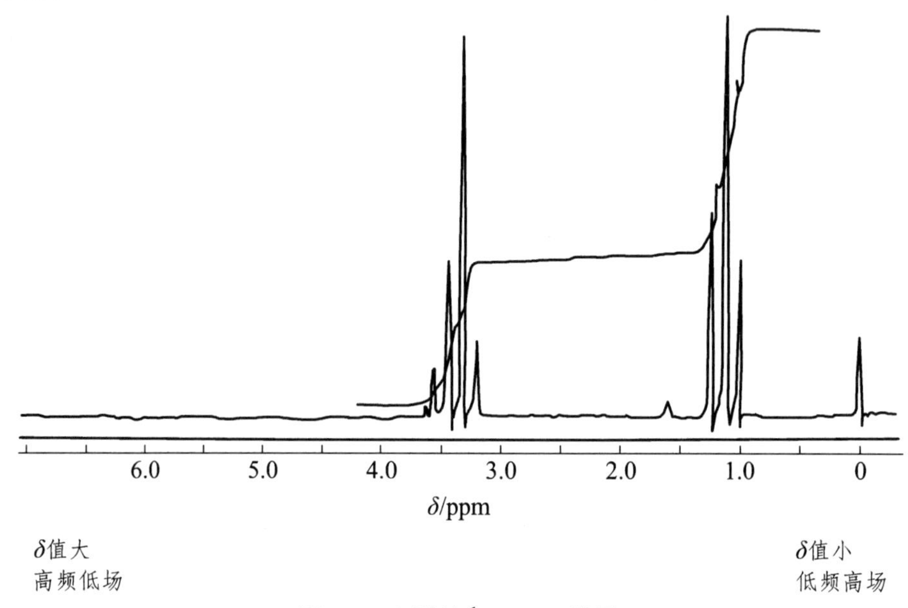

图 7-8　乙醚的 ^{1}H-NMR 谱图

从质子共振谱图上，可以得到如下信息：

（1）吸收峰的组数，说明分子中化学环境不同的质子有几组。

（2）质子吸收峰出现的频率，即化学位移，说明分子中的基团情况。

（3）峰的裂分个数及偶合常数，说明基团间的连接关系。

（4）阶梯式积分曲线高度，说明各基团的质子比。

共振谱图上吸收峰下面所包含的面积，与引起该吸收峰的氢核数目呈正比，吸收峰的面积一般可用阶梯积分曲线高度来表示。积分曲线的画法是由低磁场移向高磁场，而积分曲线的起点到终点的总高度（用小方格数或厘米表示），与分子中所有质子数目呈正比。当然，每一个阶梯的高度则与相应的质子数目呈正比。由此可以根据分子中质子的总数，确定每一组吸收峰质子的绝对个数。

【例 7.1】 某化合物分子式为 C_4H_8O，核磁共振谱上共有三组峰，化学位移 δ 分别为 1.05、2.13、2.47；积分曲线高度分别为 3、3、2 格，试问各组氢核数为多少？

解： 积分曲线总高度=3+3+2=8

因分子中有 8 个氢，每一格相当一个氢。故

δ1.05 峰有 3 个氢；

δ2.13 峰有 3 个氢；

δ2.47 峰有 2 个氢。

另外，还可以根据不重叠的单峰为标准进行计算。例如，当分子中有甲氧基时，在 δ=3.22～4.40 处出现甲氧基的质子峰，因此，用相应阶梯曲线的格数除以 3，就知道每一个质子相当于多少格。

但是，现在的核磁共振谱图都可以直接给出各峰的积分值。例如，已知图 7-9 为乙基苯的核磁共振氢谱，根据图中从右到左三组质子峰的积分高度比为 3∶2∶5，就可推出各组质子峰的归属。

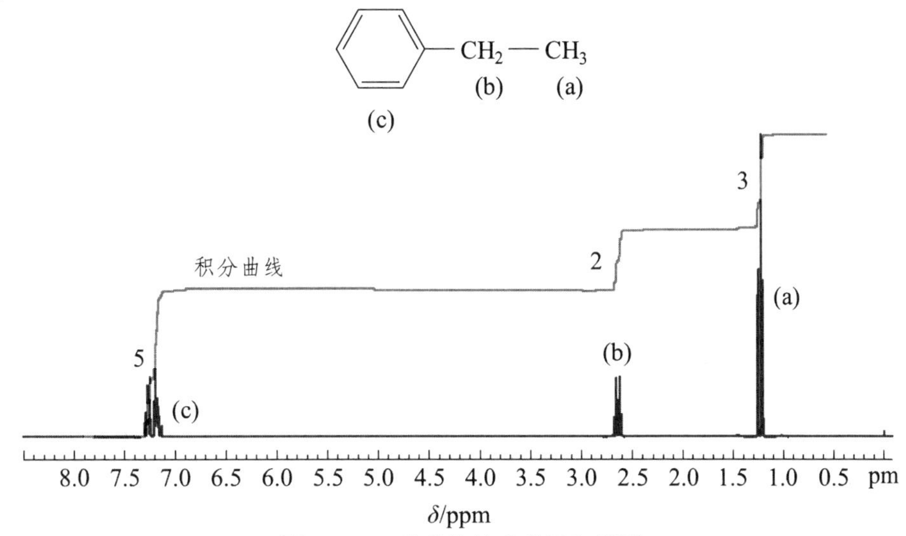

图 7-9 乙基苯的核磁共振氢谱图

四、影响化学位移的因素

化学位移是由于核外电子云产生的对抗磁场所引起的，因此，凡是使核外电子云密度改变的因素，都能影响化学位移。影响因素有内部的，如诱导效应、共轭效应和磁的各向异性效应等；外部的如溶剂效应、氢键的形成等。

1. 诱导效应

一些电负性基团如卤素、硝基、氰基等，具有强烈的吸电子能力，它们通过诱导作用使与之相邻的核的外围电子云密度降低，从而减少电子云对该核的屏蔽，使核的共振频率向高频低场移动，即其化学位移 δ 值增大。一般说来，在没有其他影响因素存在时，核的屏蔽作用将随相邻基团的电负性的增加而减小，而其化学位移 δ 值则随之增加。例如，在 CH_3X（X=F、Cl、Br、I、H、Si）中，F、Cl、Br、I、H、Si 的电负性依次为 4.0、3.1、2.8、2.5、2.1 和 1.8，则 CH_3X 中—CH_3 的质子化学位移 δ 值也依次减小，其中 F 电负性最大，其通过诱导作用使邻近氢核的外围电子云密度大大降低，氢核所受到的屏蔽效应最小，所以在 CH_3F 中质子化学位移 δ 为 4.26，而 Si 电负性最小，氢核所受到的屏蔽效应最大，所以在$(CH_3)_4Si$ 中质子化学位移 δ 为 0。

2. 共轭效应

共轭效应同诱导效应一样，也会使电子云的密度发生变化。例如，在化合物乙烯醚（CH_2═$CHOCH_3$），乙烯（CH_2═CH_2）及 α,β- 不饱和酮（CH_2═$CHCOCH_3$）中，若以乙烯中（═CH_2）δ 5.28 为标准来进行比较，则可以发现，乙烯醚上由于存在 p-π 共轭，氧原子上未共享的 p 电子对向双键方向推移，使 β-H 的电子云密度增加，造成两个 β-H 化学位移移至高场，δ 分别为 3.57（与 —OCH_3 成顺式的 β-H）和 3.99（与 —OCH_3 成反式的 β-H）。另一方面，在 α,β- 不饱和酮中，由于存在 π-π 共轭，电负性强的羰基氧原子把电子拉向自己一边，使 β-H 的电子云密度降低，因而使得两个 β-H 化学位移移向低场，δ 分别为 5.50（与 —$COCH_3$ 成反式的 β-H）和 5.87（与—$COCH_3$ 成顺式的 β-H）。

3. 磁各向异性效应

当考察多重键化合物的核磁共振谱时，人们发现用诱导效应并不能解释它们的质子所出现的峰位。例如，炔基的氢有一定的酸性，可见其外围电子云密度较低。根据诱导效应，预示其质子峰应出现在烯基氢质子峰的低场方向。但实际情况恰好相反，烯基的化学位移为 δ 4.5～7.5，炔基则为 δ 1.8～3.0。

上述这种现象，可用这些化合物的磁各向异性效应加以解释。例如，端炔烃的端炔部分是线形的，如图 7-10（a）所示，沿轴方向对称。当分子的对称轴与外加磁场方向一致时，键上的 π 电子将垂直于外加磁场，由此可感应出与外加磁场方向相反的对抗诱导磁场。因此，位于键轴上的炔氢质子受到很大的屏蔽作用。很明显，在这种情况下，炔氢质子峰出现在较高的磁场位置处。当该分子的对称轴与外磁场方向垂直时，由于不可能感应出诱导磁场，因此也就不会对质子产生屏蔽作用。在溶液中，该分子是随机取向的，各种取向都介于这两个极端取向之间。分子运动平均化所产生的总效应，使得端炔烃上的炔氢处在屏蔽区，受到较大的屏蔽作用，其质子峰出现在较高磁场方向。所以，当分子中某些基团的电子云排布不呈球形对称时，它对邻近的 ^{1}H 核产生一个各向异性的磁场，从而使某些空间位置上的核受屏蔽（处在屏蔽区），而另一些空间位置上的核去屏蔽（处在去屏蔽区），这一现象称为磁的各向异性效应（anisotropic effect）。

再如，当苯分子平面垂直于外加磁场 $\boldsymbol{B}_0$ 时，如图 7-10（b）所示，循环 π 电子流产生了一个反抗外磁场的对抗诱导磁场。但是，苯环上的氢是处在诱导磁场与外加磁场方向相同的位置上，即去屏蔽区。因此，由循环 π 电子感应出的磁力线对其起着去屏蔽的作用，因而苯环上的氢质子峰出现在较低磁场方向。用同样的道理，可以解释乙烯质子和醛基质子的化学位移出现在较低磁场方向的现象。

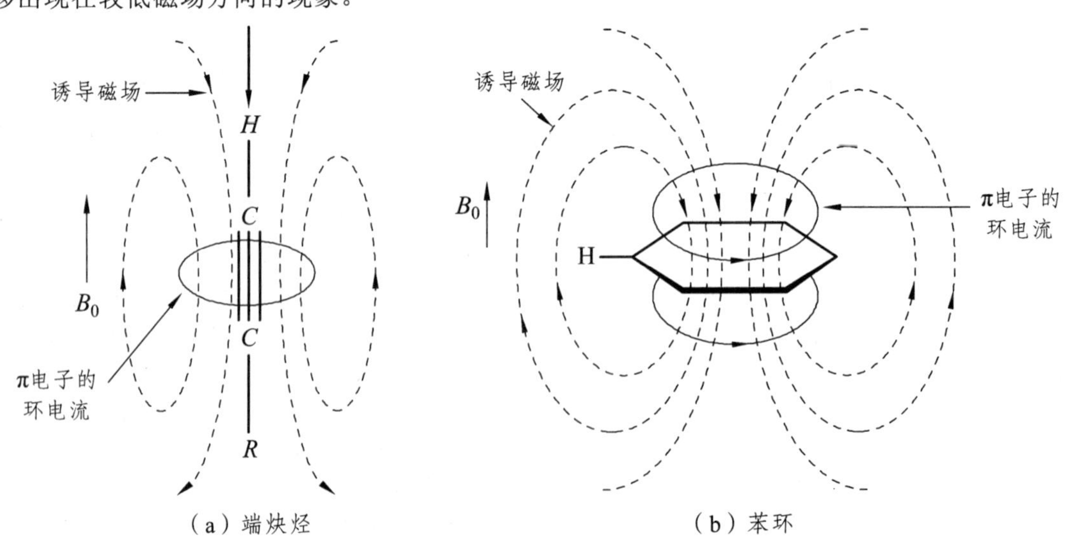

图 7-10　端炔烃和苯环上环电流所引起的去屏蔽作用

4. 氢　键

当分子形成氢键时，氢键中质子的信号明显移向低磁场，化学位移 δ 值变大。

一般认为这是由于形成氢键时，质子周围的电子云密度降低所致。

对于分子间形成的氢键，化学位移的改变与溶剂的性质以及浓度有关。在惰性溶剂的稀溶液中，可以不考虑氢键的影响。这时各种羟基显示它们固有的化学位移。但是，随着浓度的增加，它们会形成氢键。例如，正丁烯-2-醇的质量分数从 1%增至纯液体时，羟基的化学位移从 $\delta=1$ 增至 $\delta=5$，变化了 4 个单位。对于分子内形成的氢键，其化学位移的变化与溶液浓度无关，只取决于它自身的结构。

除上述因素外，溶剂、温度和 pH 都会影响化学位移。

五、典型基团的质子化学位移（δ）值

由于化学位移在确定化合物的结构方面起着很大作用，所以关于化学位移与结构的关系，前人已做了大量的实验，现总结如图 7-11 和表 7-3 所示。图 7-12 和表 7-3 列出了一些典型基团的质子化学位移 δ 值范围。在充分认识影响化学位移 δ 值的因素后，记住少数几个基本的化学位移 δ 值就可以进行常规的、比较简单的核磁共振谱的解析。

以下几类常见基团的质子化学位移 δ 值应该牢记。

1. 饱和碳上的氢

甲烷氢的化学位移 δ 值为 0.23，其他开链烷烃中，甲基（—CH_3）质子在高场 $\delta\approx0.9$ 处出现，亚甲基（—CH_2—）质子移向低场，在 $\delta\approx1.33$ 处出现，次甲基（$-\overset{|}{\underset{|}{C}}H$）质子移向更低场，在 $\delta\approx1.5$ 处出现。

当分子中引入其他官能团后，甲基、亚甲基及次甲基的化学位移会发生变化，但其 δ 值极少超出 0.7～4.5 这一范围。

2. 不饱和碳上的氢

烯氢是与双键碳相连的氢，由于碳碳双键的各向异性效应，烯氢与简单烷烃的氢相比 δ 值均向低场移动 3～4 个单位。乙烯氢的化学位移约为 5.25，不与芳基共轭的取代烯氢的化学位移在 4.5～6.5 范围内变化，与芳基共轭时 δ 值将增大。乙烯基对甲基、亚甲基、次甲基的化学位移也有影响。例如，与乙烯基连在同一个碳上的 δ（—H）值在 1.59～2.14 之间，变化较大，邻碳上有乙烯基的氢，其 δ 值变化较小。

炔基氢是与三键碳相连的氢，由于炔键的屏蔽作用，炔氢的化学位移移向高场，一般 δ=1.7～3.5 处有一吸收峰。例如，HC≡**CH**（1.80），RC≡**CH**（1.73～1.88），ArC≡**CH**（2.71～3.37），—CH＝CH—C≡**CH**（2.60～3.10），—C≡C—C≡CH（1.75～2.42），CH_3—C≡C—C≡C—C≡**CH**（1.87）。HC≡C—若连在一个没有氢的原子上，则炔氢显示一个尖锐的单峰。炔基对甲基、亚甲基的化学位移有影响，与炔基直接相连的碳上的氢化学位移影响最大，其 δ 值为 1.8～2.8。

另外，醛基氢因为和羰基氧处在同一个碳原子上，受到去屏蔽作用较大，移向低场，因而其 δ 值约为 9.5。

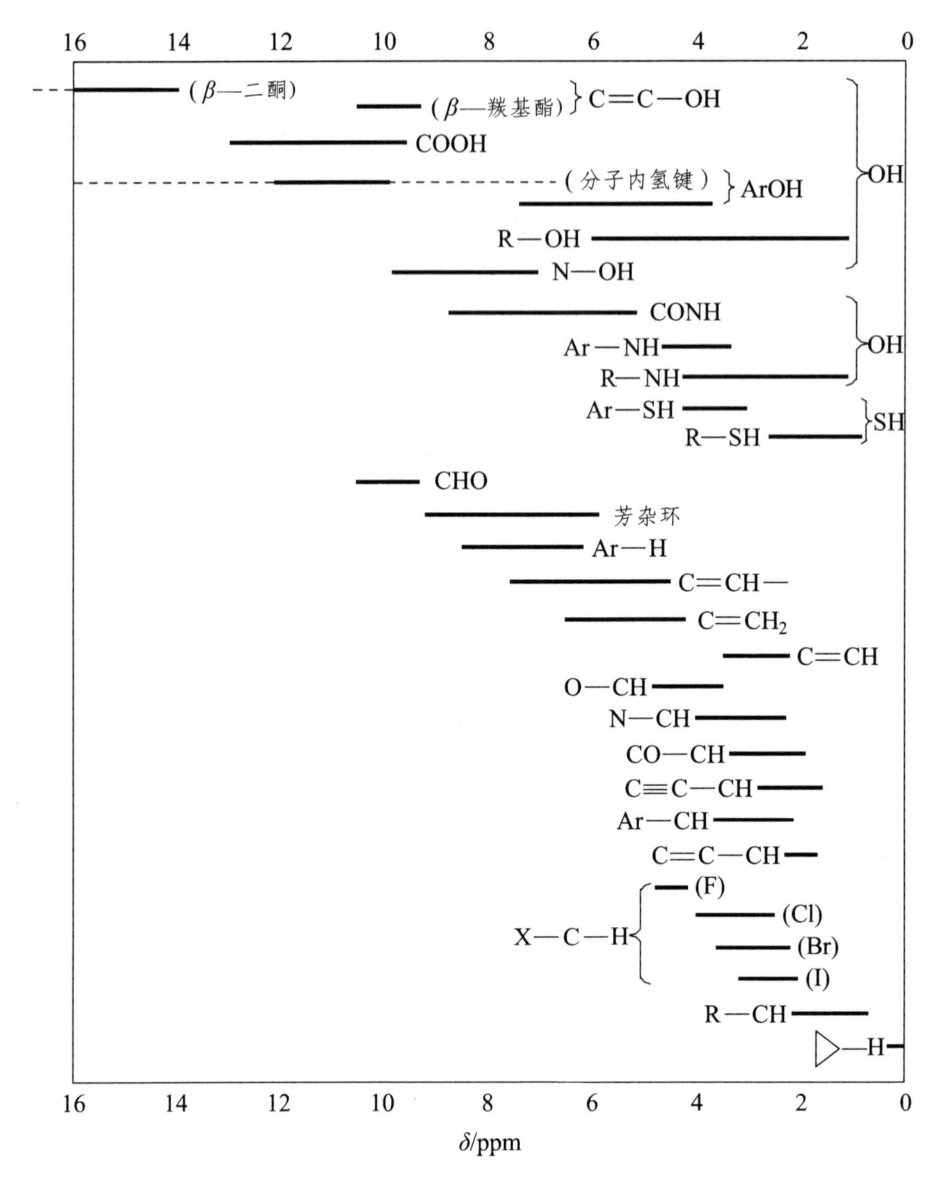

图 7-11　典型基团的质子化学位移 δ 值范围

表 7-3　典型基团的质子化学位移 δ 值范围

质子的类型	化学位移	质子的类型	化学位移
RCH_3	0.9	ArOH	4.5～4.7（分子内缔合 10.5～16）
R_2CH_2	1.3		
R_3CH	1.5	$R_2C=CR—OH$	15～19（分子内缔合）
环丙烷（CH_2、$H_2C—CH_2$）	0.22	RCH_2OH	3.4～4
$R_2C=CH_2$	4.5～5.9	$ROCH_3$	3.5～4
$R_2C=CRH$	5.3	RCHO	9～10

续表 7-3

质子的类型	化学位移	质子的类型	化学位移
$R_2C{=}CR{-}CH_3$	1.7	$RCOCR_2{-}H$	2～2.7
$RC{\equiv}CH$	7～3.5	HCR_2COOH	2～2.6
$ArCR_2{-}H$	2.2～3	$R_2CHCOOR$	2～2.2
RCH_2F	4～4.5	$RCOOCH_3$	3.7～4
RCH_2Cl	3～4	$RC{\equiv}CCOCH_3$	2～3
RCH_2Br	3.5～4	RNH_2 或 R_2NH	0.5～5（峰不尖锐，常呈馒头形）
RCH_2I	3.2～4		
ROH	0.5～5.5（温度、溶剂、浓度改变时影响很大）	RCONRH 或 ArCONRH	5～9.4

3. 芳　氢

由于受 π 电子环流的去屏蔽作用，芳氢的化学位移移向低场，苯上氢的 δ=7.27。萘上的质子受两个芳环的影响，δ 值更大，α-H 的 δ 为 7.81，β-H 的 δ 为 7.46。一般芳环上质子的 δ 值在 6.3～8.5 范围内，杂环芳香质子的 δ 值在 6.0～9.0 范围内。

4. 卤代烃上的氢

由于卤素电负性较强，因此使与其直接相连的碳和邻近碳上质子所受屏蔽降低，质子的化学位移向低场方向移动，影响按 F、Cl、Br、I 的次序依次下降。与卤素直接相连的碳原子上的质子化学位移一般在 δ=2.16～4.4，相邻碳上质子所受影响减小，δ=1.25～1.55，相隔一个碳原子时，影响更小，δ=1.03～1.08。

5. 活泼氢

常见活泼氢如—OH、—NH_2、—SH，由于它们在溶剂中质子交换速度较快，并受形成氢键等因素的影响，与温度、溶剂、浓度等有很大关系，它们的 δ 值很不固定，变化范围较大，表 7.4 中列出各种活泼氢的 δ 值大致范围。一般说来，酰胺类、羧酸类缔合峰均为宽峰，有时隐藏在基线里，可从积分高度判断其存在；醇、酚峰形较钝，氨基、巯基峰形较尖。活泼氢的 δ 值虽然很不固定，但不难确定，加一滴 D_2O 后活泼氢的信号因与 D_2O（氧化氘/重水）中的 D 交换而消失。

表 7-4　各类活泼氢的 δ 值大致范围

活泼氢类型		δ 值	活泼氢类型		δ 值
O—H	醇	0.5～5.5	S—H	硫醇	0.9～2.5
	酚	4～8		硫酚	3～4
	酚（分子内缔合）	10.5～16	N—H	脂肪胺	0.4～3.5
	烯醇（分子内缔合）	15～19		芳香胺	2.9～4.8
	羟酸	10～13			

第四节 自旋偶合和自旋裂分

一、自旋偶合与自旋裂分

当用低分辨率核磁共振仪测定乙酸乙酯（$CH_3COOCH_2CH_3$）的核磁共振氢谱，则氢谱中只出现三个单峰，它们分别代表乙酸乙酯中的一个—CH_2—和两个—CH_3，其峰面积之比为2∶3∶3。但从高分辨率核磁共振仪所测定得到的乙酸乙酯核磁共振氢谱（图7-12）上可看到，(a)—CH_3 和（b）—CH_2—分别裂分为三重峰和四重峰，而且多重峰面积之比接近于整数比，—CH_3 的三重峰面积之比为1∶2∶1，—CH_2—的四重峰面积之比为1∶3∶3∶1。这种现象叫做峰的裂分。但是（c）—CH_3 为一单峰，说明化学环境相同的组内质子相互间不引起峰的裂分，峰的裂分与邻近质子有关。

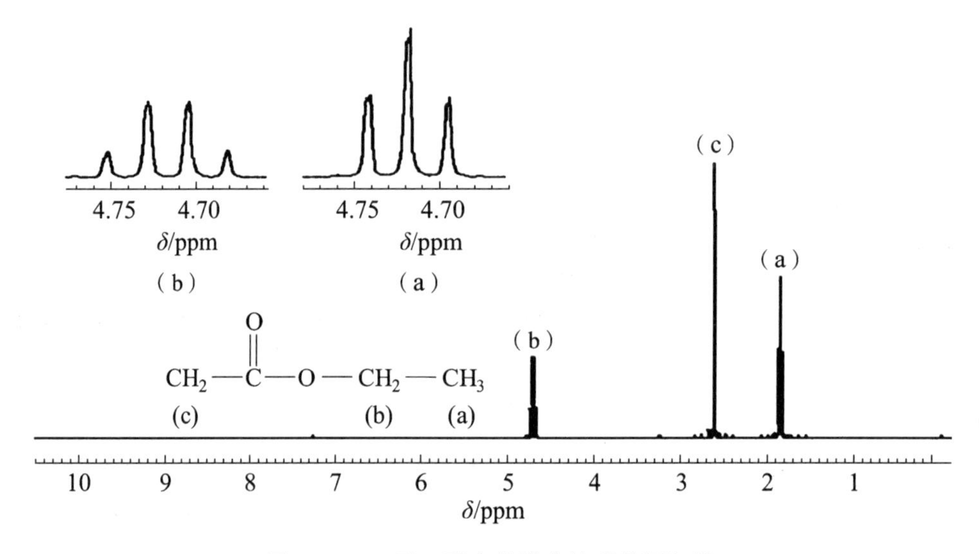

图7-12 乙酸乙酯高分辨率核磁共振氢谱

氢核在磁场中有两种自旋取向，用 α 表示氢核与磁场方向一致的状态，用 β 表示与磁场方向相反的状态。如图7-13中所示，亚甲基中的两个氢可以与磁场方向相同，也可以与磁场方向相反。它们的自旋组合一共有四种（αα，αβ，βα，ββ），但只产生三种局部磁场。亚甲基所产生的这三种局部磁场，要影响邻近甲基上的质子所受到的磁场作用，其中 αβ 和 βα 两种状态产生的磁场恰好互相抵消，不影响甲基质子的共振峰，αα 状态的磁矩与外磁场一致，很明显，这时要使甲基质子产生共振所需的外加磁场较 αβ 和 βα 两种状态时小；相反，ββ 磁矩与外磁场方向相反，因此要使甲基质子发生共振所需的外加磁场较 αβ 和 βα 两种状态时大，其大小与 αα 状态时相等，但方向相反。这样，亚甲基的两个氢所产生的三种不同的局部磁场，使邻近的甲基质子裂分为三重峰。由于上述四种自旋组合的概率相等，因此三重峰的相对面积比为1∶2∶1。

同理，甲基上的三个氢可产生四种不同的局部磁场，反过来使邻近的亚甲基裂分为四重峰。根据概率关系，可知其面积比近似为1∶3∶3∶1。

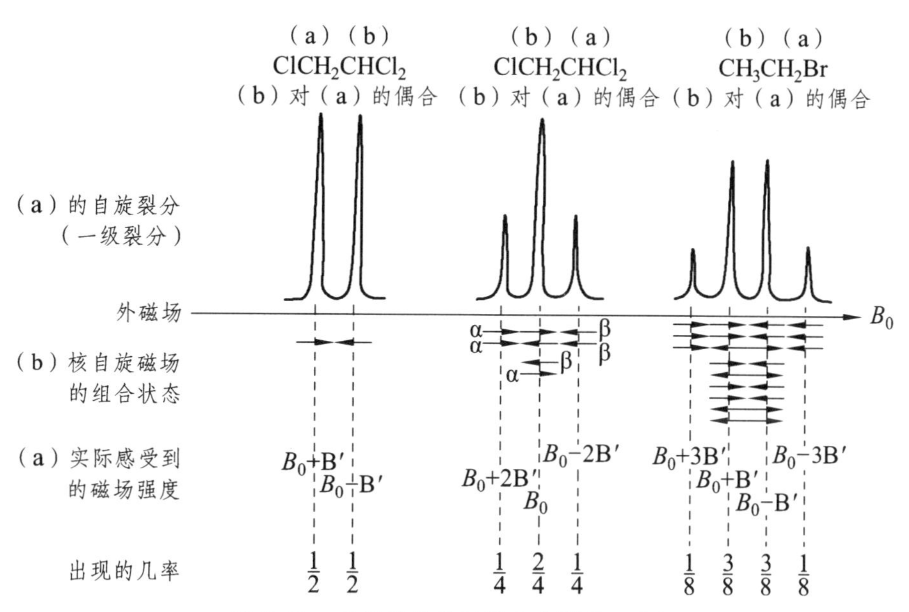

图 7-13 几种简单常见的自旋裂分示意图

这种相邻核的自旋之间相互干扰作用称为自旋-自旋偶合，简称自旋偶合。由于自旋偶合，引起谱峰峰数增多，这种现象叫做自旋-自旋裂分，简称自旋裂分。应该指出，这种核与核之间的偶合，是通过成键电子传递的，不是通过自由空间产生的。

二、自旋裂分的规律（一级裂分）

1. 裂分峰的数目

遵循“n+1”规律（n 为产生偶合的邻近质子数目）。

当自旋偶合的邻近质子相同时，n 个相同的邻近质子导致（n+1）个裂分峰。如图 7-14 所示，1, 1, 2-三氯乙烷中（a）亚甲基的邻近质子为次甲基上的 1 个氢，因此裂分为二重峰，（b）次甲基的邻近质子为亚甲基上的 2 个氢，因此裂分为三重峰。

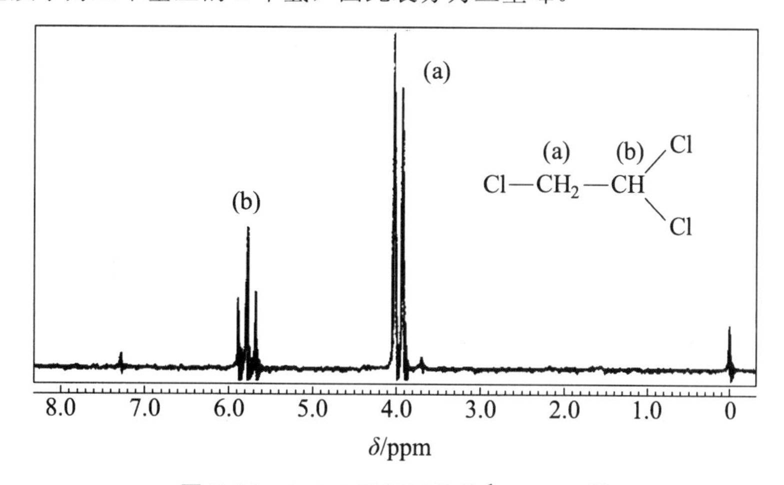

图 7-14 1, 1, 2-三氯乙烷的 ^{1}H-NMR 谱

再如，1, 3-二溴丙烷，由于两端亚甲基上的 4 个氢化学环境相同，因此其 ^{1}H-NMR 谱上只能看到 2 组峰，其中一组为五重峰，另一组为三重峰。因为与中间亚甲基相邻的氢有 4 个，所以根据“n+1”规律可知，五重峰为分子中间那个亚甲基上的氢裂分而成，同理可得，三重峰为两端亚甲基上的氢裂分而成，如图 7-15 所示。

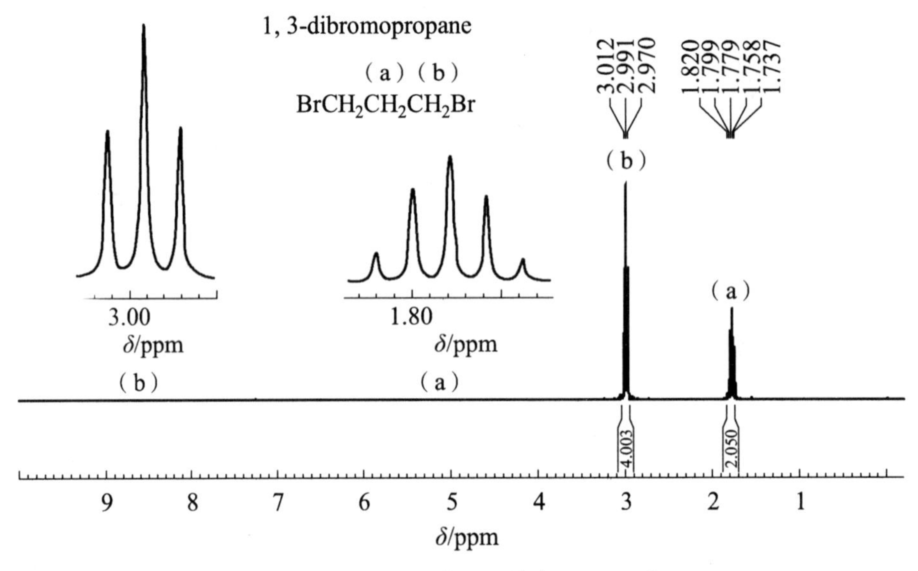

图 7-15　1, 3-二溴丙烷的 ^{1}H-NMR 谱

当自旋偶合的邻近质子不相同时，裂分峰的数目为（n+1）（n'+1）个，其中 n 为一组相同的邻近质子数目，n'为另一组相同的邻近质子数目。如图 7-16 为乙醇的 ^{1}H-NMR 谱，因为（a）甲基的邻近质子为 2 个，所以裂分为三重峰（高场），（c）羟基邻近质子也为 2 个，因此也裂分为三重峰（低场），（b）亚甲基由于有两组不同的邻近质子，分别为甲基上的 3 个氢和羟基上的 1 个氢，所以最后裂分为八重峰。

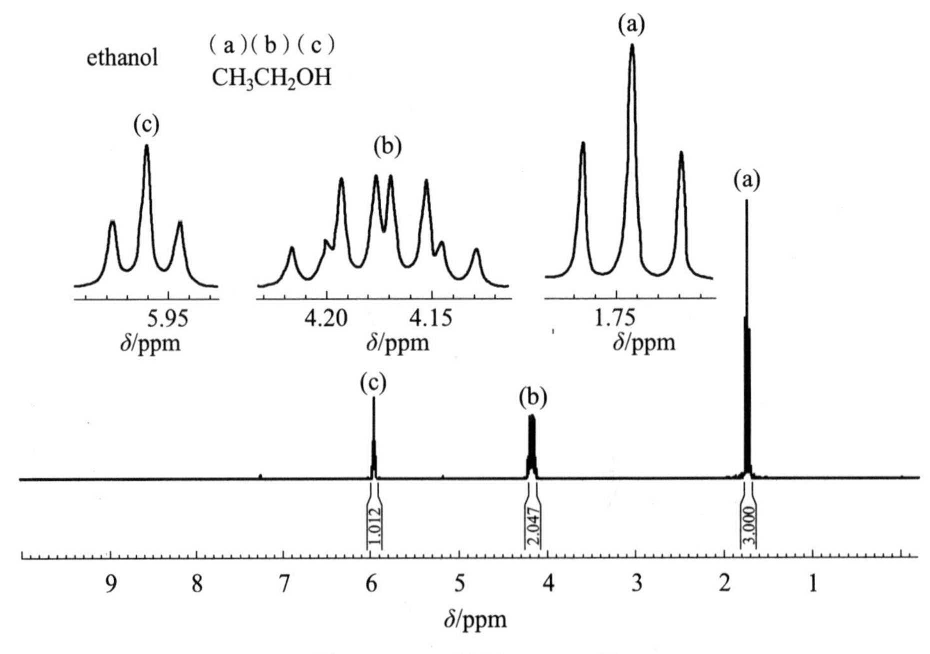

图 7-16　乙醇的 ^{1}H-NMR 谱

2. 裂分峰的相对强度

只有 n 个相同的邻近质子时，峰组内各裂分峰的相对强度可用二项展开式 $(a+b)^n$ 的系数近似地来表示，其中 n 为相同的邻近质子数目，如图 7-17 所示。

n	谱线相对强度	峰形		
0	1	单 峰	Singlet	s
1	1　1	二重峰	doublet	d
2	1　2　1	三重峰	triplet	t
3	1　3　3　1	四重峰	quartet	q
4	1　4　6　4　1	五重峰	quindet	
5	1　5　10　10　5　1	六重峰	sixtet	
…	…………………………	……		

图 7-17　有相同邻近质子的裂分峰谱线相对强度和峰形

含有多组邻近质子的情况比较复杂。(1+1)(1+1) 的情况，四重峰具有同样的强度；(3+1)(1+1) 的情况，各裂分峰的相对强度则为 1∶1∶3∶3∶3∶3∶1∶1，如图 7-18 所示。

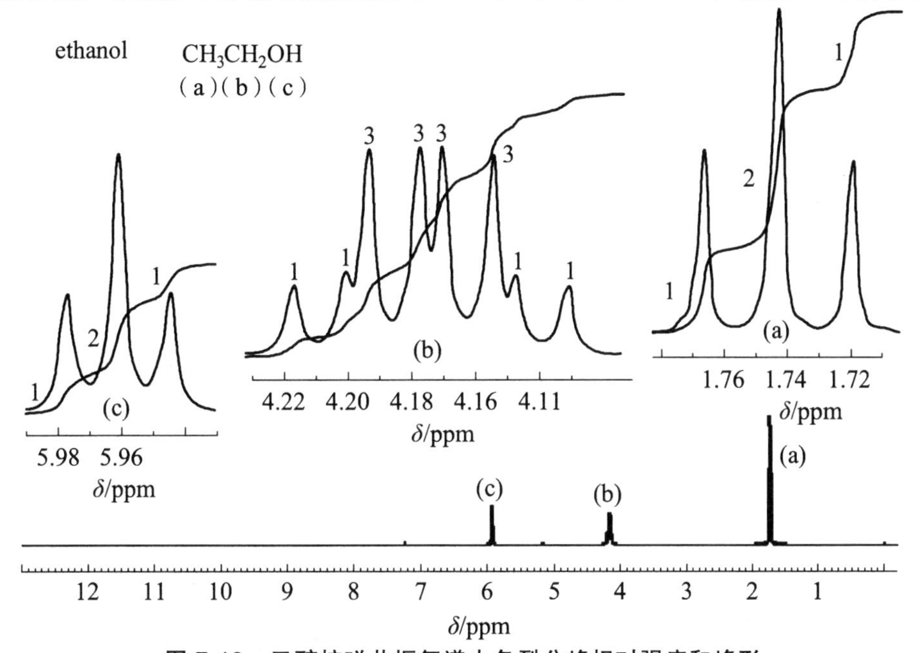

图 7-18　乙醇核磁共振氢谱中各裂分峰相对强度和峰形

三、偶合常数

自旋偶合产生峰的裂分后，两峰间的间距称为偶合常数（coupling constant），用 J 表示，单位为赫兹（Hz）。J 的大小表示偶合作用的强弱。如图 7-19 所示，J_{ab} 表示 a 组氢对 b 组氢的偶合常数，J_{ba} 表示 b 组氢对 a 组氢的偶合常数，均为 7.2 Hz。

自旋偶合作用是相互的，因此，相互偶合的两组质子，其偶合常数必然相等，即 $J_{ab} = J_{ba}$。所以，在分析核磁共振谱时，可以根据 J 相同与否判断哪些质子之间相互偶合。与化学位移不同，自旋裂分源自质子自旋磁矩间的相互作用，而质子的自旋磁矩与外磁场无关，所以偶

合常数 J 值与仪器的工作频率无关；同时，它受外界条件如溶剂、温度、浓度变化等的影响也很小。

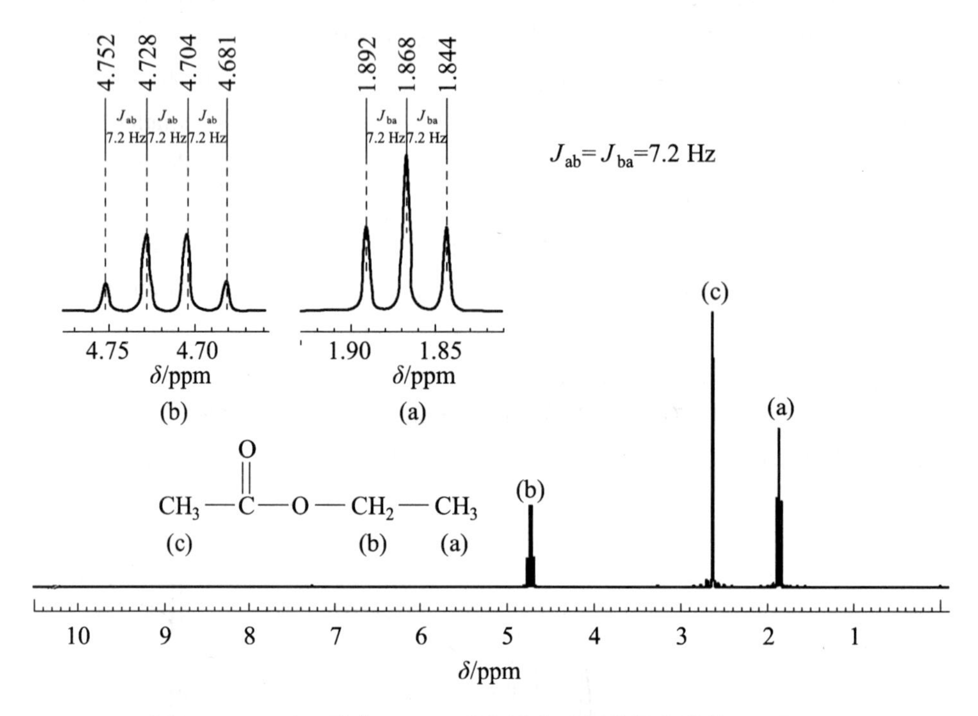

图 7-19 乙酸乙酯 ^{1}H-NMR 谱和裂分峰间的偶合常数 J_{ab} 及 J_{ba}

由于偶合作用是通过成键电子传递的，因此，J 值的大小与两个（组）氢核之间的键数有关。随着键数的增加，J 值逐渐变小。一般说来，间隔 3 个单键以上时，J 趋近于零，即此时的偶合作用可以忽略不计。

根据相互偶合的氢核之间相隔键数的多少，可将偶合作用分为三类：同碳（或偕碳）偶合、邻碳偶合和远程偶合。为表示发生偶合作用的质子相隔几个化学键，常在偶合常数 J 的左上角标上阿拉伯数字，如用 ^2J，^3J 分别表示同碳和邻碳偶合。

同碳偶合的质子之间相隔两个化学键，^2J 变化范围较大，其值与分子结构有密切关系，如乙烯中的 ^2J 为 2.3 Hz，而甲醛中的 ^2J 为 42 Hz。但由于同碳偶合的各质子性质完全一致，所以只观察到一个单峰。

邻碳偶合的质子之间相隔三个化学键，一般在饱和体系中，邻碳偶合是通过三个单键进行的。^3J 的大致范围为 0～16 Hz。^3J 广泛应用于立体化学中，也是核磁共振谱中进行分子结构分析最为重要的依据之一。^3J 与偶合的质子所处不同平面的两面角的夹角度数 φ 有关，如图 7-20 所示。从图中可以看出，当 φ 为 150°～180°时，^3J 最大；当 φ 为 0°～30°时，^3J 较大；当 φ 为 60°～120°时，^3J 较小，特别是当 φ 为 90°时，^3J 约等于 0.3 Hz。

远程偶合的质子之间相隔三个化学键以上，因此，远程偶合常数较小，一般小于 1 Hz，如芳环和芳杂环的间位对氢的偶合就属于远程偶合。

根据偶合常数的大小，可以判断相互偶合的氢核键的连接关系，并帮助推断化合物的结构和构象。目前已经积累了大量偶合常数与结构关系的实验数据，供结构分析时查阅参考。表 7-5 列出了一些典型结构类型的质子自旋偶合常数。

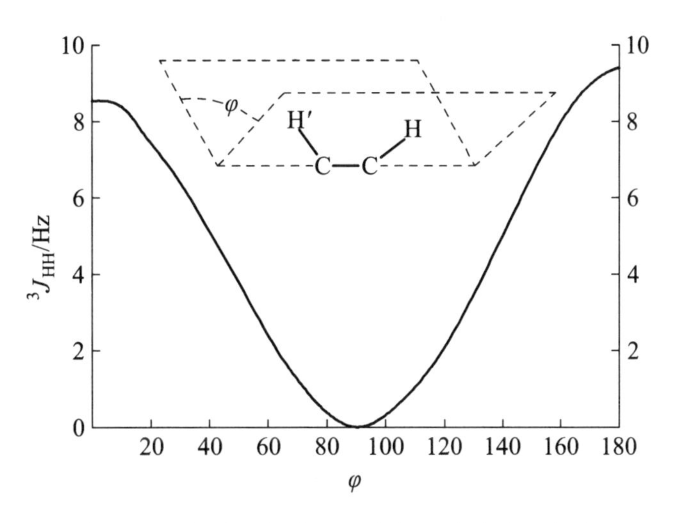

图 7-20 ^3J 与两面角夹角度数 φ 的关系示意图

表 7-5 一些典型结构的质子自旋偶合常数

类型	$J_{H\text{-}H}$/Hz	类型	$J_{H\text{-}H}$/Hz
>C< H, H（同碳）	12 ~ 15	>C=C(H)—C(H)=C<	10
H—C—C—H	6 ~ 8	苯环（1, 2, 3, 4）	$J_{1\text{-}2}$=6 ~ 10　$J_{1\text{-}3}$=1 ~ 4 $J_{1\text{-}4}$=0 ~ 2
H—C—C—C—C—H	0	吡啶（N, 2, 3, 4, 5, 6）	$J_{2\text{-}3}$=4.9 ~ 5.7　$J_{2\text{-}4}$=1.6 ~ 2.6 $J_{2\text{-}5}$=0.7 ~ 1.1　$J_{2\text{-}6}$=0.2 ~ 0.5 $J_{3\text{-}4}$=7.2 ~ 8.5　$J_{3\text{-}5}$=1.4 ~ 1.9
H>C=C<H	顺式 7 ~ 11 反式 12 ~ 19	呋喃（O, 2, 3, 4, 5）	$J_{2\text{-}3}$=1.6 ~ 2.0　$J_{2\text{-}4}$=0.6 ~ 1.0 $J_{2\text{-}5}$=1.3 ~ 1.8　$J_{3\text{-}4}$=3.2 ~ 3.8
H—C—O—H	3 ~ 6		
H—C—C(=O)—H	2 ~ 3	噻吩（S, 2, 3, 4, 5）	$J_{2\text{-}3}$=4.9 ~ 6.2　$J_{3\text{-}4}$=3.4 ~ 5.0 $J_{2\text{-}4}$=1.2 ~ 1.7　$J_{2\text{-}5}$=3.2 ~ 3.7
H—C≡C—H	2 ~ 3		

由此可见，偶合常数是推导结构的又一重要参数。在 ^{1}H-NMR 谱中，化学位移（δ）提供不同化学环境的氢信息；积分高度（h）代表峰面积，其简比为各组氢数目之简比；而裂分峰的数目和 J 值可分别判断相互偶合的氢核数目和基团的连接方式及化合物结构或构象。

四、核的化学等价和磁等价

1. 化学等价

在核磁共振谱中，有相同化学环境的核具有相同的化学位移。这种有相同化学位移的核称为化学等价的核。例如，在苯环上的六个氢所处的化学环境相同，它们的化学位移相同，所以它们是化学等价的。

化学等价分为快速旋转化学等价和对称化学等价。快速旋转化学等价是指若两个或两个以上质子在单键快速旋转过程中位置可对应互换，则为化学等价。如氯乙烷、乙醇中—CH_3的三个质子为化学等价。对称性化学等价是指分子构型中存在对称性（点、线、面），通过某种对称操作后，分子中可以互换位置的质子则为化学等价，如反式 1, 2-二氯环丙烷中 H^a 与 H^b，H^c 与 H^d 分别为化学等价质子。

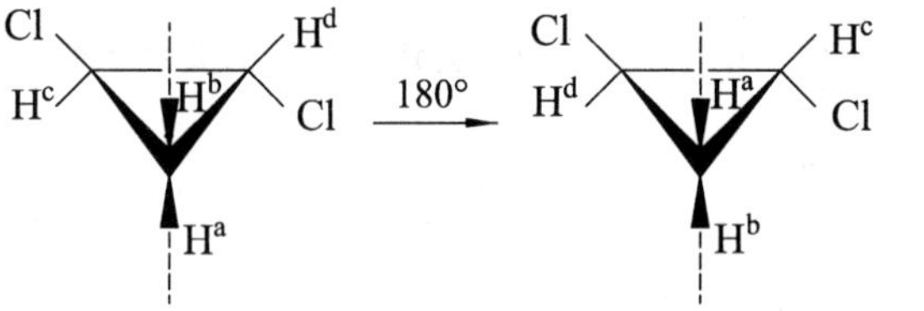

而顺式 1, 2-二氯环丙烷上的 H^a 与 H^b 和丁烯酮中双键 CH_2 上的两个质子不是化学等价的。

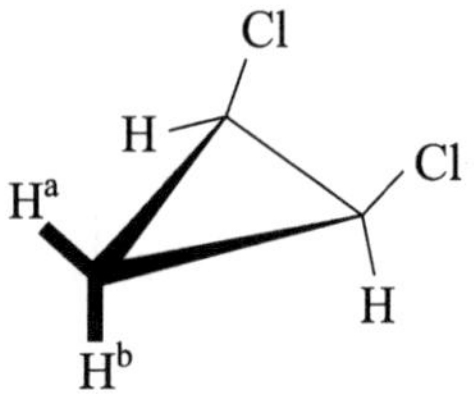

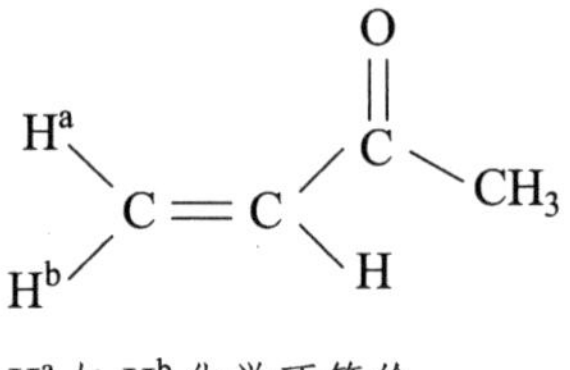

H^a 与 H^b 化学不等价

还有，与手性碳相连的—CH_2—的两个质子是化学不等价的。例如，1, 2-二溴丙烷（$CH_3CHBrCH_2Br$）中亚甲基上的两个质子由于与手性碳相连，所处的化学环境不同，因而，也是化学不等价的。

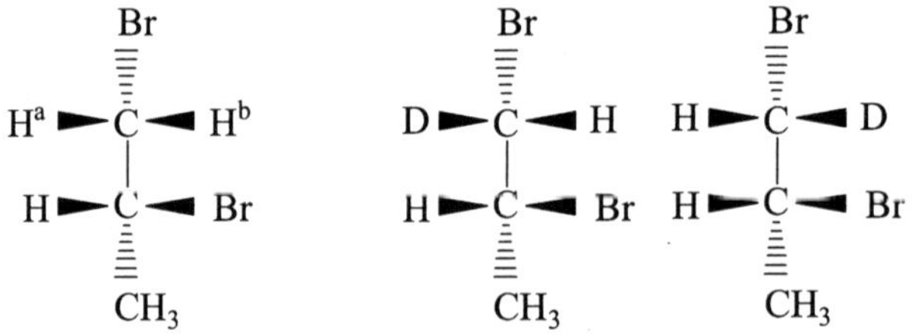

H^a 与 H^b 化学不等价

不与手性碳相连的—CH_2—的两个质子，若互为对映关系，则是化学等价的，如 1-硝基丙烷（$CH_3CH_2CH_2NO_2$）；若互为非对映关系，则不是化学等价的，例如，化合物 $CH_3CH(OCH_2CH_3)_2$ 分子上—CH_2—的两个质子 H^a 和 H^b 的化学位移值就分别为 3.5 和 3.7。

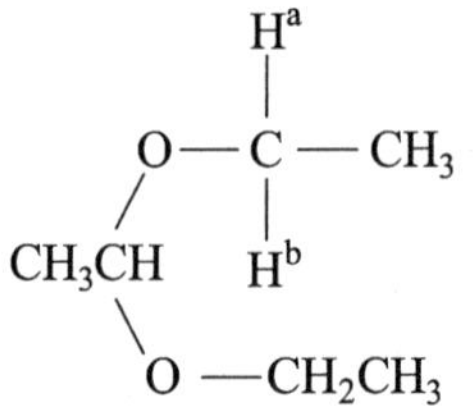

	δ
H^a	3.50
H^b	3.70

另外，当单键能快速旋转时，同一原子上的两个质子是化学等价的，如环己烷同一碳原子上相连的两个氢就能发生快速翻转，因而，它们是化学等价的。

快速翻转

化学等价质子一定具有相同的化学位移，化学不等价质子也可能具有相同的化学位移。例如，$CH_3C\equiv CH$，化学位移 δ 值都为 1.8 ppm，但这纯属巧合，极为少见。

2. 磁等价

所谓磁等价是指分子中的两个核或基团既是化学等价的，又对任意另一个原子核的偶合常数也相同。例如，在二氟甲烷中，两个质子的化学位移相同，并且它们对两个 F 的偶合常数也相同，因此，两个质子是磁等价的。应该指出的是，磁等价的核之间虽有自旋干扰，但并不产生峰的裂分；而只有磁不等价的核之间发生偶合时，才会产生峰的裂分。

虽然化学等价的核不一定是磁等价的，但磁等价的核一定是化学等价的。例如，在 1, 1-二氟乙烯中：

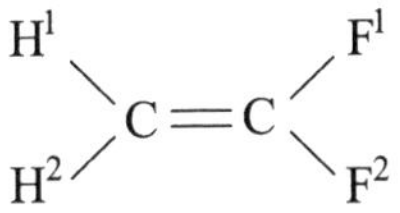

$$\begin{matrix} H^1 & & & & F^1 \\ & \diagdown & & \diagup & \\ & C & = & C & \\ & \diagup & & \diagdown & \\ H^2 & & & & F^2 \end{matrix}$$

两个 H 和两个 F 虽然化学环境相同，是化学等价的，但是由于 H^1 与 F^1 是顺式偶合，与 F^2 是反式偶合；同理 H^2 和 F^2 是顺式偶合，与 F^1 是反式偶合。所以 H^1 和 H^2 是磁不等价的。

由此可以看出，在同一碳上的质子，不一定都是磁等价的。与手性碳原子相连的$—CH_2—$上的两个氢核，也是磁不等价的，例如，在化合物 2-氯丁烷中：

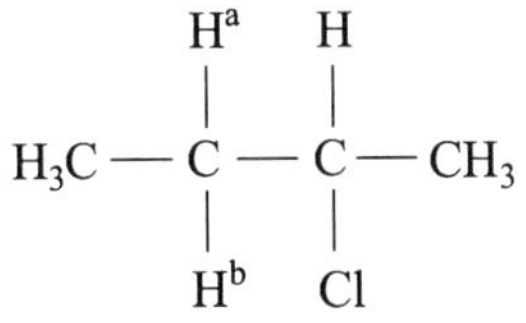

$$\begin{matrix} & & H^a & & H & & \\ & & | & & | & & \\ H_3C & — & C & — & C & — & CH_3 \\ & & | & & | & & \\ & & H^b & & Cl & & \end{matrix}$$

H^a 和 H^b 是磁不等价的。

化学等价质子具有相同的化学位移。化学等价质子的组数就是产生核磁共振信号的数目。磁等价的核之间不裂分，磁不等价的核之间发生偶合时会产生峰的裂分。因此，判断某组质子是化学等价还是磁等价，对核磁共振氢谱的解析和确定有机分子结构显得尤为重要。

第五节　核磁共振试样的制备和一级谱图的解析

一、试样的制备

1. 试样管

根据仪器和实验的要求，可选择不同外径（ϕ=5、8、10 mm）的试样管。微量操作还可使用微量试样管。为保持旋转均匀及良好的分辨率，管壁应均匀而平直。

2. 溶液的配制

试样质量浓度一般为 500～100 g·L^{-1}，需纯样 15～30 mg。对傅里叶核磁共振仪，试样量可大大减少，^{1}H 谱一般只需 1 mg 左右，甚至可少至几微克；^{13}C 谱需要几到几十毫克试样。

3. 标准试样

进行实验时，每张图谱都必须有一个参考峰，以此峰为标准，求得试样信号的相对化学位移，一般简称化学位移。于试样溶液中加入约 10 g·L^{-1} 的标准试样，TMS 所有氢都是等价的，得到相当强度的参考信号只有一个峰；与绝大多数有机化合物相比，TMS 的共振峰出现在高磁场区；此外，它的沸点较低（26.5 °C），容易回收。在文献上，化学位移数据大多以它作为标准试样，其化学位移 $\delta = 0$。值得注意的是，在高温操作时，需用六甲基二硅醚（HMDS）为标准试样，它的 $\delta = 0.04$。在水溶液中，一般采用 3-甲基硅丙烷磺酸钠 [$(CH_3)_3SiCH_2CH_2CH_2SO_3^-Na^+$，DDS] 做标准试样，它的三个等价甲基单峰的 $\delta = 0.0$，其余三个亚甲基淹没在噪声背景中。

4. 溶　剂

^{1}H 谱的理想溶剂是四氯化碳和二硫化碳。此外，还常用氯仿、丙酮、二甲亚砜、苯等含氢溶剂。为避免溶剂质子信号的干扰，多采用它们的氘代衍生物作为溶剂。值得注意的是，在氘代溶剂中常因残留 ^{1}H，在 NMR 谱图上出现相应的共振峰，如表 7-6 所示。

表 7-6　常用氘代溶剂中不同残余溶剂的 ^{1}H 化学位移

	mult	氘代溶剂							
		$CDCl_3$	$(CD_3)_2CO$	$(CD_3)_2SO$	C_6D_6	CD_3CN	CD_3OD	D_2O	C_5D_5N
残余溶剂峰		7.26	2.05	2.5	7.16	1.94	3.31	4.79	7.2 7.57 8.72
水峰	brs	1.56	2.84	3.33	0.4	2.13	4.87	7.79	4.96
$CHCl_3$	s	7.26	8.02	8.32	6.15	7.58	7.9		
$(CH_3)_2CO$	s	2.17	2.09	2.09	1.55	2.08	2.15	2.22	
$(CH_3)_2SO$	s	2.62	2.52	2.54	1.68	2.5	2.65	2.71	
C_6H_6	s	7.36	7.36	7.37	7.15	7.37	7.33		
CH_3CN	s	2.1	2.05	2.07	1.55	1.96	2.03	2.06	
CH_3OH	CH_3, s	3.49	3.31	3.16	3.07	3.28	3.34	3.34	
	OH, s	1.09	3.12	4.01		2.16			
C_5H_5N	CH(2), m	8.62	8.58	8.58	8.53	8.57	8.53	8.52	8.72
	CH(3), m	7.29	7.35	7.39	6.66	7.33	7.44	7.45	7.2
	CH(4), m	7.68	7.76	7.79	6.98	7.73	7.85	7.87	7.57

续表 7-6

	mult	氘代溶剂							
		$CDCl_3$	$(CD_3)_2CO$	$(CD_3)_2SO$	C_6D_6	CD_3CN	CD_3OD	D_2O	C_5D_5N
$CH_3COOC_2H_5$	CH_3, s	2.05	1.97	1.99	1.65	1.97	2.01	2.07	
	CH_2, q	4.12	4.05	4.03	3.89	4.06	4.09	4.14	
	CH_3, t	1.26	1.2	1.17	0.92	1.2	1.24	1.24	
CH_2Cl_2	s	5.3	5.63	5.76	4.27	5.44	5.49		
n-hexane	CH_3, t	0.88	0.88	0.86	0.89	0.89	0.9		
	CH_2, m	1.26	1.28	1.25	1.24	1.28	1.29		
C_2H_5OH	CH_3, t	1.25	1.12	1.06	0.96	1.12	1.19	1.17	
	CH_2, q	3.72	3.57	3.44	3.34	3.54	3.6	3.65	

二、一级图谱

一般来说，一级谱图的吸收峰数目、相对强度和排列次序遵守下列规则：

（1）一个峰被裂分成多重峰时，多重峰的数目将由相邻原子中磁等价的核数 n 来确定，其计算式为（$2nI+1$）。对于 ^1H 来说，自旋量子数 $I=1/2$，其计算式可写成（$n+1$）。在乙醇分子中，亚甲基峰的裂分数由邻近的甲基质子数目确定，即 (3+1)=4，为四重峰；甲基质子峰的裂分数由邻接的亚甲基质子数确定，即 (2+1)=3，为三重峰。

（2）裂分峰的峰面积之比，为二项式 $(a+b)^n$ 展开式中各项系数之比，n 为磁等价核的个数：二重峰 1∶1；三重峰 1∶2∶1；四重峰 1∶3∶3∶1 等。

例如，在化合物 $CH_3CH_2COCH_3$ 中，右侧的甲基质子与其他质子被三个以上的键分开，因此只能观察到一个峰；中间的—CH_2—质子则具有(3+1)=4 重峰，且面积之比为 1∶3∶3∶1；左侧甲基质子则具有(2+1)=3 重峰，其面积之比为 1∶2∶1。

（3）自旋裂分是质子之间相互作用引起的，因此，偶合常数 J 的大小与外部磁场的强度无关，而相互偶合的两组质子，其偶合常数 J 值相等。

（4）磁等价质子之间也有偶合，但不裂分，为单一尖峰。

（5）裂分峰组的中心位置是该组核的化学位移值，裂分峰之间的裂距反映偶合常数的大小。

一般相互偶合的两组核的化学位移差 $\Delta\nu$（以频率 Hz 表示，及$\Delta\delta\times$仪器频率）至少是它们偶合常数 J 的 6 倍以上，即 $\Delta\nu/J>6$ 时所得到的图谱为一级谱图，符合上述规则。这时化学位移的差值比偶合常数大得多，各组裂分峰互不干扰，谱图较为简单，易于解释。$\Delta\nu/J<6$ 时所得到的核磁共振图谱为高级谱图。高级自旋偶合行为较复杂，磁核间偶合作用不符合上述规则，将在下一节具体介绍简化高级谱图的方法。

三、一级谱图的解析

下面举例说明如何利用一张核磁共振谱图上的化学位移、偶合裂分和积分高度的信息来解析谱图。

【例 7.2】 已知丙酸甲酯（$CH_3CH_2COCH_3$）的核磁共振氢谱如图 7-21 所示，试指认各个吸收峰。

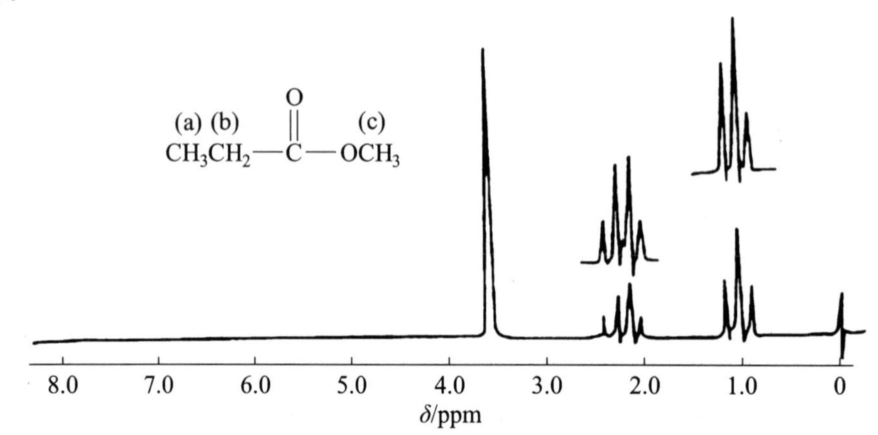

图 7-21 丙酸甲酯（$CH_3CH_2COCH_3$）的核磁共振氢谱

解：（1）由丙酸甲酯的结构式可知，甲基（—CH_3）（a）的化学位移值最小，在 δ=1.1 处，该峰被裂分为三重峰，说明该基团与亚甲基（—CH_2—）（b）相连，与亚甲基上的两个氢核相互偶合，所以在 δ=1.1 处的峰归属于—CH_3（a）。

（2）在 δ=2.3 处，该峰被裂分为四重峰，说明其与甲基（—CH_3）（a）相连，与甲基上的三个氢核相互偶合，所以在 δ=2.3 处的峰归属于—CH_2—（b）。

（3）由于甲基（—CH_3）（c）与吸电子基团—COO—相连，因而该甲基上的氢受到屏蔽作用较小，化学位移向低场方向移动，且不与其他氢核偶合，应为一单峰，因此，在 δ=3.6 处的峰归属于—CH_3（c）。

【例 7.3】 已知化合物 $C_{14}H_{14}$ 的核磁共振氢谱如图 7-22 所示，从右至左各峰化学位移 δ 分别为 2.89、7.19，峰面积比为 2∶5，试推出该化合物的结构式。

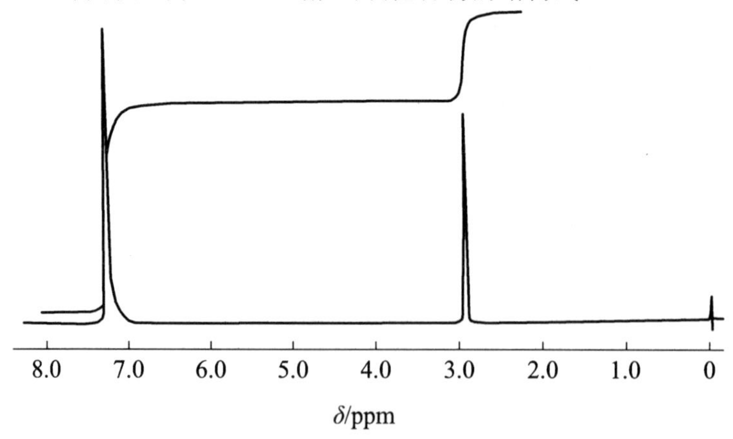

图 7-22 $C_{14}H_{14}$ 的核磁共振氢谱

解：（1）根据分子式计算不饱和度 U=8，结构式中可能含有一个或两个苯环。

（2）根据峰面积比 2∶5 和分子中氢数为 14 可知，从右到左 14 个氢的分布为 4∶10。

（3）根据化学位移可知，在 δ=2.89 处的单峰为亚甲基峰（—CH_2—），其化学位移值比与饱和基团相连的亚甲基的化学位移值高，即向低场移动，说明该亚甲基可能与含有双键的体系，如苯环等相连，产生了共轭效应；又因是一单峰，说明该亚甲基未与邻位氢核偶合，或是相连基团上的氢核与该亚甲基上的氢核为磁等性，因此峰未裂分。根据氢分布为 4 个氢，可能为两个相连的—CH_2—。

（4）在δ=7.19 处的峰为一孤立单峰。根据不饱和度和氢分布为 10 个氢，说明可能含有两个不与其他氢核偶合的单取代苯。

综上，$C_{14}H_{14}$的结构式为

C_6H_5—CH_2—CH_2—C_6H_5

【例 7.4】 已知化合物的分子式为 C_9H_{12}，核磁共振氢谱如图 7-23 所示，试推出其结构式。

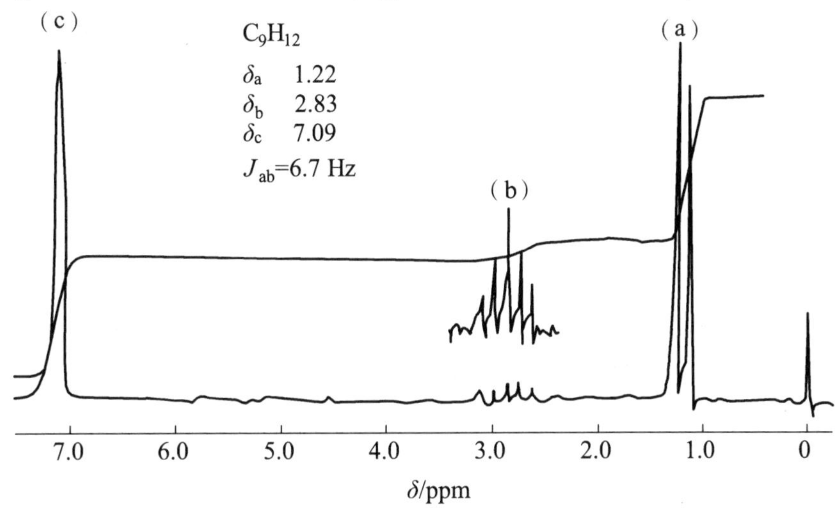

图 7-23 C_9H_{12} 的核磁共振氢谱

解：（1）根据分子式计算不饱和度 U=4，结构式中可能含有苯环。

（2）根据积分高度可知，从右到左 12 个氢的分布为 a∶b∶c=6∶1∶5。

（3）在δ_a=1.22 处的峰为甲基峰。根据氢分布，应是两个化学位移一致的甲基峰，此峰被裂分为二重峰（1∶1），说明与—CH—相连。

（4）在δ_b=2.83 处的峰为—CH—峰。该峰被裂分为七重峰，说明与 6 个氢相邻并发生偶合。

（5）在δ_c=7.09 处的峰为一孤立单峰。根据氢分布为 5 个氢，说明是不与其他氢核偶合的单取代苯。

综上，C_9H_{12}的结构式为

C_6H_5—CH(CH_3)—CH_3

第六节　高级谱图的简化方法

目前，大多数有机化合物的核磁共振谱都是比一级谱图复杂得多的高级谱图，具体表现

在如下几方面：

（1）由于发生了附加裂分，谱线裂分的数目不再像一级图谱那样符合（$2nI+1$）规律。

（2）吸收峰的强度（面积）比不能用二项式展开式系数来预测。

（3）峰间的裂距不一定等于偶合常数，多重峰的中心位置不等于化学位移值。因此，一般无法从共振谱图上直接读取 J 和 δ 值。

对于高级谱图，通常可以采用加大仪器的磁场强度、双照射法、加入位移试剂等方法和手段简化为近似的一级谱图，以便进行解析。

一、加大磁场强度

偶合常数 J 是不随外磁场强度的改变而变化的。但是，共振频率的差值 $\Delta\nu$ 却随外磁场强度的增大而逐渐变大。因此，加大外磁场强度，可以增加 $\Delta\nu/J$ 的值，直到 $\Delta\nu/J>6$，即可获得一级图谱，便于解析。这就是为什么人们设法造出尽可能大磁场强度的核磁共振仪的原因。例如，1, 2, 3-三羟基苯在 100 MHz 谱仪上测定时，其 $\Delta\nu/J=4.5$，得到的是高级谱图，但在 300 MHz 谱仪上测定时，由于 $\Delta\nu$ 也增大到原来的 3 倍，而 J 不变，所以 $\Delta\nu/J=13.5$，远大于 6，得到的是一级谱图。

二、双照射法（双共振法）

若化学位移不同的 H^a 与 H^b 核之间存在偶合，在正常扫描的同时，采用另一强的射频照射 H^b 核，并且使照射的频率恰好等于 H^b 核的共振频率，此时，H^b 核由于受到强的辐射，便在-1/2 和+1/2 两个自旋态间迅速往返，从而使 H^b 核如同一非磁性核，不再对 H^a 产生偶合作用。在这种情况下，H^a 核的谱线将变为单峰，这种技术称为双照射法（双共振法）或去偶法。去偶法不仅可以简化图谱，而且可以确定哪些核与去偶质子有偶合关系。

图 7-24 为巴豆醛的核磁共振氢谱，各基团间的偶合使烯烃质子峰形十分复杂，如图 7-24（a）所示。但是，通过对甲基质子去偶之后，烯烃质子的信号便大为简化，如图 7-24（b）所示，从而有利于谱图解析。

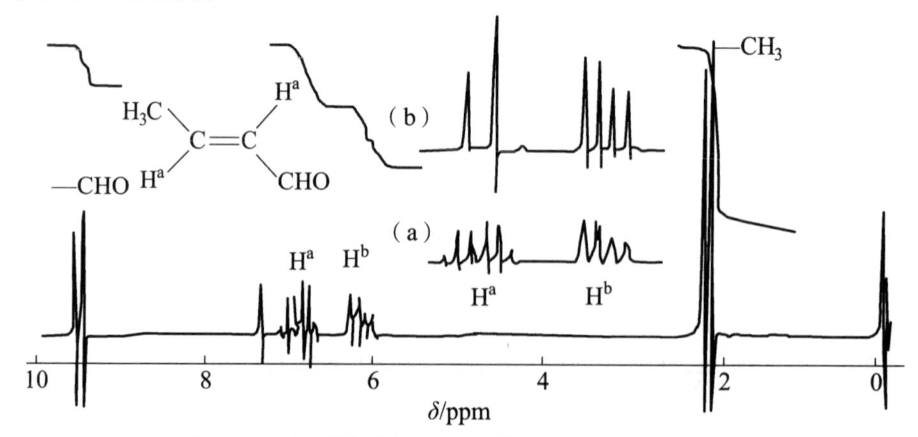

图 7-24　巴豆醛的 ^{1}H-NMR 谱（$CDCl_3$，90 MHz）

核奥弗豪泽效应（nuclear Overhauser effect），简称 NOE，与去偶法类似，它也是一种形式的双照射实验。当分子内有空间位置彼此靠得很近的两个质子 H^a 和 H^b（不管它们是否有直接的键和关系），如果用双照射法照射其中一个质子 H^b，使之达到饱和，则另一个靠近的质子 H^a 的共振信号就会增加，这就是 Overhauser 效应。

这一效应的大小与质子间距离的六次方成反比，当质子间的距离在 0.3 nm 以上时，就观察不到这一现象，因而，对于确定分子的空间构型十分有用。产生这一现象的原因为：两个质子空间位置十分靠近时，相互弛豫较强，因此当其中一个质子受到照射达到饱和时，它会把能量转移给另一个质子，于是另一质子的能量吸收也增多，共振吸收峰的峰面积明显增大。

三、位移试剂

位移试剂是指在不增加外磁场强度的情况下，使试样质子的信号发生位移的试剂。位移试剂主要是镧系金属离子的有机配合物，其中以铕（Eu）和镨（Pr）的 *β*-二酮配合物最为常用，称为镧系位移试剂，如

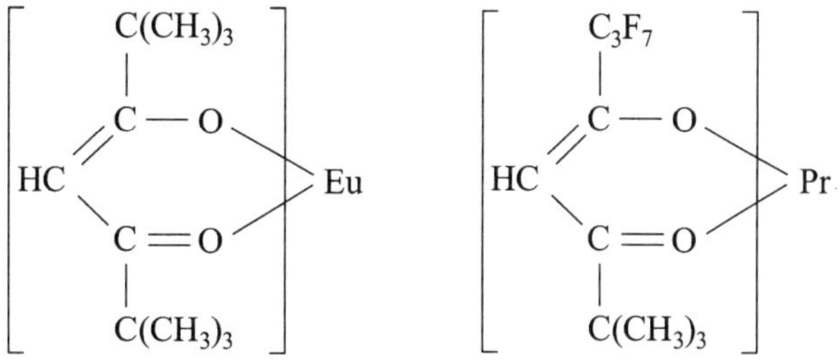

$$\left[\begin{array}{c} C(CH_3)_3 \\ | \\ HC\overset{/\!/}{}C-O \\ \quad\quad\quad\quad\; \rangle Eu \\ \;\;\diagdown C=O \\ | \\ C(CH_3)_3 \end{array}\right] \qquad \left[\begin{array}{c} C_3F_7 \\ | \\ HC\overset{/\!/}{}C-O \\ \quad\quad\quad\quad\; \rangle Pr \\ \;\;\diagdown C=O \\ | \\ C(CH_3)_3 \end{array}\right]$$

可分别简写为 $Eu(FOD)_3$ 和 $Pr(DPM)_3$。在试样中加入配合物 $Pr(DPM)_3$ 或 $Eu(DPM)_3$ 后，配合物中的 Pr^{3+}或 Eu^{3+}也可能再与含有—NH_2、—OH、—C═O 基团的化合物进行配位。此时，中心离子 Eu^{3+}或 Pr^{3+}的孤对电子的磁场将强烈地改变相应一些化合物的质子的化学位移，而且离配位键越近的质子改变越大，越远的质子改变越小。这样，原来重叠的共振信号，便有可能展开。

需注意，在使用 Eu^{3+}或 Pr^{3+}配合物测定核磁共振谱时，为了避免溶剂与被分析试样之间对金属离子的配位竞争，一般采用非极性溶剂，如 CCl_4、$CDCl_3$、C_6D_6 等。

第七节　^{13}C-NMR 及其他核磁共振谱

虽然自然界中具有磁矩的同位素有 100 多种，但迄今为止，只研究了其中较少核的共振行为。除 ^{1}H 谱外，目前研究最多、应用最广的是 ^{13}C 谱，其次是 ^{19}F 谱、^{31}P 谱和 ^{15}N 谱。

一、^{13}C-NMR

^{13}C 的天然丰度很低，在自然界中，它仅是 ^{12}C 的 1.1%，另外，^{13}C 的磁旋比约为 ^{1}H 核的 1/4。因此，^{13}C 谱的相对灵敏度仅是 ^{1}H 谱的 1/5600。所以 ^{13}C 核的测定是十分困难的。此外，^{13}C 核的纵向弛豫时间（10^{-8}～10^3 s）明显大于质子，使得 ^{13}C 的谱线易于饱和。因此，^{13}C 核

磁共振谱的发展较其他核（如 ^{19}F、^{31}P、^{15}N 等）缓慢得多。随着傅里叶变换核磁共振仪的出现和发展，^{13}C 核磁共振技术才逐渐发展成为可进行常规测试的手段。

^{13}C 核磁共振谱法和 ^{1}H 核磁共振谱法相比有其优越性，^{1}H 谱只能提供分子“外围”结构信息，而 ^{13}C 谱可以获得有机化合物分子骨架的结构信息，例如，^{13}C 谱可直接得到羰基（C═O）、腈基（C≡N）和季碳原子等信息。另外，^{1}H 谱的化学位移范围约为 20，而 ^{13}C 谱的化学位移范围达 200 以上，比 ^{1}H 大 10 倍以上，因此在 ^{13}C 谱中，峰间重叠的可能性较小。例如，对于相对分子质量在 200～400 之间的化合物，往往可以观测到各个碳的共振峰。

（一）质子去偶

在有机化合物中，C—C 及 C—H 都是直接相连的。由于 ^{13}C 的天然丰度仅为 1.1%，^{13}C-^{13}C 自旋偶合通常可以忽略。而 ^{13}C-^{1}H 之间的偶合常数很大，常达到几百赫兹。对于结构复杂的化合物，因偶合裂分峰太多，导致图谱复杂，难以解析；同时随着裂分峰数目的增多，信噪比降低。为了克服这一缺点，最大限度地得到 ^{13}C-NMR 谱的信息，一般选用质子去偶法简化 ^{13}C-NMR 谱，以便解析。除最为常用的质子宽带去偶法（broad band decoupling method）以外，还有偏共振去偶法（off-resonance decoupling method）：识别各种碳原子的类型；选择性质子去偶法（selective decoupling method）：识别谱线归属；无畸变极化转移增强技术（distortionless enhancement by polarization transfer，DEPT）：提高 ^{13}C 核的观测灵敏度，确定碳原子的类型等。

1. 质子宽带去偶

质子宽带去偶法是在测定 ^{13}C 核的同时，用在质子共振范围内的另一强频率照射质子，以除掉 ^{1}H 对 ^{13}C 的偶合。质子去偶法使每个磁性等价的 ^{13}C 核成为单峰，这样不仅图谱大为简化，容易对信号进行分别鉴定并确定其归属。同时，去偶时伴随有核的 Overhauser 效应，也使吸收强度增大。质子宽带去偶法的缺点是完全除去了与 ^{13}C 核直接相连的 ^{1}H 的偶合信息，因而也失去了对结构解析有用的有关碳原子类型的信息，这对分析图谱是不利的。为此，又发展了偏共振去偶法，以作为宽带去偶法的补充。

2. 偏共振去偶

偏共振去偶法是使用弱射频能照射 ^{1}H 核，使与 ^{13}C 核直接相连的 ^{1}H 和 ^{13}C 之间还留下部分自旋偶合作用。通常从偏共振去偶法测得的裂分峰数，可以得到与碳原子直接相连的质子数。例如，对 sp^3 碳原子有下列裂分峰数：

基团	裂分峰
—CH_3	四重峰（q）
—CH_2—	三重峰（t）
>CH—（—CH 上下各连一键）	二重峰（d）
>C<（—C 上下各连一键）	单峰（s）

通常 ^{13}C 谱为宽带去偶图，为区分碳原子的级数，需再作偏共振去偶谱。如图 7-25 就是 2-甲基-1, 4-丁二醇的质子宽带去偶谱（a）和偏共振去偶谱（b）。

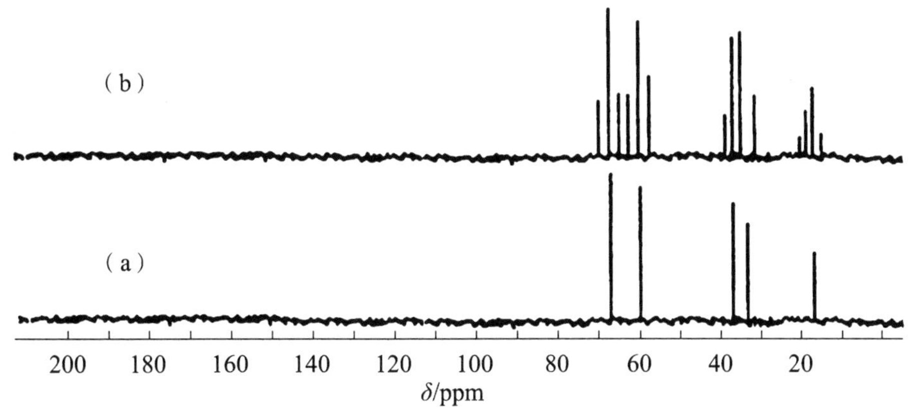

图 7-25　2-甲基-1, 4-丁二醇的质子宽带去偶谱（a）和偏共振去偶谱（b）

3. 无畸变极化转移增强技术

无畸变极化转移增强技术，简称 DEPT，是通过改变照射 ^1H 核的脉冲角度（θ）或设定不同的弛豫时间，使不同类型的碳信号以单峰形式出现，用来确定碳原子级数或类型。例如，DEPT 45°谱，—CH—、—CH_2—、—CH_3 均出正峰；DEPT 90°谱时，—CH—出峰，其他碳不出峰；DEPT 135°谱，—CH—、—CH_3 出正峰，—CH_2—出负峰。如图 7-27 为 β-苯丙烯酸乙酯的 ^{13}C-NMR 谱，其中（a）为 DEPT 135°谱；（b）为 DEPT 90°谱；（c）为 DEPT 45°谱；（d）为质子宽带去偶谱。

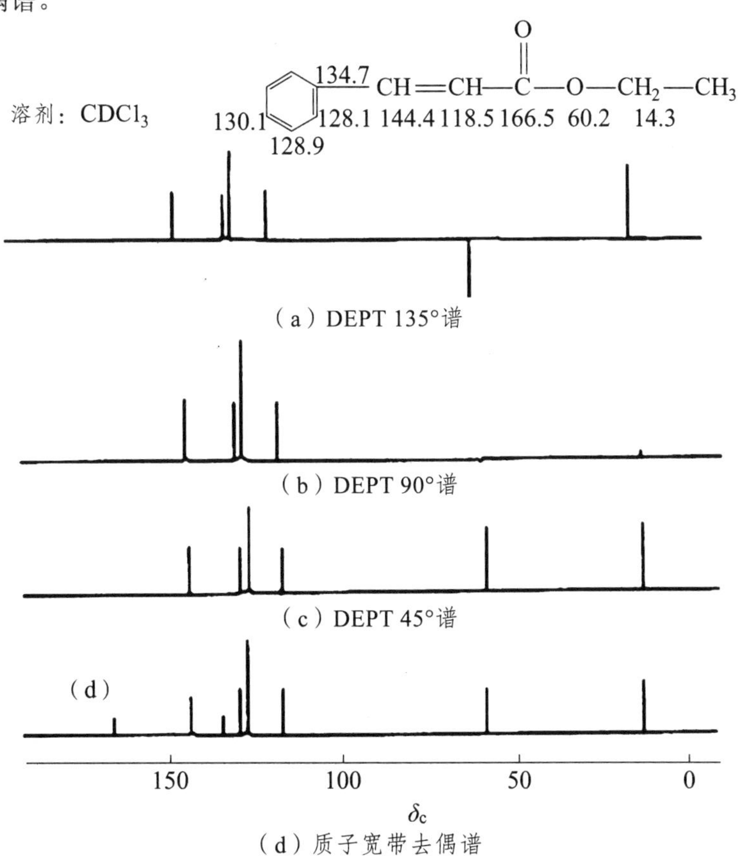

图 7-26　β-苯丙烯酸乙酯的 ^{13}C-NMR 谱

4. 选择性质子去偶

选择性质子去偶法是用某一特定质子共振频率的射频照射该质子，以去掉被照射质子对 ^{13}C 的偶合，使 ^{13}C 成为单峰，从而确定相应 ^{13}C 信号的归属。

（二）化学位移

^{13}C 化学位移所使用的内标化合物的要求与质子相同，近年来，也采用 TMS 作为 ^{13}C 化学位移的零点。绝大多数有机化合物的 ^{13}C 化学位移都出现在 TMS 低场，因而它们的化学位移都为正值。表 7-7 列出了几种不同碳原子的化学位移范围。

对比 ^{13}C 谱和 ^{1}H 谱的化学位移，它们有许多相似之处：从高场到低场，碳谱共振位置的顺序为饱和碳原子、炔碳原子、烯碳原子、羰基碳原子，而氢谱为饱和氢、炔氢、烯氢、醛基氢等；与电负性基团相连，化学位移都移向低场（表 7-7）。这些相似性对解析谱图，对偏共振去偶辐射位置的选取都有参考意义。此外，^{13}C 谱的化学位移还受试剂、pH、温度等影响。

表 7-7　几种不同碳原子的化学位移范围

化合物类型	碳	δ	化合物类型	碳	δ
链烷	R_4C	0 ~ 82	氰	R—C≡N	117 ~ 126
炔烃	R—C≡C—R	65 ~ 100	酮和醛	R_2—C═O	174 ~ 225
链烯	$R_2C═CR_2$	82 ~ 160	羧酸衍生物	R—COX	150 ~ 186
醇	C—OH	40 ~ 90	芳香环		82 ~ 160
醚	C—O—C	55 ~ 90			
硝基	C—NO_2	60 ~ 80			

注：R=烷基、芳基或 H；X=OR、NR_2、卤素。

（三）^{13}C-NMR 在结构测定中的应用

与 ^{1}H-NMR 一样，^{13}C-NMR 最重要和最广泛的应用是确定有机化合物和生物化学物质的结构。与 ^{1}H-NMR 不同的是，^{13}C-NMR 主要应用化学位移值确定结构，而较少用自旋偶合数据。

为了解释某些复杂的 NMR，可采用二维核磁共振谱（2D-NMR）。它是通过对 2 个时间函数 FID 的二次傅里叶变换，将通常挤在一维 NMR 谱中的一个频率轴上的 NMR 谱在二维空间展开，从而较清晰地提供了更多的信息。由于 2D-NMR 简化了谱图的解析，使 NMR 技术成为研究生物大分子在溶液中结构和动力学性质的有效而重要的手段。^{13}C 谱还可用于测定固定试样。

（四）^{13}C-NMR 谱解析示例

【例 7.5】　已知化合物：

$(CH_3)_2N$—⟨苯环⟩—CHO

^{13}C-NMR 谱如图 7-27 所示，请指出图中（1）～（6）六条谱线的归属。

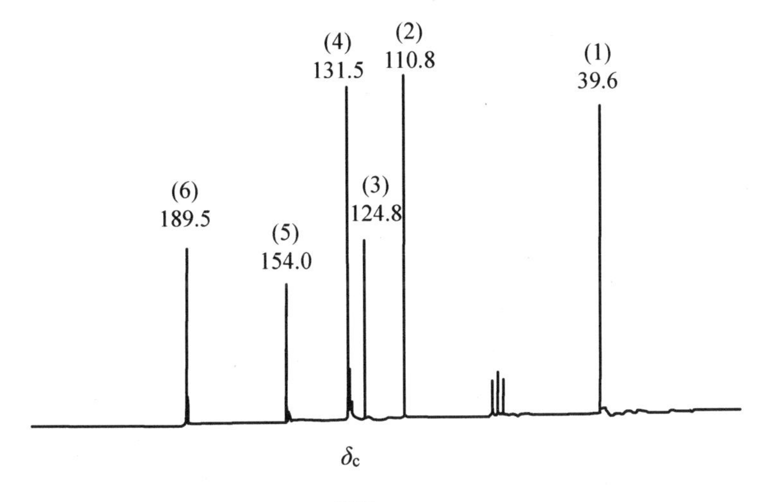

图 7-27　$(CH_3)_2N$—⟨苯环⟩—CHO的质子宽带去偶谱

解：（1）由化合物结构式可知，化合物含有 9 个碳原子，又因为图中 6 条碳谱线从右至左的高度比为 2∶2∶1∶2∶1∶1,所以从右至左对应的碳原子数分布也为 2∶2∶1∶2∶1∶1。

（2）根据碳谱的化学位移值和影响因素可知，在 δ_c=39.6 处的峰为甲基上的饱和碳峰；δ_c=110.8、124.8、131.5 和 154.0 处的峰则归属于苯环上的 6 个碳，其中因为—CHO 电负性强于—$(CH_3)_2N$，所以可知，在 δ_c=154.0 处的峰归属于与—CHO 相连的那个苯环碳原子，而 δ_c=131.5 处的峰则归属于与该碳原子直接相连的苯环上的另两个碳原子；同理，在 δ_c=124.8 处的峰归属于与—$(CH_3)_2N$ 直接相连的那个苯环碳原子，而 δ_c=110.8 处的峰则归属于与该碳原子直接相连的苯环上的另两个碳原子。最后，在 δ_c=189.5 处的峰应归属于醛基上的碳原子。

综上，碳原子的归属可标为

$(\overset{1}{C}H_3)_2N$—$\overset{3}{C}$⟨苯环：2, 4, 2, 4⟩$\overset{5}{C}$—$\overset{6}{C}HO$

二、^{31}P-NMR 和 ^{19}F-NMR

^{31}P 也有一些锐的共振峰，其化学位移范围可达 700。当外磁场强度为 4.7T 时，^{31}P 的共振频率为 81.0 MHz。磷核化学位移和结构相关性的研究，已有大量的报道，以 ^{31}P 共振谱为基础的应用，进行了大量的工作，特别是在生物化学领域中。

^{19}F 核的磁旋比十分接近 ^{1}H。因此，若将它们都放在 4.69 T 的磁场中，氟核发生共振需要的频率为 188 MHz，比 ^{1}H 核（200MHz）略低一点。因此，将质子共振仪作一些小的变动，就可用来研究 ^{19}F 谱。实验证明，^{19}F 核的化学位移范围了达 300，在测定 ^{19}F 的峰位时，溶剂起着重要的作用。当然，与 ^{1}H 峰相比，氟的化学位移与结构关系信息，还有待进一步研究。

习 题

1. 解释下列各词。

（1）屏蔽效应和去屏蔽效应；

（2）自旋偶合和自旋裂分；

（3）化学位移和偶合常数；

（4）化学等价核和磁等价核。

2. 下列哪一组原子核不产生核磁共振信号，为什么？

（1）$^{2}_{1}H$、$^{14}_{7}N$　（2）$^{19}_{9}F$、$^{12}_{6}C$　（3）$^{12}_{6}C$、$^{1}_{1}H$　（4）$^{12}_{6}C$、$^{16}_{8}O$

3. 在 $CH_3—CH_2—CH_3$ 分子中，亚甲基质子峰精细结构的强度比为（　　）

A. 1∶3∶3∶1　B. 1∶4∶6∶6∶4∶1

C. 1∶5∶10∶10∶5∶1　D. 1∶6∶15∶20∶15∶6∶1

4. $ClCH_2—CH_2Cl$ 分子的核磁共振图在自旋-自旋裂分后，预计（　　）

A. 质子有 6 个精细结构　B. 有 2 个质子吸收峰

C. 不存在裂分　D. 有 5 个质子吸收峰

5. 核磁共振波谱法中乙烯、乙炔、苯分子中质子化学位移值大小顺序正确的是（　　）

A. 苯 > 乙烯 > 乙炔　B. 乙炔 > 乙烯 > 苯

C. 乙烯 > 苯 > 乙炔　D. 三者相等

6. 化合物 $C_3H_5Cl_3$，^1H-NMR 谱图上有 3 组峰的结构式是（　　）

A. $CH_3—CH_2—CCl_3$　B. $CH_3—CCl_2—CH_2Cl$

C. $CH_2Cl—CH_2—CH_2Cl$　D. $CH_2Cl—CH_2—CHCl_2$

7. 化合物$(CH_3)_2CHCH_2CH(CH_3)_2$，在 ^1H-NMR 谱图上，从高场至低场峰面积之比为（　　）

A. 6∶1∶2∶1∶6　B. 2∶6∶2　C. 6∶1∶1　D. 6∶6∶2∶2

8. 化合物 $Cl—CH_2—CH_2—Cl$ 的 ^1H-NMR 谱图上为（　　）

A. 1 个单峰　B. 1 个三重峰　C. 2 个二重峰　D. 2 个三重峰

9. 测定某有机化合物中某质子的化学位移值δ在不同的条件下，其值（　　）

A. 磁场强度大的δ大　B. 照射频率大的δ大

C. 磁场强度大、照射频率也大的δ大　D. 不同仪器的δ相同

10. 核磁共振波谱法中，化学位移的产生是由于以下哪个造成的（　　）

A. 核外电子云的屏蔽作用　B. 自旋偶合

C. 自旋裂分　D. 弛豫过程

11. 共轭效应使质子的化学位移值 δ（　　）

A. 不改变　B. 变大　C. 变小　D. 变大或变小

12. 磁各向异性效应使质子的化学位移值 δ（　　）

A. 不改变　B. 变大　C. 变小　D. 变大或变小

13. 氢键的形成使质子的化学位移值 δ（　　）

A. 变大　　　　B. 变小　　　　C. 变大或变小　　　D. 不改变

14. 请分析下列化合物中不同类型氢的偶合常数大小，排列正确的是（　　）

(b)H　C=C　C(=O)H(a)
(d)H_3C　　　H(c)

A. $J_{ac} > J_{bc} > J_{cd} > J_{bd}$　　　　B. $J_{bc} > J_{ac} > J_{cd} > J_{bd}$

C. $J_{bc} > J_{ac} > J_{bd} > J_{cd}$　　　　D. $J_{ac} > J_{bc} > J_{bd} > J_{cd}$

15. 磁等价与化学等价有什么区别？说明下述化合物中那些氢是磁等价或化学等价的及其峰形（单峰、二重峰……）。

A. Cl—CH═CH—Cl　　　　B. $CH_3CH═CCl_2$

C. (H^a)(H^b)C═C(Cl)(Cl)　　　　D. (H^a)(H^b)C═C(H^c)(Cl)

16. ^{13}C-NMR 谱碳原子的化学位移大小一般符合什么规律？

17. 根据下列 NMR 数据，推出化合物的结构式。

（1）C_7H_9N：δ 1.52（s，2H），δ 3.85（s，2H）及 δ 7.29（s，5H）

（2）C_3H_7Cl：δ 1.51（d，6H）及 δ 4.11（sept.，1H）

18. 已知化合物 $C_{10}H_{12}O_2$ 的核磁共振氢谱（图 7-28）中 δ 2.0（s），δ 2.9（t），δ 4.3（t）及 δ 7.3（s）。试推出该化合物的结构式，并指认各峰归属。

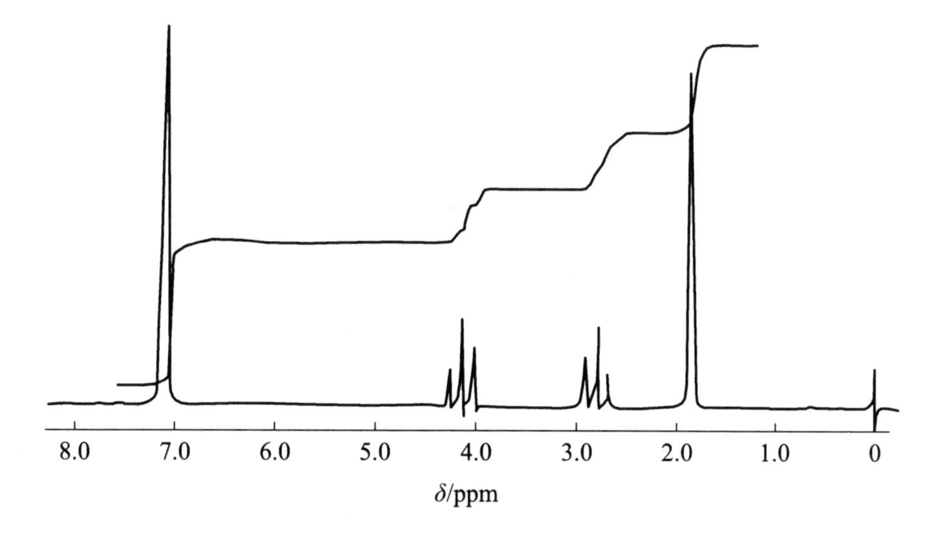

图 7-28　$C_{10}H_{12}O_2$ 的 ^{1}H-NMR 谱

19. 已知化合物 $C_9H_{10}O$ 的核磁共振氢谱（图 7-29）中 δ 1.2（t，3H），δ 3.0（qua.，2H）及 δ 7.4～8.0（m，5H），试推出该化合物可能的结构式。

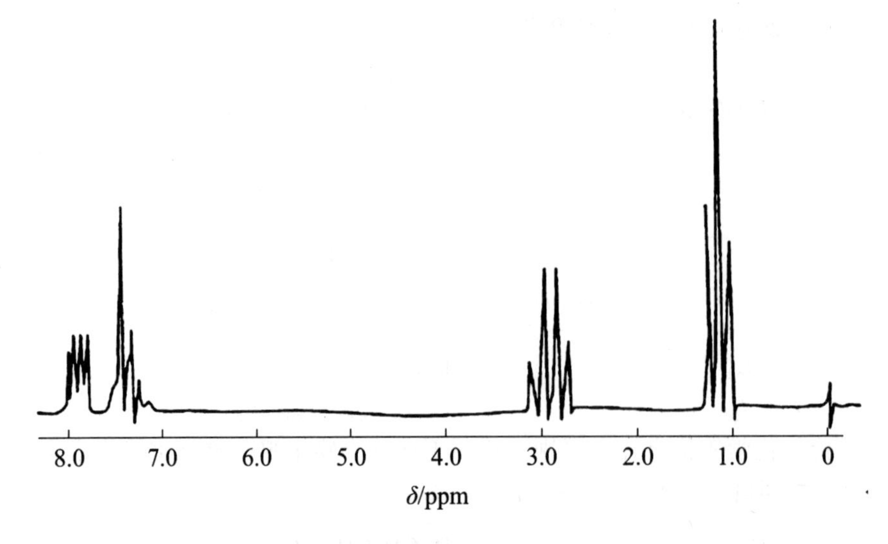

图 7-29 $C_9H_{10}O$ 的 ^{1}H-NMR 谱

20．试根据已知的分子结构式，指出图 7-30 中各个峰的归属。

$$CH_3\overset{\displaystyle O}{\overset{\|}{C}}NH-C_6H_4-OCH_2CH_3$$

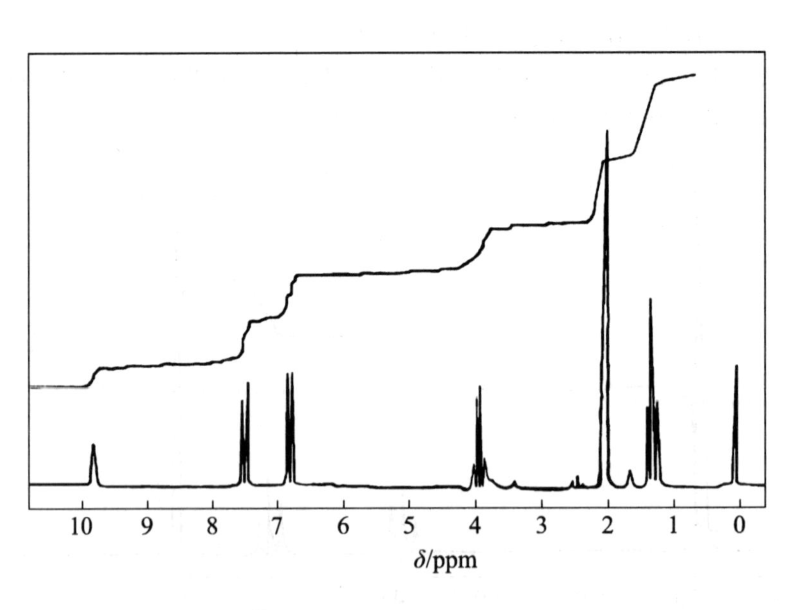

图 7-3 $CH_3\overset{O}{\overset{\|}{C}}NH-C_6H_4-OCH_2CH_3$ 的 ^{1}H-NMR 谱

21．某一含有 C、H、N 和 O 的化合物，其相对分子质量为 147，C 的质量分数为 73.5%，H 为 6%，N 为 9.5%，O 为 11%，核磁共振谱如图 7-31 所示。试推测该化合物的结构。

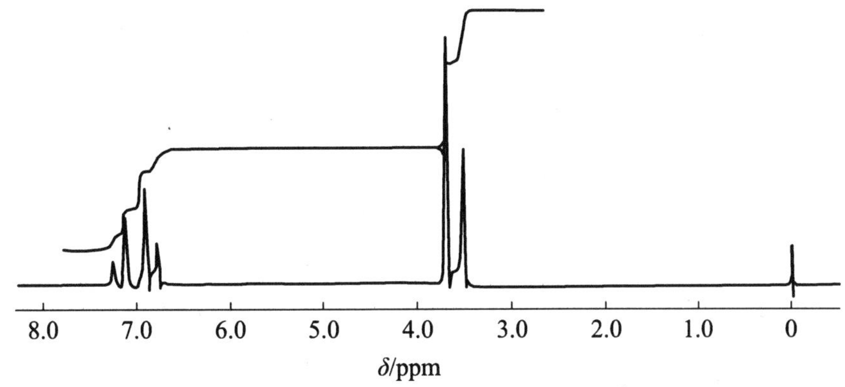

图 7-31 含有 C、H、N 和 O 的未知化合物的 ^{1}H-NMR 谱

22. 已知化合物的分子式为 $C_{10}H_{10}Br_2O$，核磁共振谱如图 7-32 所示。试推测该化合物的结构。

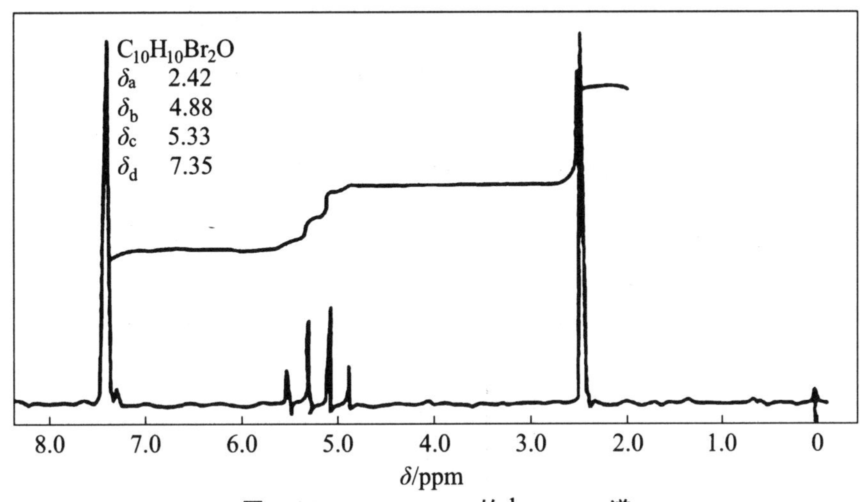

图 7-32 $C_{10}H_{10}Br_2O$ 的 ^{1}H-NMR 谱

23. 已知化合物 $C_2H_5C（CH_3）_2OH$ 的结构式如图 7-33 所示，请根据其结构将 ^{13}C-NMR 谱中编号的各峰进行归属。

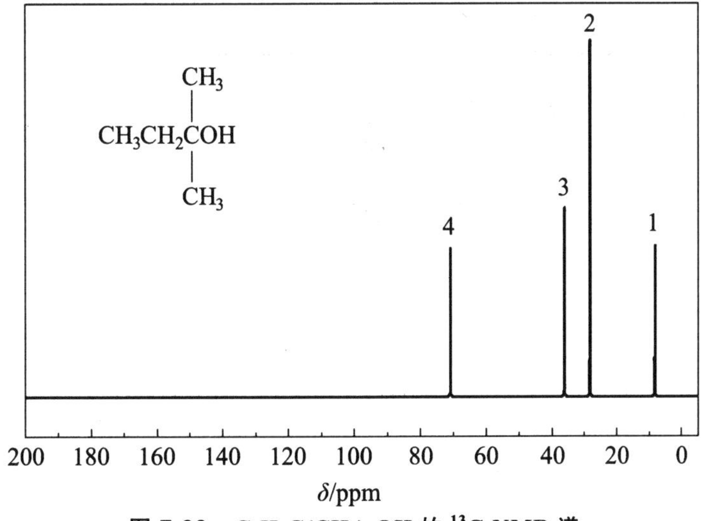

图 7-33 $C_2H_5C(CH_3)_2OH$ 的 ^{13}C-NMR 谱

24. 未知化合物 C_5H_8O 的 ^{13}C-NMR 谱如图 7-34 所示，请推测其结构，并将谱中编号的各峰进行归属。

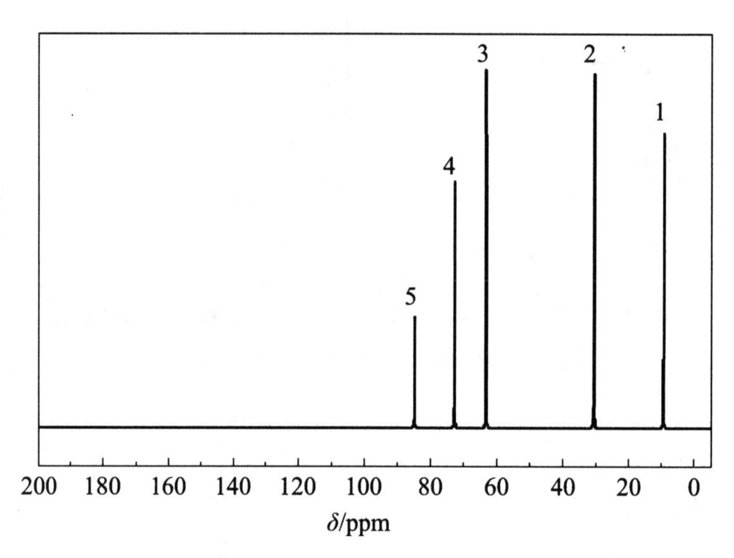

图 7-34　C_5H_8O 的 ^{13}C-NMR 谱

25. 未知化合物 C_6H_6O 的 ^{13}C-NMR 谱如图 7-35 所示，请推测其结构，并将谱中编号的各峰进行归属。

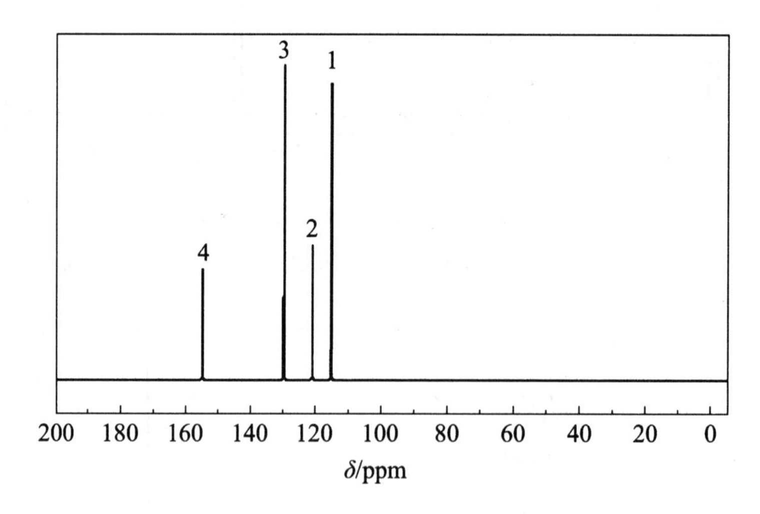

图 7-35　C_6H_6O 的 ^{13}C-NMR 谱

第八章　质谱法

【教学要求】

（1）了解质谱分析的基本概念和基本理论。

（2）了解各类离子源的离子化过程及其特点。理解裂解规律和主要的五种离子：分子离子、碎片离子、亚稳离子、同位素离子和重排离子。

（3）了解质谱仪的主要性能指标。

（4）会用质谱法测定及确认简单化合物的分子式及相对分子质量。

（5）能解析简单的质谱。

（6）了解质谱法的应用，了解质谱联用技术。

【思　考】

（1）什么是质谱法？其特点是什么？

（2）质谱仪一般由哪些部分组成？

（3）离子源的种类有哪些？其各自的特点是什么？

（4）质谱中离子峰对应的离子种类有哪些？它们各自是如何形成的？

（5）分子裂解的方式有哪些种类？其各自裂解的过程是怎样的？

（6）如何通过质谱测定相对分子质量和分子式？

（7）怎样解析未知物的质谱？

质谱法（mass spectroscopy，MS）：采用高速离子束撞击样品，使其转化为气态分子或离子后，加速导入质量分析器中，并按质荷比（m/z）的大小顺序进行分离和记录，即得到质谱图。根据质谱图提供的信息可以进行定性、定量和结构分析，也可测定样品中的同位素比值及固体表面的结构和组成分析等。

1911 年，由 J. J. Thomson 发明了世界上第一台质谱装置，于是从 20 世纪 40 年代开始，质谱先是被用于同位素测定和无机元素分析，在 50 年代，开始被用于有机物分析（分析石油），到了 60 年代，GC-MS 联用技术产生，引发了各种 MS 联用技术的研究，随着 70 年代计算机被引入质谱分析中，质谱技术在 80 年代得到了迅猛的发展，出现了各种新型的离子源以满足样品质谱分析的需要，如快原子轰击电离源、基质辅助激光解吸电离源、电喷雾电离源、大气压化学电离源等；同时，也发展出各种新型的质谱联用技术和质谱仪，如 LC-MS 联用、MS-MS 联用，感应耦合等离子体质谱仪、傅里叶变换质谱仪等。

目前，质谱分析法已广泛地应用于化学、化工、材料、环境、地质、能源、药物、刑侦、生命科学、运动医学等各个领域。

第一节　质谱概述

一、质谱法的原理

质谱法（MS）是通过样品产生离子的不同质荷比（m/z）及其强度的测定，来进行定性、定量和结构分析的一种方法。将质谱过程与光谱过程进行对比，如图 8-1 所示，可以看出，质谱与光谱的过程虽然有些类似，但基本原理却不同。

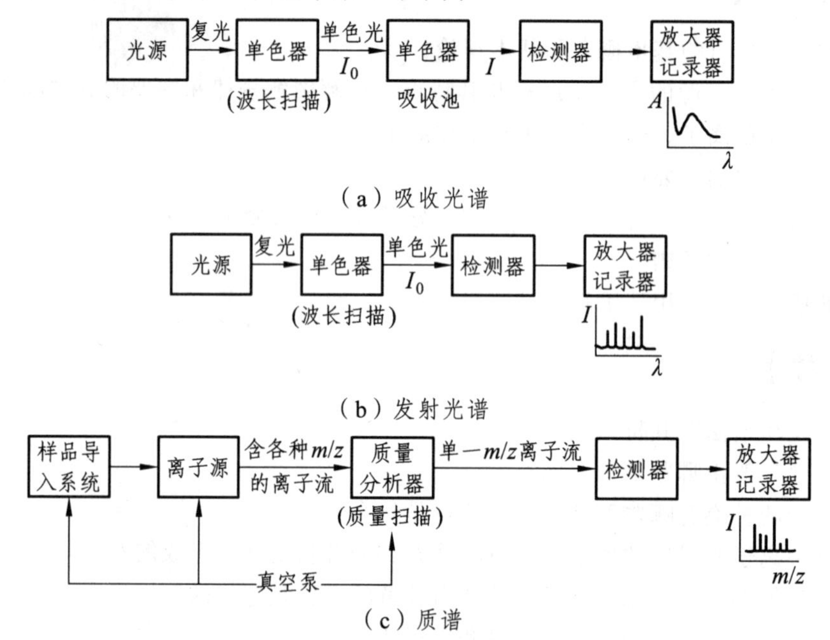

图 8-1　质谱过程与光谱过程对比

图 8-1（c）显示了质谱的全过程：样品通过进样系统进入离子源，由于结构性质不同而电离为各种不同质荷比（m/z）的离子碎片，而后带有样品信息的离子碎片被加速进入质量分析器，在其磁场作用下，离子的运动半径与其质荷比的平方根成正比，因而不同质荷比的离子在磁场中被分离，并按质荷比大小依次抵达检测器，经记录即得样品的质谱。

二、质谱法的特点

质谱法是定性分析与研究分子结构的重要方法之一，其主要特点是：

（1）灵敏度高，样品用量少：目前有机质谱仪的绝对灵敏度可达 5 pg（pg 为 10^{-12} g），有微克量级的样品即可得到分析结果。

（2）分析速度快：扫描 1～1 000 u[①]一般仅需一至几秒，最快可达 1/1 000 s，因此，可实现色谱-质谱在线连接。

（3）测定对象广：不仅可测气体、液体，凡是在室温下具有 10^{-7} Pa 蒸气压的固体，如低

注：①u：原子质量单位，1 u=1.660 565 5×10^{-27} kg

熔点金属（如锌等）及高分子化合物（如多肽等）都可测定。

三、质谱法的用途

基于质谱法的原理和上述特点，其用途主要有以下几个方面：

（1）求准确的相对分子质量：由高分辨质谱获得分子离子峰的质量，可测出精确的相对分子质量。

（2）鉴定化合物：如果事先可估计出样品的结构，用同一装置、同样操作条件测定标准样品及未知样品，比较它们的谱图可进行鉴定。

（3）推测未知物的结构：从离子碎片获得的信息可推测分子结构。

（4）测定分子中 Cl、Br 等的原子数：同位素含量比较多的元素（Cl、Br 等），可通过同位素峰强度比及其分布特征推算出这些原子的数目。

（5）实现色谱-质谱、质谱-质谱联用。

第二节　质谱仪及其工作原理

一、质谱仪

质谱仪是利用电磁学原理，使气体分子产生带正电的离子，并按离子的质荷比将它们分离，同时记录和显示这些离子的相对强度的一种仪器。图 8-2 是质谱仪的示意图。被气化的分子，受到高能电子流（～70 eV）的轰击，失去一个电子，变成带正电的分子离子。这些分子在极短的时间内又碎裂成各种不同质量的碎片离子、中性分子或自由基。

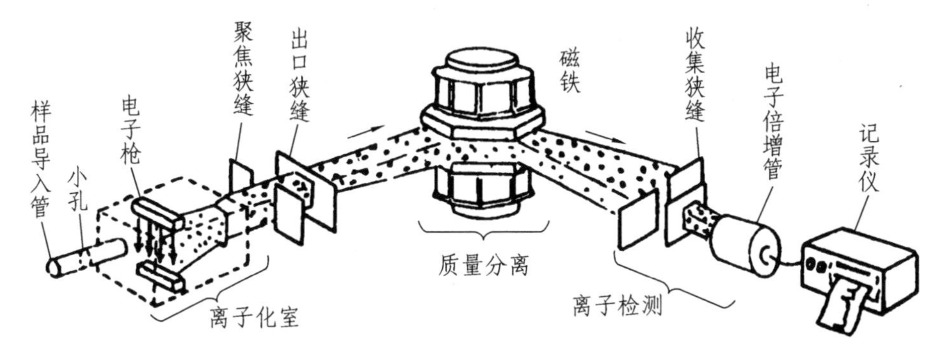

图 8-2　质谱分析仪示意图

在电离室被电子流轰击而生成的各种正离子，受到电场的加速作用，获得一定的动能，该动能与加速电压之间的关系为

$$\frac{1}{2}mv^2 = zV \tag{8-1}$$

式中　m——正离子质量；

v——正离子速度；

z——正离子电荷；

V——加速电压。

加速后的离子在质量分析器中，受到磁场力（Lorentz 力）的作用，作圆周运动时，运动轨迹发生偏转。而圆周运动的离心力等于磁场力：

$$m\frac{v^2}{R} = Hzv \tag{8-2}$$

式中　H——磁场强度；

R——离子偏转半径。

经整理：

$$m/z = \frac{R^2H^2}{2V} \tag{8-3}$$

$$R = \sqrt{\frac{2V}{H^2}\cdot\frac{m}{z}} \tag{8-4}$$

式（8-3）、（8-4）为磁偏转分析器的质谱仪方程。式中单位：m，原子质量单位（u）；z，离子所带电荷的数目；H，10^{-4}特斯拉（T）；V，伏特（V）；R，厘米（cm）。

根据式（8-4），依次改变磁场强度 H 或加速电压 V，就可以使具有不同质荷比（m/z）的离子按次序沿半径为 R 的轨迹飞向检测器，从而得到一按 m/z 大小依次排列的谱——质谱。

由图 8-2 可知，质谱仪主要由进样系统、离子源、质量分析器、离子检测器和记录系统等部分组成。此外，由于整个装置必须在高真空条件下运转，所以还有高真空系统。下面主要对离子源、质量分析器、离子检测器和记录系统作详细的介绍。

二、离子源（ion source）

离子源的功用是将样品分子或原子电离成离子。质谱仪的离子源种类很多，其原理和用途各不相同，离子源的选择对样品测定的成败至关重要，尤其当分子离子不易出峰时，选择适当的离子源，就能得到响应较好的质谱信息。下边简单介绍几种常用的离子源。

1. 电子轰击离子源（electron impact source，EI）

电子轰击离子源由离子化区和离子加速区组成（图 8-3）。在外电场的作用下，用 8～100 eV 的热电子流去轰击样品，产生各种离子，然后在加速区被加速而进入质量分析器。这是一种最常用的离子化方法。

利用电子轰击源得到的离子流稳定性好，碎片离子产额高，应用广泛。但当样品相对分子质量太大或稳定性差时，常常得不到分子离子，因而不能测定相对分子质量。

2. 化学电离源（chemical ionization source，CI）

化学电离源是为解决上述问题而发明的一种软离子化技术。它与 EI 不同，样品不是通过电子碰撞而是与试剂离子碰撞而离子化。图 8-4 为化学电离源示意图。样品放在样品探头顶端的毛细管中，通过隔离阀进入离子源。反应气经过压强控制与测量后导入反应室。反应室中，反应气首先被电离成离子，然后反应气的离子和样品分子通过离子-分子反应，产生样品离子。

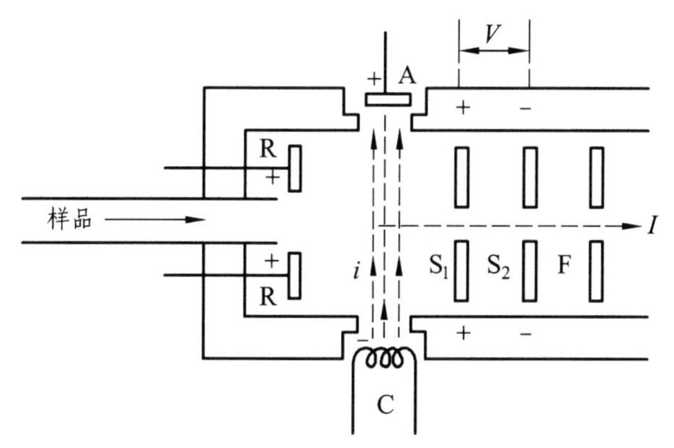

图 8-3　电子轰击离子源

A—阳极；C—阴极灯丝；i—电子流；R—排斥；S_1，S_2—加速极；F—聚集极；I—离子流

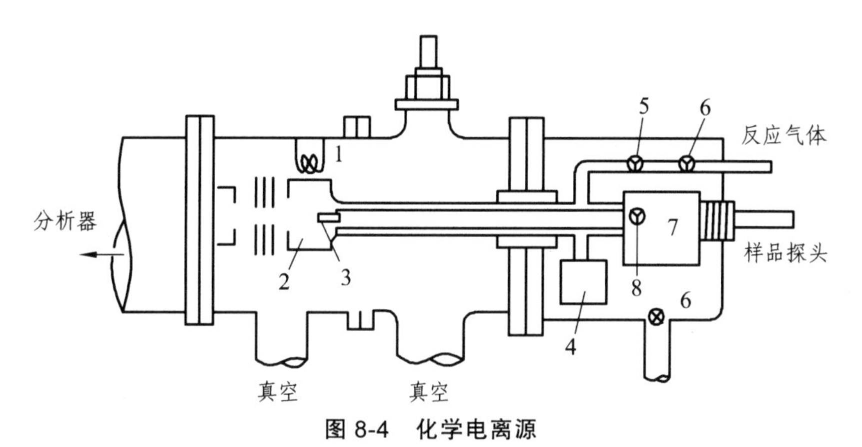

图 8-4　化学电离源

1—灯丝；2—反应室；3—样品；4—真空测量规；5—气流控制阀；
6—切换阀；7—前级真空室；8—隔离阀

3. 快速原子轰击源（fast atom bombardment，FAB）

FAB 电离法是在 20 世纪 80 年代初发展起来的。它利用快速中性原子来轰击样品溶液的表面，使分子电离。此法常采用液体基质（如甘油）将样本溶于极性、黏稠的高沸溶剂中，然后快原子枪射出的快原子轰击基质中的样品而产生离子。这种方法使分子电离的能量很低，通常没有分子离子峰，而易得到加成离子峰 MH^+（M+1）峰。且 FAB 是研究极性、高相对分子质量、非挥发性和热不稳定分子的重要离子化方法。

FAB 离子化法缺点在于其基质会产生众多的质谱峰，几乎在每个质量坐标处都产生化学噪音，有时有可能会错误解析。

4. 场解吸离子源（field desorption，FD）

EI、CI 离子源需要使样品气化，所以难挥发或热不稳定的样品不宜用 EI、CI 方法电离。1969 年 Beckey 提出了 FD 离子化法。该法将非挥发性有机化合物涂在发射器表面的微针上，然后将发射丝上通电流，使样品分子在强电场下电离解吸，并在减压条件下，施加一适当高电压（发射微针为正高压，电位差约 1 kV），从而可得到较强的分子离子 $M^{+\cdot}$ 或 MH^+。该离子化法的特点是 $M^{+\cdot}$ 或 M+1 峰很强，且碎片离子少。

FD 法的缺点是测定技术难度较大，重现性不太理想。

5. 场致电离（field ionization，FI）

FI 离子源中有一场致射器，是一个长满微针的细金属线上加上很高的电压（约 10 kV），样品的气体分子一旦与这些针尖接触，就会因特别大的电位梯度而产生“隧道效应”，使分子只接收很小的能量，失去电子后的正离子飞向分析器。FI 源可得到较强的分子离子峰。

图 8-5 为 D-葡萄糖的 EI、FI 和 FD 质谱。在 EI 中，$M^{+\cdot}$峰和（M+1）峰不出现；而在 FD 和 FI 中的（M+1）峰为基峰，均有较为明显的$M^{+\cdot}$峰，且在 FD 中，碎片离子峰也较少。若将三谱对照，能较好地解析有机化合物的分子结构。

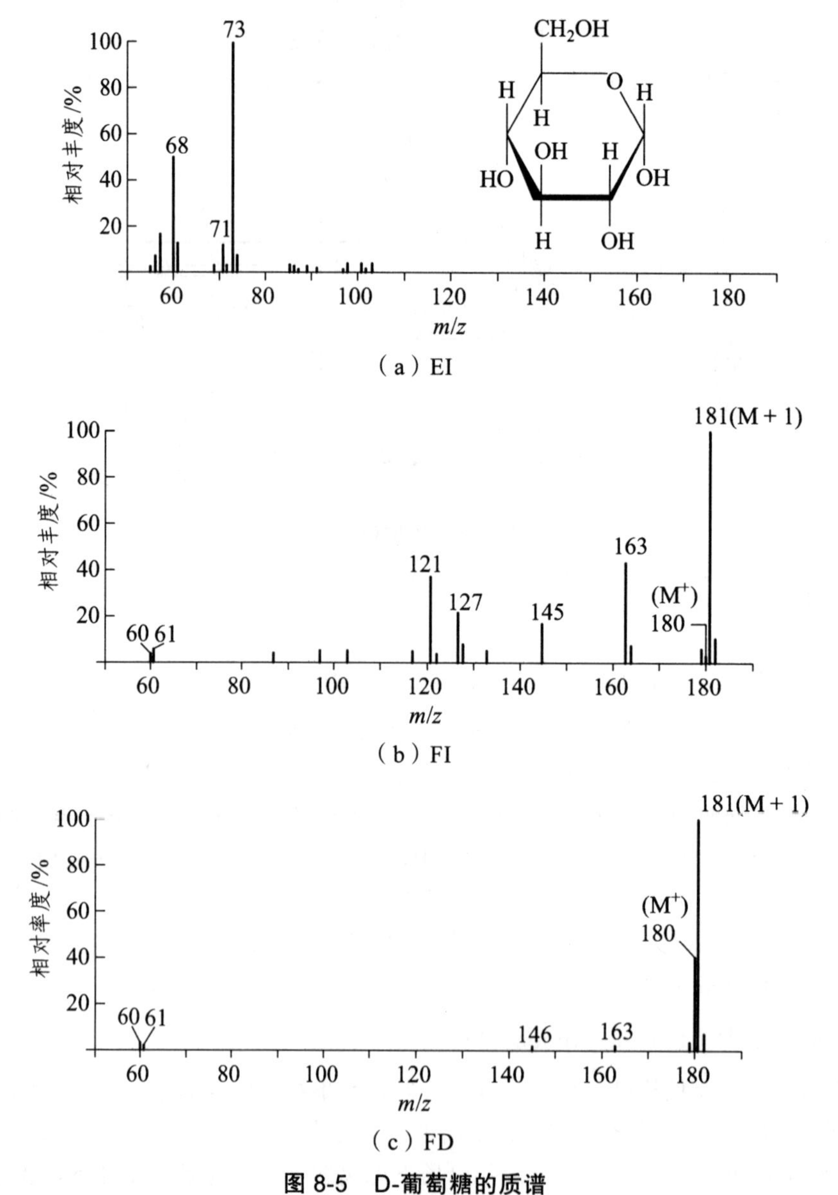

图 8-5　D-葡萄糖的质谱

随着仪器分析的不断发展，科学工作者不断地推出不同的离子源，如二次离子源、激光解吸离子源等，此处不一一介绍。

三、质量分析器（mass analyzer）

质量分析器种类很多，此处仅介绍常见的磁偏转质量分析器和四极杆质量分析器。

（一）磁偏转质量分析器

1. 单聚焦质量分析器（single focusing mass analyzer）

在离子源生成的离子被加速后，在质量分析器中受到磁场力的作用，运动轨迹发生偏转，其偏转半径由式（8-4）所述，由 *V*、*H* 和 *m*/*z* 三者决定。单聚焦磁偏转质量分析器及其离子轨迹示意图 8-6。

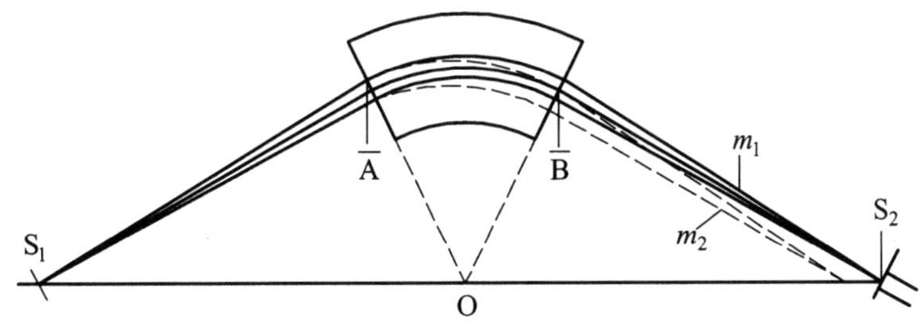

图 8-6　单聚焦磁偏转质量分析器及其离子轨迹示意图

在质谱仪中，离子接收器是固定的，即 *R* 是固定的，当加速电压 *V* 和磁场强度 *H* 为某一固定值时，只有一定质荷比的离子可以满足式（8-4），通过狭缝到达接收器。改变加速电压或磁场强度，均可改变离子的轨迹半径。如果使 *H* 保持不变，连续地改变 *V*（电压扫描），可使不同 *m*/*z* 的离子顺序通过狭缝到达接收器，得到某个范围的质谱。加速电压越高可测的质量范围越小，反之越大。同样，使 *V* 保持不变，连续地改变 *H*，（磁场扫描），也可使不同 *m*/*z* 的离子被接收。

由以上分析可知，由离子源发出的具有不同质量的离子，经过磁场后，可按一定的 *m*/*z* 顺序彼此分开，即磁场对不同质量的离子有质量色散作用。同时由一点发出的具有相同质量、不同发射角的离子束，以一定速度进入磁场，经磁偏转后会重新聚在一起。即磁场对于有一定发散角的质量相同的离子有会聚作用，这种会聚作用称为方向聚焦。它可同时提高质谱仪的分辨率和灵敏度。

但单聚焦质量分析器没有考虑离子束中各离子的能量实际是有差别的。这种差别的存在使同种离子沿略为不同的飞行半径偏转，造成质量记录的偏差，而使单聚焦质量分析器分辨率不高。为了克服之，人们又设计发明了双聚焦质量分析器。

2. 双聚焦质量分析器（double focusing mass analyzer）

在磁偏转分析器的前面加一个由一对金属板电极组成的静电分析器。在测定时，静电器只允许特定能量的离子通过。然后通过狭缝进入磁偏转分析器，这样可使分辨率大大提高。

（二）四极杆质量分析器（quadrupole mass analyzer）

四极杆质量分析器的主体是由四根平行的金属杆组成（图 8-7）。为了加工方便，这四根极杆常用圆柱形电极代替。离子的质量分离在电极形成的四极场中完成。其工作原理是将四根电极分为四组，分别加上直流电压和具有一定振幅和频率的交流电压。当一定能量的正离子沿金属杆间的轴线飞行时，将受到金属杆交、直流叠加电压作用而波动前进。这时只有少数离子（满足 m/z 与四极杆电压和频率间固定关系的离子）可以顺利通过电场区到达收集极。其他离子与金属杆相撞、放电，然后被真空系统抽走。如果依次改变加在四极杆上的电压或频率，就可在离子收集器上依次得到不同 m/z 的离子信号。

四极杆质量分析器具有扫描速度快、结构简单、价格较低、易于控制等特点。

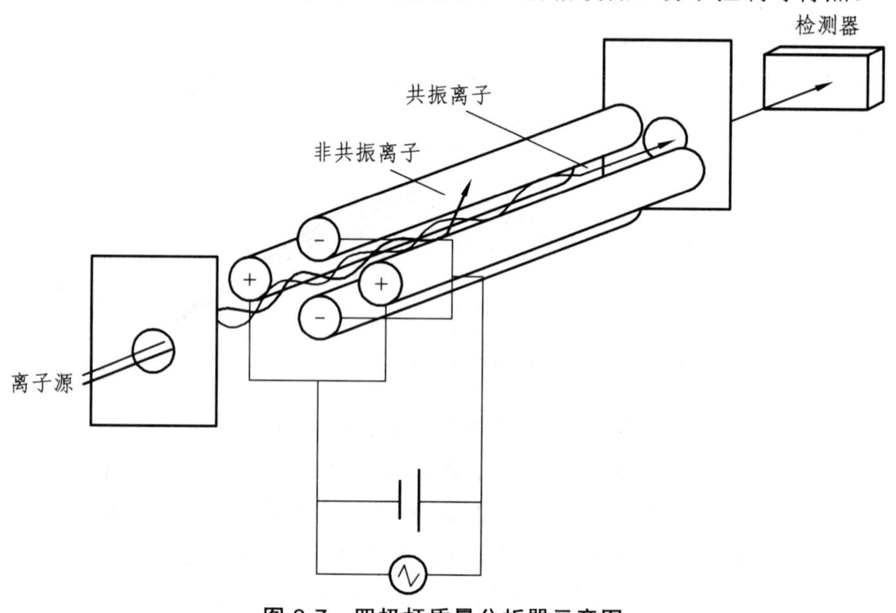

图 8-7 四极杆质量分析器示意图

四、离子检测器和记录系统

作为离子检测器的电子倍增器种类很多，但基本工作原理相同。一定能量的离子打到电极的表面，产生二次电子，二次电子又受到多极倍增放大，然后输出到放大器，放大后的信号供记录器记录。电子倍增器常有 10～20 级，电流放大倍数为 10^5～10^8 倍。电子通过电子倍增器的时间很短，利用电子倍增器可实现高灵敏度和快速测定。质谱仪常用的记录器是紫外线记录器。紫外线由高压水银灯发生，照射到振子（检流计）反射镜上，当放大后的离子流信号加到振子的动圈上时，振子产生偏转，偏转角与信号幅值成比例，因此，由振子反射镜反射的光线，表示了不同 m/z 离子流的强度。反射的紫外线通过透镜作用到转动的紫外感光记录纸上，即得到质谱图。

五、质谱仪的主要性能指标

1. 分辨率（resolution power）

分辨率表示仪器分开两个相邻质量的能力，通常用 $R=M/\Delta M$ 表示。$M/\Delta M$ 是指仪器记录质量分别为 M 与 $M+\Delta M$ 的谱线时能够辩认出质量差 ΔM 的最小值。在实际测量中并不一定要求两个峰完全分开，一般规定强度相近的相邻两峰间谷高小于两峰高的 10%作为基本分开的标志（图 8-8），这时分辨率用 R10%表示。

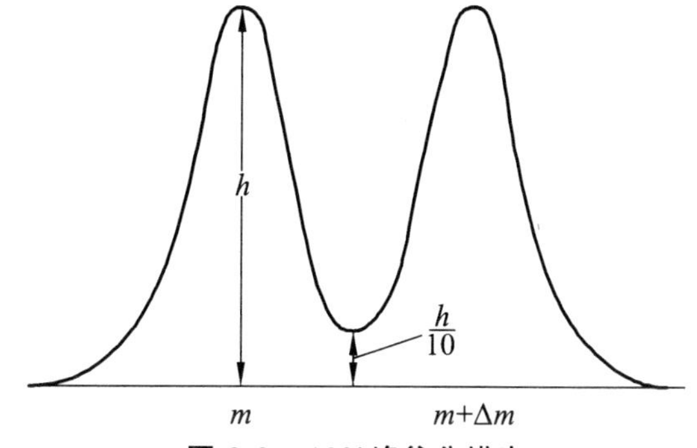

图 8-8　10%峰谷分辨率

例如，CO 和 N_2 所形成的离子，其质荷比分别为 27.9949（M）及 28.0061（$M+\Delta M$），若某仪器刚好能基本分开这两种离子，则该仪器的分辨率为

$$R=\frac{M}{\Delta M}=\frac{27.9949}{28.0061-27.9949}=2500$$

2. 质量范围

质谱仪的质量范围是指仪器所能测量的离子质荷比范围。如果离子只带一个电荷，可测的质荷比范围实际上就是可测的相对分子质量或相对原子质量范围。有机质谱仪的质量范围一般从几十到几千。

3. 灵敏度

有机质谱仪常采用绝对灵敏度，它表示对于一个样品在一定分辨率情况下，产生具有一定信噪比的分子离子峰所需要的样品量。

六、质谱图

质谱图（质谱）的表示方式很多，除用紫外记录器记录的原始质谱图外，常见的是经过计算机处理后的棒图及质谱表。其他尚有八峰值及元素表（高分辨质谱）等表示方式。现以多巴胺为例说明：

1. 棒　图

正己烷的原始质谱经计算机处理后，获得的棒图如图 8-9 所示。

棒图中，横坐标表示质荷比（m/z），其数值一般由定标器或内参比物定出来。纵坐标表示离子丰度（ion abundance），即离子数目的多少。表示离子丰度的方法有两种，即相对丰度和绝对丰度。

相对丰度（relative abundance），又称相对强度，是以质谱中最强峰的高度定为 100%，并将此峰称为基峰（base peak）。然后，以此最强峰去除其他各峰的高度，所得的分峰即为其他离子的相对丰度。

2. 质谱表

把原始质谱图数据加以归纳，列成以质荷比为序的表格形式。

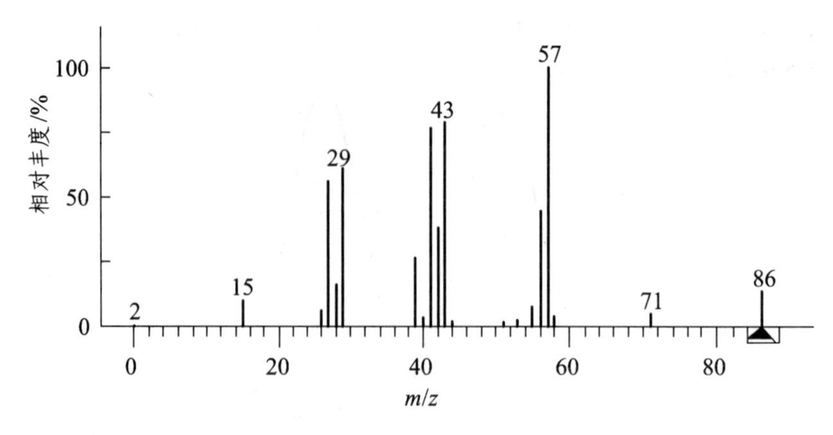

图 8-9　正己烷的质谱图

3. 八峰值

由化合物质谱表中选出八个相对强峰，以相对峰强为序编成八峰值，作为该化合物的质谱特征，用于定性鉴别。未知物可利用八峰值查找八峰值索引（eight peak index of mass spectra）定性。

用八峰值定性时应注意，由于质谱受实验条件影响较大，同一化合物质谱八峰值可能含有明显差异。

4. 元素表（element list）

高分辨质谱仪可测得分子离子及其他各离子的精密质量，经计算机运算、对比，可给出分子式及其他各种离子的可能化学组成。质谱表中具有这些内容时称为元素表。

第三节　离子的类型

在一张质谱中，可以看到许多峰，其整个面貌除与分子的结构有关外，还与离子源的电位、试样所受压力和仪器的结构有关。在质谱中出现的离子峰对应的离子种类，归纳起来有以下几种：分子离子、碎片离子、重排离子、同位素离子、亚稳离子、复合离子及多电荷离子（后两种离子较少出现）。每种离子形成相应的质谱峰，它们在质谱解析中各有用途。

一、分子离子

分子失去一个电子所形成的离子为分子离子（molecular ion）。常用符号 $M^{\ddagger}$ 表示

$$M + e^- \longrightarrow M^{\ddagger} + 2e^-$$

失去电子，优先发生在最容易电离的部位。例如，分子中 π 电子和杂原子上的孤对电子比 σ 电子容易失去；在 σ 键中，C—C 键又比 C—H 键容易电离。

例如，含杂原子或羰基类的化合物分子失去一个 n 电子形成分子离子：

$$\mathrm{R-\underset{\displaystyle \overset{\|}{O}}{C}-R' - e^- \longrightarrow R-\underset{\displaystyle \overset{\|}{\underset{+\bullet}{O}}}{C}-R'} \text{或} \mathrm{\left[R-\underset{\displaystyle \overset{\|}{O}}{C}-R_1\right]^{+\bullet}}$$

含双键和芳环的分子失去一个 π 电子形成分子离子：

$$\mathrm{RCH=CHR' - e^- \longrightarrow R\dot{C}H-\overset{+}{C}HR'} \text{或} \mathrm{\left[RCH=CHR'\right]^{+\bullet}}$$

$$\text{苯} - e^- \longrightarrow \text{苯}^{+\bullet} \text{ 或 } \left[\text{苯}\right]^{+\bullet}$$

以上各式中“$^{+\bullet}$”表示分子失去一个电子形成带奇数电子的正离子。表示分子离子时，尽量把正电荷位置标清楚，以便判断分子进一步裂解的方位。

二、碎片离子

分子在电离室获得的能量超过分子离子化所需的能量时，过剩的能量切断分子中某些化学键而产生碎片离子（fragment ion）。碎片离子再受电子流的轰击，又会进一步裂解产生更小的碎片离子。

在图 8-10 质谱图中 *m/z* 29、43、57、71 及 85 等质谱峰为碎片离子峰，*m/z* 128 是分子离子峰。

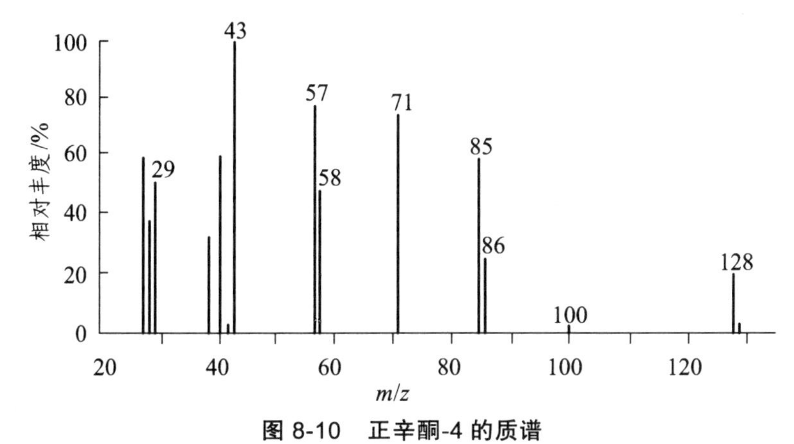

图 8-10 正辛酮-4 的质谱

三、重排离子

分子离子在裂解过程中，通过断裂两个或两个以上的键，结构重新排列而形成的离子，称为重排离子（rearrangement ion）。重排方式很多，但有些重排由于是无规律重排，其结果很难预测，称为任意重排，这样的重排对结构的测定无用处。多数重排是有规律的，它包括分子内氢原子的迁移和键的两次断裂，生成稳定的重排离子。这种类型的重排对化合物结构的推测是很有用的。例如，麦氏重排、逆 Diels-Alder 重排、亲核性重排等对预测化合物结构是非常有帮助的。

重排离子峰可以从离子的质量数与它相应的分子离子来识别。通常不发生重排的简单裂解，质量为偶数的分子离子裂解得到质量为奇数的碎片离子；质量为奇数的分子裂解为偶数或奇数（与 N 原子数的奇偶以及是否存在于碎片中有关）的碎片离子。若观察到不符合此规律（如质量为偶数的分子离子裂解得到质量为偶数的碎片离子），则可能发生了重排。

例如，戊酮-2

$$CH_2(H)-CH_2-CH_2-C(=\overset{+\bullet}{O})-CH_3 \xrightarrow{-\,CH_2=CH_2} H_2C=C(\overset{+\bullet}{O}H)-CH_3$$

(OE$^{+\bullet}$) *m*/*z* 86 (OE$^{+\bullet}$) *m*/*z* 58

戊酮-2 离子是奇数电子（OE$^{+\bullet}$）、偶数质量，经过重排断裂后生成的碎片仍是奇数电子（OE$^{+\bullet}$）、偶数质量。

四、同位素离子

大多数元素都是由具有一定自由丰度的同位素组成的。在质谱图中，会出现含有这些同位素的离子峰。这些含有同位素的离子称为同位素离子（isotopic ion）。

例如，4-辛酮质谱图上 *m*/*z* 129 为同位素峰。它的质量数比分子离子峰（M）大一个质量单位，可用 M+1 表示。这是由于所含的八个碳中有一个碳是 ^{13}C。

有机化合物一般由 C、H、O、N、S、Cl 及 Br 等元素组成，它们的同位素丰度比如表 8-1 所示。

表 8-1 同位素的丰度比

同位素	$^{13}C/^{12}C$	$^{2}H/^{1}H$	$^{17}O/^{16}O$	$^{18}O/^{16}O$	$^{15}N/^{14}N$	$^{33}S/^{32}S$	$^{34}S/^{32}S$	$^{37}Cl/^{35}Cl$	$^{81}Br/^{79}Br$
丰度比/%	1.12	0.015	0.040	0.20	0.36	0.80	4.44	31.98	97.28

注：表中丰度比是以丰度最大的轻质同位素为 100%计算而得。

重质同位素峰与丰度最大的轻质同位素峰的峰强比，用 $\frac{M+1}{M}$，$\frac{M+2}{M}$，…表示，其数值由同位素丰度比及原子数目决定。

表 8-1 中 ^{2}H 及 ^{17}O 的丰度比太小，可忽略不计。^{34}S、^{37}Cl 及 ^{81}Br 的丰度很大，因而可以利用同位素峰的峰强比推断分子中是否含有 S、Cl、Br 及原子的数目。例如，氯化物、溴化物和氯仿的同位素峰强比分别如图 8-11 和 8-12 所示。

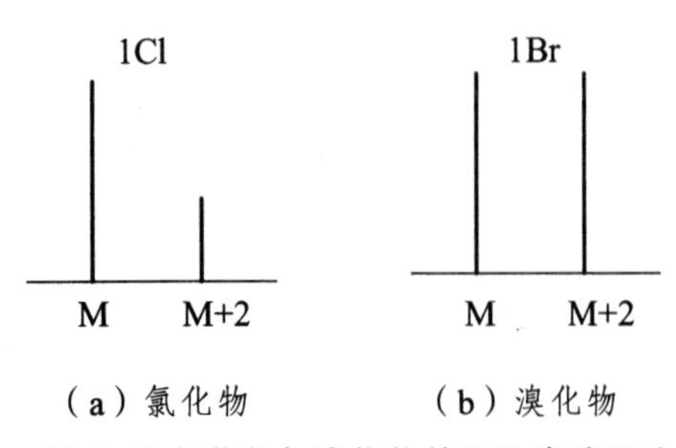

（a）氯化物 （b）溴化物

图 8-11 氯化物与溴化物的同位素峰强比

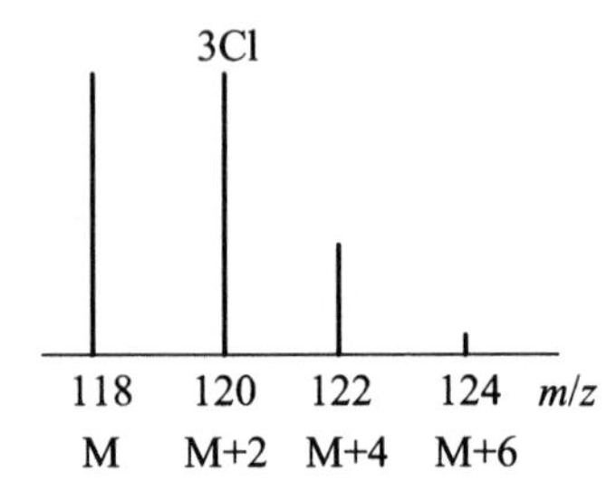

图 8-12 氯仿的同位素峰强比

（1）分子中含氯及溴原子（图 8.11）。

① 含一个氯原子　M∶M+2=100∶32.0≈3∶1；

② 含一个溴原子　M∶M+2=100∶97.3≈1∶1。

③ 分子中若含三个氯，如 $CHCl_3$，会出现 M+2、M+4 及 M+6 峰。如图 8-12 所示。

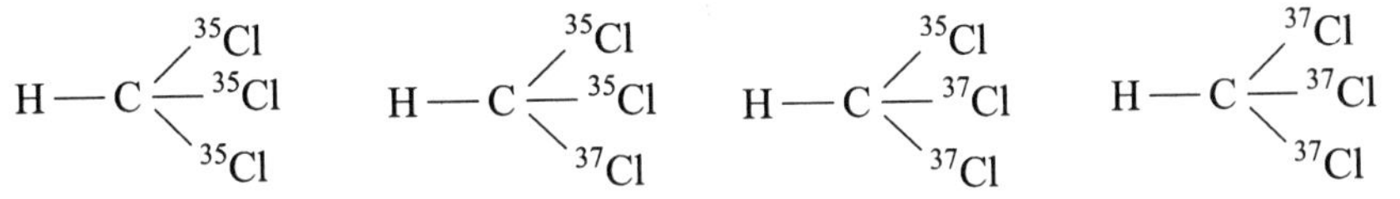

	$H—C(^{35}Cl)(^{35}Cl)(^{35}Cl)$	$H—C(^{35}Cl)(^{35}Cl)(^{37}Cl)$	$H—C(^{35}Cl)(^{37}Cl)(^{37}Cl)$	$H—C(^{37}Cl)(^{37}Cl)(^{37}Cl)$
m/z	118	120	122	124
丰度比/%	27	27	9	1

同位素峰强比可用二项式$(a+b)^n$求出。*a* 和 *b* 为轻质及重质同位素的丰度比，*n* 为原子数目。

例如，含三个氯：*n*=3、*a*=3、*b*=1，则

$$(a+b)^3 = a^3 + 3a^2b + 3ab^2 + b^3$$

$$= 27 + 27 + 9 + 1$$

（M）（M+2）（M+4）（M+6）

（2）分子中只含碳、氢及氧原子：

$$(\mathrm{M}+1)\% = \frac{\mathrm{M}+1}{\mathrm{M}} \times 100\% = 1.12n_\mathrm{C} \approx 1.1n_\mathrm{C} \tag{8-5}$$

式中　n_C——分子式中碳原子的数目。

因 M+2 峰由分子中含两个 ^{13}C 或一个 ^{18}O 产生，而峰强比具有加合性，故

$$(\mathrm{M}+2)\% = 0.006n_\mathrm{C}^2 + 2n_\mathrm{O} \tag{8-6}$$ ①

式中　n_O——分子式中氧原子的数目。

例如，计算 4-庚酮（$C_7H_{14}O$）的 M+1 及 M+2 峰。

(M+1)%=1.1×7=7.7（实测为 7.7）

(M+2)%=0.006×7^2+0.20×1=0.29+0.20=0.49（实测为 0.46）

(M+2)%的计算说明：$C_5C_2^*H_{14}O^*$在 M+2 峰中的贡献分别为 0.29 及 0.20。

（3）分子中含 C、H、O、N、S、F、I、P，而不含 Cl、Br 及 Si 时：

$$(\mathrm{M}+1)\% = 1.12n_\mathrm{C} + 0.36n_\mathrm{N} + 0.80n_\mathrm{S} \tag{8-7}$$

$$(\mathrm{M}+2)\% = 0.006\,n_\mathrm{C}^2 + 0.2n_\mathrm{O} + 4.44n_\mathrm{S} \tag{8-8}$$

五、亚稳离子

离子由电离区抵达检测器需一定时间（约为 10^{-5} s），因而根据离子的寿命可将离子分为三种。① 寿命（≥10^{-4} s）足以抵达检测器的离子为稳定离子（正常离子）。这种离子由电离区生成，经加速区进分析器，而后抵达检测器，被放大、记录，获得质谱峰。② 在电离区形

① ^{13}C 对 M+2 峰的贡献服从二项式分布：

$$[(\mathrm{M}+2)\%]_\mathrm{C} = \frac{n_\mathrm{C}(n_\mathrm{C}-1)}{2!} a^{(n_\mathrm{C}-2)} \cdot b^2 \times 100$$

a=1、*b*=0.011。只有 n_C 较大时，^{13}C 对 M+2 峰的贡献才呈现，故 nC(nC−1)≈ n_C^2，则 $[(\mathrm{M}+2)\%]_\mathrm{C} = \frac{n_\mathrm{C}^2}{2} \times 1 \times 0.011^2 \times 100 = 0.006\,n_\mathrm{C}^2$。

成，而立即裂解的离子为不稳定离子，寿命＜1×10^{-6} s。仪器记录不到这种离子的质谱峰。③ 寿命在$(1\sim10)\times10^{-6}$ s 的离子，在进入分析器前的飞行途中，由于部分离子的内能高或相互碰撞等原因而发生裂解，这种离子称为亚稳离子（metastable ion），过程称为亚稳跃迁（或变化）。裂解后形成的质谱峰为亚稳峰（metastable peak，m^*）。

对于单聚焦仪器，假定质量为 m_1 的母离子在进入磁场前发生亚稳变化，失去一个中性碎片，产生质量为 m_2 的离子 m_2^+（图 8-13）。

$$m_1^+ \longrightarrow m_2^+ + \text{中性碎片}$$

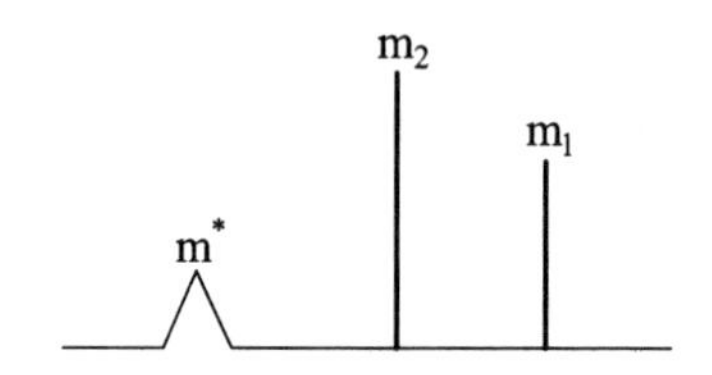

图 8-13　亚稳峰（m^*）、子离子峰（m_2）及母离子峰（m_1）的峰位示意图

由于在离子飞行途中产生的 m_2^+ 的能量（速度）小于在电离室中产生的 m_2^+。因此，这种在飞行途中产生的离子将在质谱上小于它的质量的位置 m^*处出现，m^*称为表观质量[①]。

亚稳峰的特点：① 峰弱，强度仅为 m_1 峰的 1%～3%。② 峰钝，一般可跨 2～5 个质量单位。③ 质荷比一般不是整数。

表观质量 m^*与母离子（parent ion）质量 m_1 及子离子（daughter ion，m_2^+）质量 m_2 有下述关系：

$$m^* = \frac{m_2^2}{m_1} \tag{8-9}$$

用式（8-9）可以确定离子的亲缘关系，对于了解裂解规律，解析复杂质谱很有用。

例如，对氨基茴香醚在 m/z 94.8 及 59.2 处，出现两个亚稳峰，可证明某些离子间的裂解关系（图 8-14）。

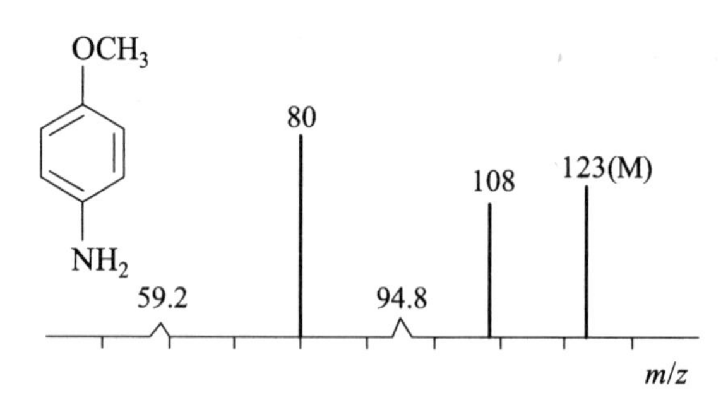

图 8-14　对氨基茴香醚的质谱（部分）

根据式（8-9）计算：

$$\frac{108^2}{123} = 94.8\,,\quad \frac{80^2}{108} = 59.2$$

注：①也有些书中将 m^*称为亚稳离子。

证明裂解过程为：

$$m/z\ 123 \xrightarrow{m^*94.8} 108 \xrightarrow{m^*58.2} 80$$

$$\text{(p-}CH_3O\text{-}C_6H_4\text{-}\overset{+\bullet}{N}H_2) \xrightarrow{-\cdot CH_3} (O{=}C_6H_4{=}\overset{+}{N}H_2) \xrightarrow{-CO} (C_5H_4{=}\overset{+}{N}H_2)$$

上述计算说明：有 *m/z* 94.8 及 59.2 亚稳峰存在，证明 *m/z* 80 离子是由分子离子经两步裂解生成的。而不是一步裂解，因为不存在 *m/z* 52.0 的亚稳峰。

由母离子与表观质量用公式（8-9）计算，找寻质谱图上子离子的途径称为“母找子”，反之，则称为“子找母”。在质谱测定时，可有意识寻找亚稳峰，证明某些裂解过程。

六、多电荷离子

具有一个以上正电荷的离子称为多电荷离子（multiply charged ion）。一般情况下，正离子只带一个正电荷。只有非常稳定的化合物，如芳香族化合物或含有共轭双键的化合物，被电子轰击后，才会失去一个以上的电子，产生多电荷离子。通常双电荷离子还较常见，如吡啶能失去两个电子形成双正电荷离子，*m/z* 39.5（M^{2+}）。

对于双电荷离子，如果质量数是奇数，它的质荷比是非整数，这样的两价离子在图谱中易于识别；如果质量数是偶数，它的质荷比是整数，就较难以辨认，但它的同位素峰是非整数，可用来识别这种两价离子。总之，双电荷离子的质荷比比正常离子小一半。

七、复合离子

某些分子在离子源中与分子离子或碎片离子相撞生成复合离子（complex ion），或称双分子离子。它形成后，可能立即断裂成比单分子离子质量大的较重的离子，而这种离子的出现是很有意义的。如果分子不稳定而质子化的分子离子（准分子离子）有较高的稳定性，则此 M+H 峰对于分子的判断有很大帮助。通式为

$$\underset{(M^{+\cdot})}{ABCD^{+\cdot}} + \underset{(M)}{ABCD} \longrightarrow \underset{(M_2^{+\cdot})}{(ABCD)_2^{+\cdot}} \longrightarrow BCD\cdot + ABCDA^+$$

当增加样品量或减小加速电压时（增加分子离子在离子源中停留的时间），可增加分子离子碰撞的机会，含有杂原子（O、N 或 S）的分子离子可出现 M+1 峰，从而帮助鉴别分子离子峰。例如：

$$\underset{(M)}{CH_3OH} + \underset{(M^{+\cdot})}{CH_3OH^{+\cdot}} \longrightarrow \underset{\text{质谱上看不到}}{(CH_3OH)_2^{+\cdot}} \longrightarrow \underset{(M+H)}{CH_3OH_2^+} + \dot{C}H_2OH$$

第四节　裂解过程和方式

一、简单裂解

断一个化学键的裂解反应为简单裂解。常见的化学键断裂方式有均裂、异裂和半均裂三种。表示裂解过程和结果的符号是：鱼钩“⌒”表示单个电子转移，箭头“↘”表示两个电子转移；含奇数个电子的离子（odd electron，OE）用$OE^{+\cdot}$表示，含偶数个电子的离子（even electron，EE）用 EE^{+}表示；正电荷符号一般标在杂原子或 π 键上；电荷位置不清时，可用“$\urcorner^{+\cdot}$”或“$\urcorner^{+}$”表示。

例如，$CH_3—\overset{+\cdot}{O}—H$ 也可用$CH_3OH\urcorner^{+\cdot}$表示；

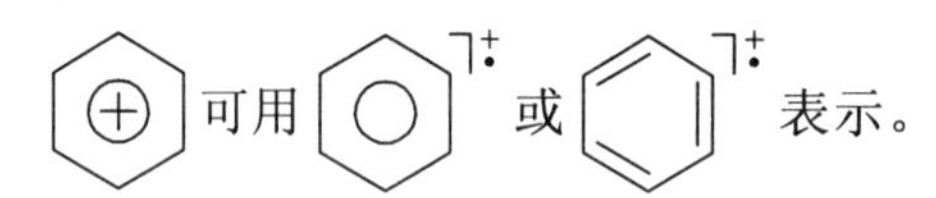
可用　　或　　表示。

（一）裂解方式

1. 均裂（homolytic scission）

在键断裂后，两个成键电子分别保留在各自的碎片上的裂解过程。通式为

$$X—Y \longrightarrow \dot{X} + \dot{Y}$$

例如，脂肪酮

若 $R_1>R_2$

$$R_1R_2C=O^{+\cdot}\ (OE^{+\cdot}) \longrightarrow R_2—C\equiv O^{+}\ (EE^{+}) + \dot{R}_1$$

2. 异裂（或称非均裂）（heterolytic scission）

在键断裂后，两个成键电子全部转移到一个碎片上的裂解过程。通式为

$$X—Y \longrightarrow X:(\text{或}X^-) + Y^+$$

或

$$X—Y \longrightarrow X^+ + Y:(\text{或}Y^-)$$

例如，

$$R_1R_2C—O^{+\cdot} \longrightarrow R_1^{+} + R_2—\dot{C}=O$$

3. 半均裂（hemi-homolysis scission）

离子化键的断键过程，称半均裂。通式为

$$X + \wr \cdot Y \longrightarrow X^+ + Y\cdot$$

例如，饱和烷烃失去一个电子后先形成离子化键，然后发生半键裂。

$$CH_3CH_2CH_2CH_3 \longrightarrow CH_3CH_2 + \cdot CH_2CH_3 \longrightarrow CH_3CH_2^+ + CH_3\dot{C}H_2$$

分子中最易失去的电子是杂原子上的 n 电子，其次为 π 电子和 σ 电子。同是 σ 电子时，C—C 上比 C—H 上易失去。

（二）简单裂解的裂解规律

（1）在侧链化合物中，侧链越多，越易断裂。侧链上大的取代基优先作为自由基失去，生成稳定的仲或叔碳离子。其稳定次序为

$$R_3\overset{+}{C}— > R_2\overset{+}{C}H— > —R\overset{+}{C}H_2 > —\overset{+}{C}H_3$$

例如，

$$C_2H_5—\underset{CH_3}{\overset{H}{C}}—C_4H_9 \longrightarrow C_2H_5—\underset{CH_3}{\overset{H}{C^+}} + \cdot C_4H_9$$

其分子中 $\cdot C_4H_9$ 先离去，生成稳定的仲碳离子。

（2）具有侧链的环烷烃，侧链部位先断裂，生成带正电环状碎片。

例如，

$$[\text{环戊基}-R]^{+\cdot} \longrightarrow [\text{环戊基}]^+ + R\cdot$$

m/z 69

（3）含有双键、芳环和杂环的物质，容易发生 β-键断裂，生成的正离子与双键、芳环或杂环共轭而稳定。

此类官能团与键位表示法是

C—C—C—X	C—C—C—X
↑ ↑ ↑	↑ ↑ ↑
γ β α	γ β α
原子	键

式中，$X=C_6H_5—$、$CH_2{=}CH—$、$>C{=}O$、—COOH（R）等。

例如，烷基取代苯，β-断裂，产生稳定的鎓离子。

$$[C_6H_5—CH_2—CH_2R]^{+\cdot} \xrightarrow[\beta]{-R\dot{C}H_2} C_6H_5\overset{+}{C}H_2 \longleftrightarrow C_7H_7^+ (\text{环庚三烯正离子})$$

m/z 91

而含双键的化合物，β-裂解后产生稳定的烯丙式正离子。

$$R-CH=CH-CH_2 \nmid CH_2R'^{\rceil +\cdot} \xrightarrow{\beta} R-\overset{+}{C}H-CH=CH_2 + \cdot CH_2R'$$

$$\downarrow$$

$$R-CH=CH\overset{+}{C}H_2$$

（4）含杂原子的化合物，如醇、醚、胺、硫醇、硫醚等可以发生由正电荷引发的 i 裂解（由电荷对电子的吸引力而引发）。也较易产生 α 裂解生成鎓离子，还可发生 β 裂解。

注意：对含杂原子化合物键的定位，不同参考书有不同的方法，我们选用如下定键位的方法。

$$\underset{\gamma}{\overset{\uparrow}{C}}-\underset{\beta}{\overset{\uparrow}{C}}-\underset{\alpha}{\overset{\uparrow}{C}}-XH\ (R)$$

原子

$$C\underset{\gamma}{\overset{\uparrow}{-}}C\underset{\beta}{\overset{\uparrow}{-}}C\underset{\alpha}{\overset{\uparrow}{-}}C-XH\ (R)$$

键

X=O、N、S 等。

例如，

① $R-\overset{+\cdot}{X}-R' \xrightarrow{i} R^+ + \cdot XR'$

$(C_2H_5-\overset{+\cdot}{O}-C_2H_5 \xrightarrow{i} \underset{m/z\ 29}{C_2H_5^+} + \cdot OC_2H_5)$

② $CH_3-CH_2-\overset{+\cdot}{X}-H(R) \xrightarrow[-\cdot CH_3]{\alpha} CH_2=\overset{+}{X}-H(R) + \cdot CH_3$

$$\downarrow$$

$$\overset{+}{C}H_2-\overset{-}{X}-H(R)$$

③ $CH_3CH_2-\overset{+\cdot}{O}CH_2CH_2 \nmid CH_3 \xrightarrow{\beta} \underset{m/z\ 73}{CH_3CH_2\overset{H|}{\underset{+}{O}}CH=CH_2}$

（5）含羰基的化合物（醛、酮、酸等），易发生 α 断裂。

$$R-CH_2 \underset{\alpha}{\nmid} \overset{\overset{+\cdot}{O}}{\overset{\|}{C}} \underset{\alpha}{\nmid} OR' \qquad R-CH_2 \nmid \overset{\overset{+\cdot}{O}}{\overset{\|}{C}} \nmid H(R')$$

生成的碎片离子有 $R-\overset{+}{C}H_2$，$RCH_2-C\equiv O^+$，$^+O\equiv C-OR'$，$^+OR'$，在酮中还有$^+R'$等。

例如，

$$C_6H_5-\overset{\overset{+\cdot}{O}}{\overset{\|}{C}}-CH_3 \xrightarrow{\alpha\text{-均}} \underset{m/z\ 105}{C_6H_5-C\equiv O^+} + \dot{C}H_3$$

$$C_6H_5-\overset{\overset{+\cdot}{O}}{\overset{\|}{C}}-CH_3 \xrightarrow{\alpha\text{-均}} \underset{m/z\ 43}{CH_3C\equiv O^+} + \cdot C_6H_5$$

$$C_6H_5-\overset{+\cdot}{O}{=}C-CH_3 \xrightarrow{\alpha\text{-异}} C_6H_5-C\equiv O\cdot + \overset{+}{C}H_3$$

m/*z* 15

$$C_6H_5-\overset{+\cdot}{O}{=}C-CH_3 \xrightarrow{\alpha\text{-异}} C_6H_5^{+} + \cdot O\equiv C-CH_3$$

m/*z* 77

二、重排裂解

通过断两个或两个以上的键，结构重新排列的裂解过程，称为重排裂解。

1. Mclafferty 重排（麦氏重排）

当化合物中含有不饱和中心 C═X（X 为 O、N、S、C）基团，而且与这个基团相连的键具有 γ-氢原子时，此原子可以转移到 X 原子上，同时，β-键断裂，脱掉一个中性分子。该裂解过程是由 Mclafferty 在 1959 年首先发现的，因此称为麦氏重排。通式为

$$\text{H-A-A-E=E (六元环)} \longrightarrow A{=}B + H-E-D{=}C$$

式中，E 为 O、C、N、S 等；D 为碳原子；A、B、C 可以均为碳原子，或其中一个是氧（或氮）原子，其余为碳原子。

例如，2-甲基-1-戊烯

$$CH_2{=}C(CH_3)CH_2CH_2CH_3 \longrightarrow [CH_2{=}C(CH_3)_2]^{+\cdot} + CH_2{=}CH_2$$

m/*z* 44

麦氏重排的重要条件是与 C═X 基团相连的基团上，要有三个以上的键，而且在 γ-键上要有氢，通过六元环过渡态发生重排。

应当注意的是，麦氏重排受取代基的电效应和空间效应因素的影响。

例如，在间位有给电子基团的烷基苯中，氢原子不能有效地向碳原子移动，使重排难以进行。

X 为给电子基团

而在下例中，当 R=CH_3 时，由于甲基处在邻位，氢原子迁移受到位阻，重排也难以进行。

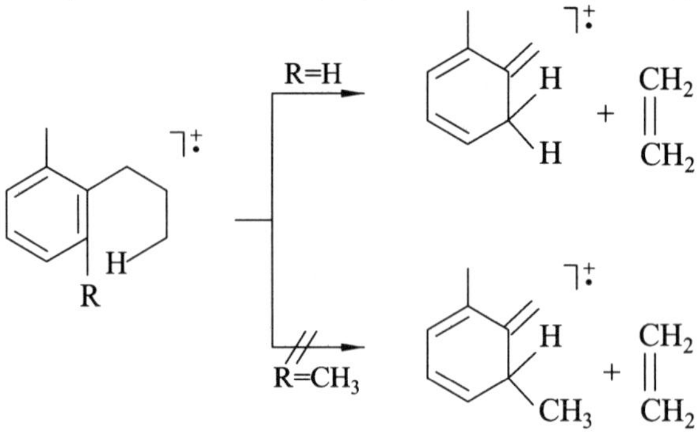

2. 双重氢重排裂解

有两个氢转移而发生重排裂解反应，称为双氢重排。这种重排所产生的离子比简单裂解所产生的离子大两个质量单位，电子数由OE$^{+\cdot}$变为 EE$^+$。经过六元环过渡的双氢重排称为“麦+1”重排。

例如，脂肪酸酯

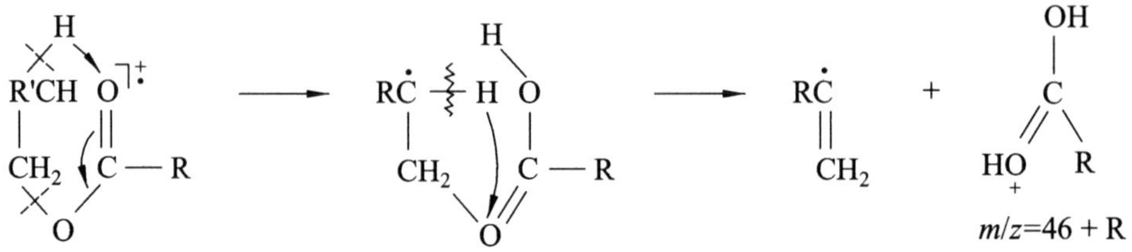

m/z=46 + R

3. 逆 Diels-Alder 重排（RDA 重排）

在有机反应中，Diels-Alder 反应是将 1, 3-丁二烯与乙烯缩合生成六元环烯化合物。在质谱中的 RDA 反应是由六元环烯裂解为一个双烯和一个单烯。

RDA 反应是以双键为起点的裂解反应。在带有双键的脂环化合物、生物碱、萜类、甾体和黄酮等的质谱上常可看到 RDA 反应产生的离子峰。

例如，柠檬烯

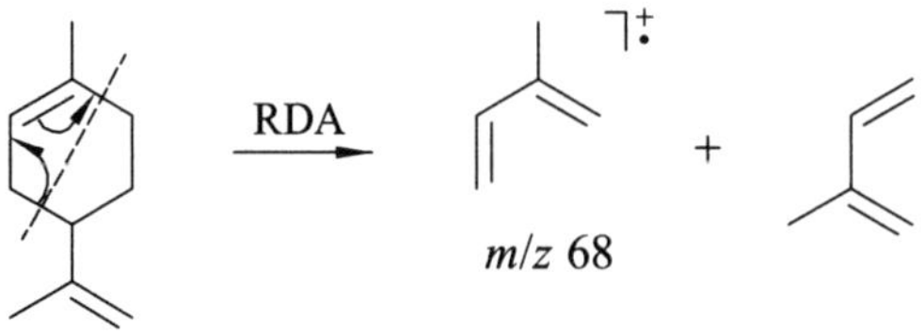

m/z 136　　m/z 68

重排裂解除以上所列几类外，还有较多其他类型，如随机重排、亲核性重排、脱去中性分子、复杂裂解等，此处不再一一介绍。

第五节　相对分子质量和分子式的确定

分子离子峰是测定相对分子质量与分子式的重要依据，因而确认分子离子峰是首要问题。

一、分子离子峰的确认

一般说来，质谱图上最右侧出现的质谱峰为分子离子峰。同位素峰虽比分子离子峰的质荷比大，但由于同位素峰与分子离子峰峰强比有一定关系，因而不难辨认。但有些化合物的分子离子极不稳定，在质谱上将无分子离子峰，在这种情况下，质谱上最右侧的质谱峰不是分子离子峰。因此，在识别分子离子峰时，需掌握下述几点：

（1）分子离子稳定性的一般规律：具有 π 键的芳香族化合物和共轭链烯，分子离子很稳定，分子离子峰强；脂环化合物的分子离子峰也较强；含羟基或具有多分支的脂肪族化合物的分子离子不稳定，分子离子峰小或有时不出现。分子离子峰的稳定性有如下顺序：芳香族化合物＞共轭链烯＞脂环化合物＞直链烷烃＞硫醇＞酮＞胺＞脂＞醚＞酸＞分支烷烃＞醇。当分子离子峰为基峰时，该化合物一般都是芳香族化合物。

（2）分子离子含奇数个电子（$OE^{+\cdot}$）。含偶数个电子的离子（EE^{+}）不是分子离子。

（3）分子离子的质量数服从氮律。只含 C、H、O 的化合物，分子离子峰的质量数是偶数。由 C、H、O、N 组成的化合物，含奇数个氮原子，分子离子峰的质量是奇数；含偶数个氮原子，分子离子峰的质量是偶数。这一规律称为氮律，凡不符合氮律者，就不是分子离子峰。

例如，某未知物元素分析只含 C、H、O，质谱（图 8-15）上最右侧的质谱峰 *m/z* 为 59，不服从氮律，可以肯定此峰不是分子离子峰。该图是 2-甲基丙醇的质谱。*m/z* 59 为脱甲基峰（M−15），$(CH_3)_2C{=}^{+}OH$。

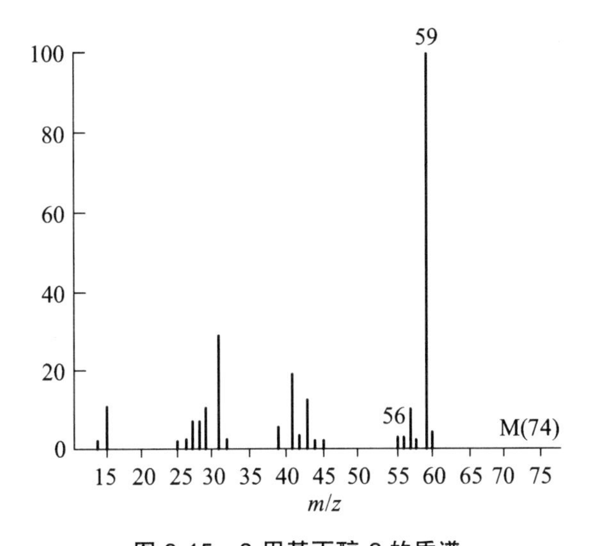

图 8-15　2-甲基丙醇-2 的质谱

（4）所假定的分子离子峰与相邻的质谱峰间的质量数差的意义：如果在比该峰小 3～14 个质量数间出现峰，则该峰不是分子离子峰。因为一个分子离子直接失去一个亚甲基（CH_2，*m/z* 14）一般是不可能的。同时失去 3～5 个氢，需要很高的能量，也不可能。

（5）M−1 峰：有些化合物的质谱图上质荷比最大的峰是 M−1 峰，而无分子离子峰。

例如，正庚腈的相对分子质量为 111。而在它的质谱上只能看到 *m/z* 110 的质谱峰（M−1），而无分子离子峰。这是因为分子离子不稳定，而 M−H 离子$[(CH_3(CH_2)_4CH{=}C{-}^{+}N)]$比较稳定的缘故。M−1 峰不符合氮律，容易区别。

腈类化合物易出现这种情况，但有时也有分子离子峰，强度小于 M−1 峰。

二、相对分子质量的测定

一般说来，分子离子峰的质荷比即相对分子质量。严格说有差别。例如，辛酮-4（$C_8H_{16}O$）精密质荷比为 128.1202，相对分子质量为 128.2161。这是因为质荷比是由丰度最大的同位素的质量计算而得；相对分子质量是由相对原子质量计算而得，而相对原子质量是同位素质量的加权平均值。在相对分子质量很大时，二者可差一个质量单位。例如，三油酸甘油酯，低分辨仪器测得的 *m*/*z* 为 884，而相对分子质量实际为 885.44。这些例子只是说明 *m*/*z* 与相对分子质量的概念不同而已，在绝大多数情况下，*m*/*z* 与相对分子质量的整数部分相等。若需将精密质荷比换算成精密相对分子质量，可参考表 8-2。

表 8-2　相对原子质量与同位素质量对比①②

元素	相对原子质量	同位素③	质量	丰度/%
氢	1.00797	^{1}H	1.007825	98 ~ 98.5
		^{2}H	2.01410	0.015
碳	12.01115	^{12}C	12.00000	98.89
		^{13}C	13.00336	1.11
氮	14.0067	^{14}N	14.00307	98 ~ 64
		^{15}N	15.00011	0.36
氧	15.9994	^{16}O	15.99491	98 ~ 76
		^{17}O	16.9991	0.04
		^{18}O	17.9992	0.20
氟	18.9984	^{19}F	18.99840	100
硅	28.086	^{28}Si	27.97693	92.23
		^{29}Si	28.97649	4.67
		^{30}Si	28-97376	3.10
磷	30.974	^{31}P	30.97376	100
硫	32.064	^{32}S	31.97207	95.02
		^{33}S	32.97146	0.76
		^{34}S	33.96786	4.22
氯	35.453	^{35}Cl	34.96885	75.77
		^{37}Cl	36.9659	24.23
溴	78-909	^{79}Br	78.9183	50.69
		^{81}Br	80.9163	48 ~ 31
碘	126.904	^{127}I	126.9044	100

注：① CRC. Handbook of chemistry and physics，63th ed. 1982-1983：B256-289.

② Parikh V M. Absorption spectroscopy of organic molecules. 1974：152.

③或称核素（nuclide）。

三、分子式的确定

常用同位素峰强比法及精密质量法。

（一）同位素峰强比法

1. 计算法

只含 C、H、O 的未知物用式（8-5）及式（8-6）计算碳原子及氧原子数。

【例 8.1】 某有机未知物，由质谱给出的同位素峰强比如表 8.3 所示，求分子式。

表 8.3 某未知物质谱图的同位素峰强比

m/*z*	相对峰强/%
150（M）	100
151（M+1）	8～9
152（M+2）	0.9

解：（1）(M+2)%为 0.9，说明未知物不含 S、Cl、Br。

（2）M 为偶数，说明不含 N 或偶数个 N。

（3）先以不含 N，只含 C、H、O 计算分子式，若结果不合理再修正。

① 含碳数：$n_C = \dfrac{(M+1)\%}{1.1} = \dfrac{9.9}{1.1} = 9$

② 含氧数：$n_O = \dfrac{(M+2)\% - 0.006n_C^2}{0.20} = \dfrac{0.9 - 0.006 \times 9^2}{0.20} = 2.1$

③ 含氢数：$n_H = M - (12n_C + 16n_O) = 150 - (12 \times 9 + 16 \times 2) = 10$

④ 可能的分子式为 $C_9H_{10}O_2$。它的验证可通过质谱解析或其他方法。

2. Beynon 表法

Beynon 根据同位素峰强比与离子元素组成间的关系，编制了按离子质量数为序，含 C、H、O、N 的分子离子及碎片离子的(M+1)%及(M+2)%数据表，称为 Beynon 表。质量数一般为 12～250。

使用时，只需根据质谱所得的 M 峰的质量数、(M+1)%及(M+2)%数据，查 Beynon 表即可得出分子式或碎片离子的元素组成。

（二）精密质量法

用高分辨质谱计，精确测定分子离子质量（质荷比），利用表计算或查精密质量表求分子式。

【例 8.2】 用高分辨质谱仪测得某有机物 $M^{+\cdot}$的精密质量数为 166.062 99，试确定分子式。

解：表 8-4 列出了 *M*=166 大组 34 个离子中的 14 个。质量接受 166.062 99 的有 3 个，其中 $C_7H_8N_3O_2$ 不服从 N 律，应否定。$C_8H_{10}N_2O_2$ 的质量与未知物相差超过 0.005%，应否定。因此，分子式可能是 $C_9H_{10}O_3$（166.062 994）。

表 8-4　*m/z* 166 精密质量数

精密质量数	分子式	精密质量数	分子式
166.004478	$C_{11}H_2O_2$	166.062994	$C_9H_{10}O_3$
166.012031	$C_7H_4NO_4$	166.074228	$C_8H_{10}N_2O_2$
166.023264	$C_6H_4N_3O_3$	166.078252	$C_{13}H_{10}$
166.026946	$C_9H_2N_4$	166.093357	$C_5H_{14}N_2O_4$
166.038864	$C_{12}H_6O$	166.097038	$C_8H_{12}N_3O$
166.046074	$C_6H_6H_4O_2$	166.108614	$C_9H_{14}N_2O$
166.057650	$C_7H_8N_3O_2$	166.120190	$C_{10}H_{16}NO$

第六节　常见有机化合物的质谱

一、烃　类

1. 饱和烷烃

（1）分子离子峰较弱，随碳链增长，强度降低以至消失。

（2）直链烃具有一系列 *m/z* 相差 14 的 C_nH_{2n+1} 碎片离子峰（*m/z* 29，43，57，71，…）。基峰为 $C_3H_7^+$（*m/z* 43）或 $C_4H_9^+$（*m/z* 57）离子。

（3）在 C_nH_{2n+1} 峰的两侧，伴随着质量数大一个质量单位的同位素峰及质量数小一或两个单位的 C_nH_{2n} 或 C_nH_{2n-1} 等小峰，组成各峰群。M−15 峰一般不出现。例如，正壬烷的质谱如图 8.16 所示。

（4）支链烷烃在分支处优先裂解，形成稳定的仲碳或叔碳阳离子。分子离子峰比相同碳数的直链烷烃小。其他特征与直链烷烃类似。

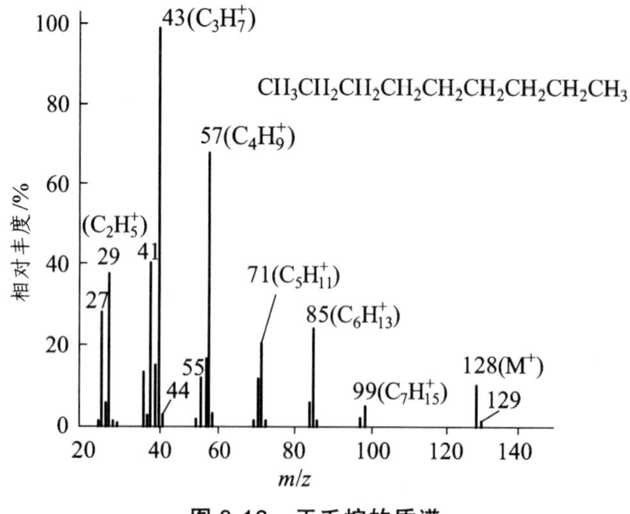

图 8-16　正壬烷的质谱

2. 链　烯

（1）分子离子较稳定，丰度较大。

（2）有一系列 C_nH_{2n-1} 的碎片离子，通常为 41+14n（n=0，1，2，…）。m/z 41 峰一般都较强，是链烯的特征峰之一。例如，

$$CH_2=CH-CH_2-R \xrightarrow[\text{(失去}\pi\text{电子)}]{-e^-} \overset{+}{C}H_2^{\cdot}-CH-CH_2 \wr R \longrightarrow$$

$$\overset{+}{C}H_2-CH=CH_2 + R\cdot$$

$$\updownarrow \text{共振}$$

$$CH_2=\overset{+}{C}H-CH_2 \quad (m/z\ 41)$$

（3）具有重排离子峰。

$$H_2C\cdot(HC^+)(CH_2)CH_2\,CH(R)\text{—}H \longrightarrow CH_3\text{—}\overset{+}{C}H\text{—}\dot{C}H_2 + CH_2=CHR$$

m/z 42

3. 芳　烃

（1）分子离子稳定，峰强大。

（2）烷基取代苯易发生 β-裂解（苄基位置），产生 m/z 91 的鎓离子（tropylium ion）是烷基取代苯的重要特征。因为鎓离子非常稳定，成为许多取代苯如甲苯、二甲苯、乙苯、正丙苯等的基峰。

β裂　　扩环

m/z 91,鎓离子

（3）鎓离子可进一步裂解生成环戊二烯及环丙烯离子

$$C_3H_3^+,\ m/z\ 39 \xleftarrow{-2CH\equiv CH} C_7H_7^+,\ m/z\ 91 \xrightarrow{-CH\equiv CH} C_5H_5^+,\ m/z\ 65$$

（4）取代苯能发生 α 裂解产生苯离子，进一步裂解生成环丙烯离子及环丁二烯离子。

R

$C_6H_5^+$
m/z 77

$-(C_3H_2)$

$C_3H_3^+$
m/z 39

$-CH\equiv CH$

$C_4H_3^+$, *m/z* 51

（5）具有 γ-氢的烷基取代苯，能发生麦氏重排裂解，产生 *m/z* 92（$C_7H_8^{+\cdot}$）的重排离子。

CH_2 CH_2 $CH—R$ H —重排→ CH_2 H H + $CH_2=CH—R$

$C_7H_8^{+\cdot}$(*m/z* 92)

综上所述，烷基取代苯的特征离子为鎓离子 $C_7H_7^+$（*m/z* 91）。$C_6H_5^+$（*m/z* 77）、$C_4H_3^+$（*m/z* 51）及 $C_3H_3^+$（*m/z* 39）为苯环特征离子（图 8-17）。

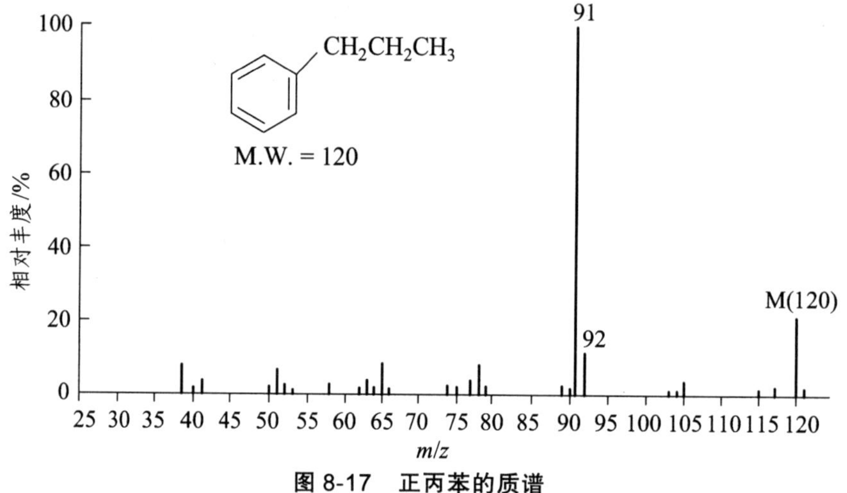

图 8-17　正丙苯的质谱

二、醇　类

醇类的特征离子是分子离子和 M−18 离子。伯醇和仲醇的分子离子峰都很弱，叔醇往往观察不到。(M−18) 峰是醇的分子离子失去水分子而产生的。在质谱解析时常被误认为是分子离子，且脱水后质谱图常常类似于相应的烯烃，解析时常因此得出错误结论，应引起注意。

（一）脂肪族饱和醇

1. α 裂解

m/z 31 峰较强，(M−1) 峰的强度比 $M^{+\cdot}$峰大，是醇的特征峰。

$$R + CH_2 - \overset{+\bullet}{O}H \longrightarrow CH_2 = \overset{+}{O}H + \cdot R$$
m/z 31

$$R - \overset{H}{CH} - \overset{+\bullet}{O}H \longrightarrow R - CH = \overset{+}{O}H + \cdot H$$
m/z (M-1)

伯醇的质谱除 M-1 峰外，也出现强度很强的 M-2 和 M-3 峰。

$$R - \overset{H}{\underset{H}{C}} - \overset{+\bullet}{O} - H \xrightarrow{-H_2} R - \overset{H}{C} = \overset{+\bullet}{O} \xrightarrow[\alpha]{-\cdot H} R - C \equiv O^+$$
m/z (M-2)　　m/z (M-3)

仲醇和叔醇 α 裂解后，分别产生强的 $(R)(H)C - \overset{+}{O}H$（$m/z$ 45、59、73）和 $(R_1)(R_2)C - \overset{+}{O}H$（$m/z$ 59、73、87 等）峰，其中较大的取代基先离去。由仲醇生成的 $RCH = {}^{+}OH$ 还能进一步裂解生成 $CH_2 = \overset{+}{O}H$（m/z 31），但其强度比伯醇弱。

$$\left[R - CH_2 - CH_2 - CH = \overset{+}{O}H \longleftrightarrow R - HC(-H) - CH_2 - \overset{+}{C}H - OH \right] \xrightarrow{-RCH=CH_2} CH_2 = \overset{+}{O}H$$
m/z 31

2. 脱水反应

（1）电子轰击前受热脱水，生成相应烯烃，这样得到的质谱就是相应烯烃的质谱，应特别注意。例如，

$$CH_3CH_2\overset{H}{CH} - \overset{OH}{CH_2} \xrightarrow{-H_2O} CH_3CH_2CH = CH_2 \xrightarrow{-e^-} CH_3CH_2CH = CH_2^{+\bullet}$$

（2）样品受电子轰击失去一个电子形成分子离子后，再经过环状氢转移脱去一分子水。其过程如下：

$$H - \overset{+\bullet}{O}(-CH_2-CH_2-CH_2-CHR-H) \xrightarrow[1,4脱水]{-H_2O} \left[\begin{matrix} CH_2 - CHR \\ | \quad\quad | \\ CH_2 - CH_2 \end{matrix}\right]^{+\bullet} 或 \begin{matrix} \overset{+}{C}H_2 \quad \overset{\bullet}{C}HR \\ | \quad\quad | \\ CH_2 - CH_2 \end{matrix}$$
M-18

再经过氢重排生成烯。

$$\overset{+}{C}H_2 - \overset{H}{CH} - \overset{\cdot CHR}{CH_2} \longrightarrow \begin{matrix} \overset{+}{C}H_2 \quad CH_2R \\ | \quad\quad | \\ CH - CH_2 \end{matrix} \longleftrightarrow \left[= CHCH_2CHR\right]^{+\bullet}$$

醇类脱水成烯烃，易将其质谱看成烯，但是 α 裂解产生 $CH_2 = \overset{+}{O}H$（m/z 31）、$RCH = \overset{+}{O}H$（m/z 45、59、73）和 $RR'C = \overset{+}{O}H$（m/z 59、73、87 等）离子峰，是醇的特征峰，可用于区别烯烃。

例如，4-甲基-4-庚醇的质谱（图 8-18）及其主要裂解过程如下。

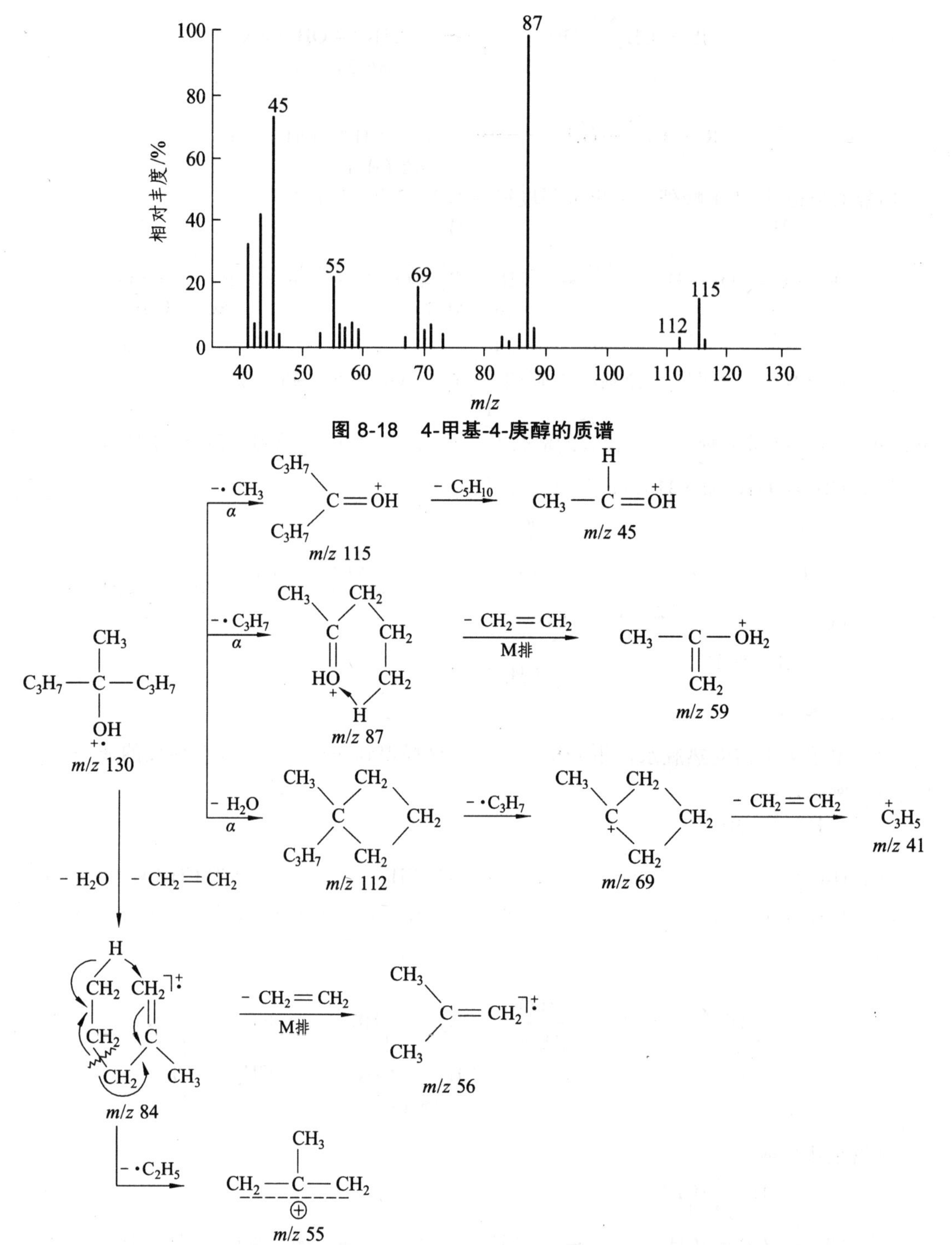

图 8-18　4-甲基-4-庚醇的质谱

在 4-甲基-4-庚醇的质谱中，*m/z* 115 与 *m/z* 112 之间只差 3 个原子质量单位，所以它们不是分子离子峰。谱中 *m/z* 45、59、73、87、115 峰是含氧碎片的特征离子峰。

（二）环　醇

环醇可进行 α 裂分，环键裂开。环醇也可脱水形成（M−18）峰，脱氢产生（M−1）峰。

在环醇的裂解过程中，往往需断两个键，有时还发生氢迁移（γ-H）。此处不详细介绍。

三、醚　类

1. 脂肪醚

除少数碳数较少的醚外，分子离子峰很弱，以至消失。例如，乙醚的分子离子峰相对强度为 30%，正丙醚为 11%，正丁醚则为 2.2%。支链醚的分子离子峰比相应直链醚弱，例如，异丙醚为 2.2%。

（1）醚易发生 α 裂解，产生 m/z 45、59、73、87 等碎片离子，与醇类似。但醚无 M-18 的脱水峰，这是醚与醇的主要区别。

$$R-CH_2-\overset{+\bullet}{O}-R' \xrightarrow{-R\bullet} CH_2=\overset{+}{O}-R' \quad m/z\ 45+14n$$

（2）氢重排：由上述裂解生成的碎片，经过氢重排进一步裂解得到与醚类似的离子峰，在质谱中往往是基峰或强峰。

$$R-CH=\overset{+}{O}-CH(R')-CH_2-H \xrightarrow{-R'CH=CH_2} RCH=\overset{+}{O}H \quad m/z\ 31+14n$$

（3）醚可以异裂，电荷留在烷基上，产生 m/z 29，43，57，…碎片离子。

$$R-\overset{+\bullet}{O}-R' \xrightarrow{-\bullet OR'} R^+ \quad m/z\ 29+14n$$

（4）若 C—O 键发生均裂，同时有氢原子转移，产生 m/z 28＋14n 峰。

$$R-CH-\overset{+\bullet}{O}-CH_2-CHR-H \longrightarrow R-CH_2OH + CH_2=CH-R^{+\bullet} \quad m/z\ 28+14n$$

这种伴有氢迁移均裂过程，比 C—O 键的异裂产生的碎片相差 1 个原子质量单位。

例如，乙基异丁基醚的质谱（图 8-19）及其主要裂解过程如下。

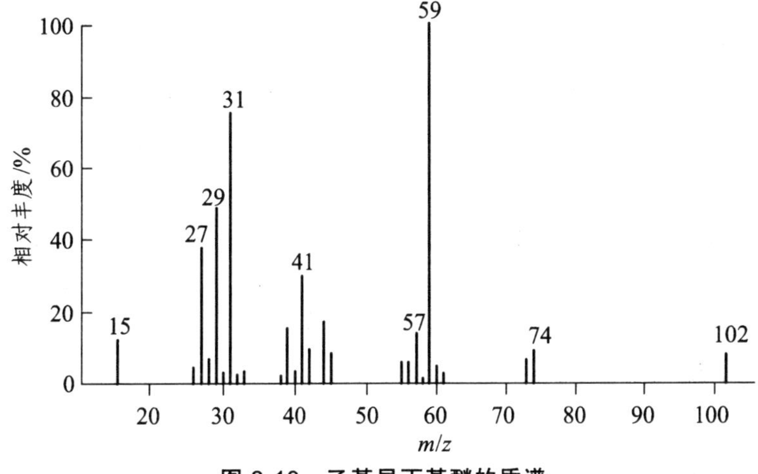

图 8-19　乙基异丁基醚的质谱

$$CH_2=\overset{+}{O}-C_2H_5 \quad (m/z\ 59(100)) \xrightarrow[-\ CH_2=CH_2]{-\ \dot{C}H(CH_3)_2} CH_2=\overset{+\cdot}{O}H \quad (m/z\ 31)$$

$$CH_3CH_2-O-CH_2CH(CH_3)_2 \xrightarrow{-\cdot CH(CH_3)_2} m/z\ 59$$

$$CH_3CH_2-O-CH_2CH(CH_3)_2 \xrightarrow{-\ CH_2=CH_2} H\overset{+\cdot}{O}CH_2CH(CH_3)_2 \quad (m/z\ 74)$$

$$CH_3CH_2-O-CH_2CH(CH_3)_2 \xrightarrow{-\ C_2H_5OH} [CH_2=C(CH_3)_2]^{+\cdot} \quad (m/z\ 56) \xrightarrow{-\ C_2H_5O\cdot} {}^{+}CH_2CH(CH_3)_2 \quad (m/z\ 57)$$

2. 芳香醚

芳醚的分子离子峰很强，裂解过程类似于脂肪醚。以茴香醚的裂解为例说明其裂解过程。

$$[C_6H_5-O-CH_3]^{+\cdot}\ (m/z\ 108) \xrightarrow{-\cdot CH_3} C_6H_5O^{+}\ (m/z\ 93) \xrightarrow{-\ CO} C_5H_5^{+}\ (m/z\ 65)$$

$$[C_6H_5-O-CH_2-H]^{+\cdot} \xrightarrow{-\ CH_2=O} [C_6H_6]^{+\cdot}\ (m/z\ 78) \xrightarrow{-\ H\cdot} [C_6H_5]^{+}\ (m/z\ 77)$$

如果芳香醚 ArOR 的烷基部分含有两个或两个以上碳原子，发生与烷基苯类似的重排（麦排），生成的 m/z 94 往往是基峰。

$$[C_6H_5-O-CH_2-CHR-H]^{+\cdot} \xrightarrow{-\ RCH=CH_2} [C_6H_6O]^{+\cdot}\ (m/z\ 94) \longleftrightarrow [C_6H_5OH]^{+\cdot}$$

因此，我们可以从芳醚质谱中 m/z 93 判定是茴香醚（$R=CH_3$），m/z 94 可判定 R 的碳原子数≥2。

四、醛和酮

1. 醛

分子离子峰明显，芳醛比脂肪醛分子离子峰强度大。当脂肪醛大于 C_4 时，分子离子峰很快减弱。

（1）α 裂解可产生 R^+（Ar^+）及 M−1 峰等。

$$\underset{(Ar)}{R}-\overset{\overset{+\cdot}{O}}{\overset{\|}{C}}-H \begin{cases} \xrightarrow[\text{均裂}]{\alpha} \underset{(M-1)}{\underset{(Ar)}{RC}\equiv O^+} + H\cdot \\ \xrightarrow[\text{均裂}]{\alpha} \underset{m/z\ 29}{H-C\equiv O^+} + R\cdot\ (Ar\cdot) \\ \xrightarrow[\text{异裂}]{\alpha} \underset{(M-29)}{R^+\ (Ar^+)} + HC\equiv O\cdot\ (\text{或}\ H\dot{C}=O) \end{cases}$$

由 α 裂解所形成的 M−1 峰是醛类的特征峰，在图中明显，芳醛则更强。例如，甲醛 M−1 峰的相对强度为基峰的 90%，而 α 裂解生成的 m/z 29（$H—C\equiv O^+$）是强峰，在 C_1～C_3 醛中是基峰。

（2）具有 γ-氢的醛，能发生麦氏重排产生重排离子（m/z 44＋14n）。

$$\text{(H—CH}_2\text{—CH}_2\text{—CH(R)—CH=}\overset{+\cdot}{O}\text{ 六元环)} \xrightarrow{\text{M排}} \underset{m/z\ 44+14n}{\overset{+\cdot}{O}H-CH=CHR} + \underset{CH_2}{\overset{CH_2}{\|}}$$

（3）醛也可以发生 β 裂解

$$R-CH_2-CHO^{+\cdot} \xrightarrow[\text{裂解}]{\beta} \underset{(M-43)}{R^+} + CH_2=CH-O^{\cdot}$$

此外，醛还可以通过某些重排反应产生一较为异常的 M−18（脱水）峰、M−44（失 $CH_2=CHOH$）峰等。

例如，正丁醛的质谱（图 8-20）及裂解过程如下。

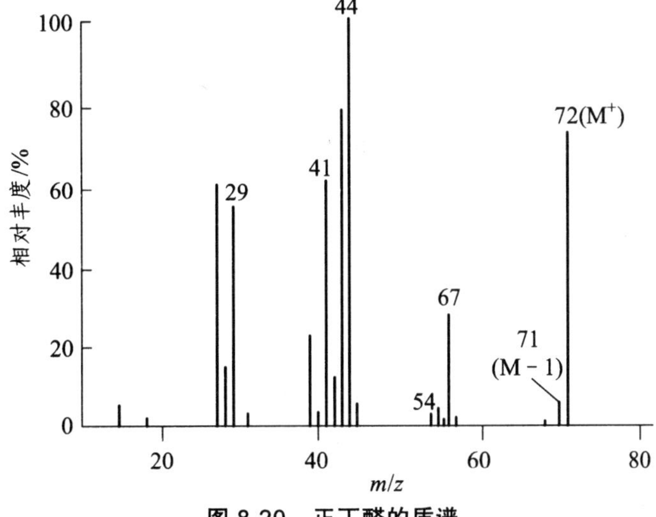

图 8-20　正丁醛的质谱

$$C_3H_7-\overset{\overset{+\cdot}{O}}{\overset{\|}{C}}-H \quad (m/z\ 72)$$

$$\xrightarrow[-\cdot H]{\alpha均} C_3H_7C\equiv O^+ \quad m/z\ 71(M-1)$$

$$\xrightarrow[-\cdot C_3H_7H]{\alpha均} HC\equiv O^+ \quad m/z\ 29$$

$$\xrightarrow[-HC\equiv O\cdot]{\alpha异} C_3H_7^+ \quad m/z\ 43$$

$$CH_3CH_2CH_2\overset{\overset{+\cdot}{O}}{\overset{\|}{C}}-H$$

$$\xrightarrow[-\cdot C_2H_5]{\beta} {}^+CH_2\overset{O}{\overset{\|}{C}}-H \quad m/z\ 43$$

$$\xrightarrow[-\cdot CH_2CHO]{\beta异} CH_3CH_2^+ \quad m/z\ 29$$

$$\xrightarrow{-H_2O} C_4H_6^{+\cdot} \quad m/z\ 54$$

$$\xrightarrow{-\cdot CH_3} {}^+CH_2CH_2\overset{O}{\overset{\|}{C}}-H \quad m/z\ 57$$

$$\xrightarrow[M排]{-CH_2=CH_2} \left[CH_2=\overset{OH}{\overset{|}{C}}-H\right]^{+\cdot} \quad m/z\ 44(100)$$

2. 酮

分子离子峰十分明显。其裂解与醛相似。

（1）α 裂解产生 $RC\equiv O^+$、$R'C\equiv O^+$、R^+和 R'^+等离子，据大基团先离去的规律，若 $R'>R$，则 $RC\equiv O^+$的峰强度要远远大于 $R'C\equiv O^+$峰的强度。

$$\left(R,R'\right)C=O^{+\cdot}$$

$$\xrightarrow[-\cdot R']{\alpha均} RC\equiv O^+ \xrightarrow{-CO} R^+$$

$$\xrightarrow[-\cdot R]{\alpha均} R'C\equiv O^+$$

$$\xrightarrow[-\cdot R'C\equiv O\cdot]{\alpha异} R^+$$

$$\xrightarrow[-\cdot RC\equiv O\cdot]{\alpha异} R'^+$$

（2）含 γ-氢的酮可发生麦氏重排，当酮的另一个烷基也有 γ-氢时，可发生第二次麦氏重排。

$$H-CH_2-CH_2-CH_2-\overset{\overset{+\cdot}{O}}{\overset{\|}{C}}-CH_2-CH_2-CH_2-H \xrightarrow[麦排]{-CH_2=CH_2} \left[CH_2=\overset{OH}{\overset{|}{C}}-CH_2-CH_2-CH_2-H\right]^{+\cdot} \xrightarrow[麦排]{-CH_2=CH_2} \left[CH_3-\overset{OH}{\overset{|}{C}}=CH_2\right]^{+\cdot}$$

芳酮有较明显的分子离子峰，发生羰基的 α 裂解形成 m/z 105 峰，常为基峰。

$$C_6H_5-\overset{\overset{+\cdot}{O}}{\overset{\|}{C}}-CH_3 \xrightarrow[-\cdot CH_3]{\alpha} C_6H_5-C\equiv O^+ \xrightarrow{-CO} C_6H_5^+$$

m/z 120 　　m/z 105 　　m/z 77

烷基上有 γ-氢时也发生麦氏重排而形成奇电子离子。

$$C_6H_5-\overset{\overset{+\cdot}{O}}{\overset{\|}{C}}-CH_2-CH_2-CH_2-H \xrightarrow{-CH_2=CH_2} \left[C_6H_5-\overset{OH}{\overset{|}{C}}=CH_2\right]^{+\cdot}$$

m/z 146 　　m/z 120

五、酸和酯类

一元饱和酸及其酯的分子离子峰一般都较弱，但能够观察到。芳香酸及其酯的分子离子峰强。

1. 易发生 α 裂解

$$R-\overset{\overset{+\cdot}{O}}{\overset{\|}{C}}-OR_1 \begin{cases} \xrightarrow[-\cdot R']{\alpha} O^+\equiv C-OR_1 \xrightarrow{-CO} \overset{+\cdot}{O}R_1 \\ \xrightarrow[-\cdot OR_1]{\alpha} R-C\equiv O^+ \xrightarrow{-CO} R^+ \\ \xrightarrow[-R-C\equiv O\cdot]{\alpha} OR_1^+ \\ \xrightarrow[-R_1OC\equiv O\cdot]{\alpha} R^+ \end{cases}$$

对于酸，R_1 为 H。由 α 裂解而形成的四种离子，质谱图上都可看到。其中酸生成的 $HO-C\equiv O^+$（m/z 45）离子是羧酸的特征。

2. 含有 γ-氢的酸与酯易发生 Mclafferty 重排

$$R-\overset{H}{CH}-CH_2-CH_2-\overset{\overset{+\cdot}{O}}{\overset{\|}{C}}-OH\,(COH_3) \xrightarrow[\text{重排}]{-CH_2=CHR} \left[CH_2=\overset{OH}{\overset{|}{C}}-OH\,(OCH_3)\right]^{+\cdot}$$

m/z 60(74)

m/z 60 或 74 峰是直链一元羧酸及其甲酯的特征峰，有时是基峰。

在酯中，随酯基碳链增加，能发生双重排，有两个氢迁移，并失去烯丙基的自由基，产生 m/z 61+14n 的特征峰。

$$\text{R}-\overset{+\bullet}{\text{O}}=\text{C}(\text{O}-\text{CH}_2-\text{CH}(\text{H})-\text{CH}_2\text{R}') \longrightarrow \text{R}-\text{C}(=\overset{+}{\text{O}})-\text{O}-\text{CH}_2-\dot{\text{C}}\text{H}-\text{CHR}'(\text{H}) \xrightarrow{-\ \text{R}'\dot{\text{C}}\text{CHCH}=\text{CH}_2} \text{R}-\text{C}(\text{OH})=\overset{+}{\text{O}}\text{H}$$

$m/z\ 61+14n$

也可经过六元过渡产生双重氢重排，称麦+1 重排。

$$\text{R}'\text{CH}(\text{H})-\text{CH}_2-\text{O}-\text{C}(\text{R})=\overset{+\bullet}{\text{O}} \longrightarrow \text{R}'\dot{\text{C}}-\text{HO}-\text{C}(\text{R})-\overset{+}{\text{O}}-\text{CH}_2 \longrightarrow \text{R}-\text{C}(\text{OH})=\overset{+}{\text{O}}\text{H} + \text{CH}_2=\dot{\text{C}}\text{R}'$$

$m/z\ 60+14n$

在芳香族羧酸中，若羧基邻位有 CH_3—、NH_2—或—OH，易发生失去小分子的反应（H_2O、ROH 或 NH_3 等）。

六、胺　类

1．脂肪胺

分子离子峰很弱，有的甚至看不见。

（1）α 裂解是胺类最重要的裂解方式。其裂解遵循较大基团优先离去而 m/z 30+14n 峰，对于 α 无支链的伯胺来讲，α 裂解生成 m/z 30（$CH_2NH_2^+$）离子峰为基峰。对于甲胺而言，（M−1）峰为基峰。

$$\text{R}-\text{CH}_2-\overset{+\bullet}{\text{N}}\text{H}_2 \xrightarrow[-\bullet\text{R}]{\alpha} \text{CH}_2=\overset{+}{\text{N}}\text{H}_2 \quad m/z\ 30$$

$$\text{H}-\text{CH}_2-\overset{+\bullet}{\text{N}}\text{H}_2 \xrightarrow{\alpha} \text{CH}_2=\text{NH}_2 + \text{H}\bullet \quad m/z\ 30(\text{M}-1)$$

$$\text{R}-\overset{|}{\underset{|}{\text{C}}}-\overset{+\bullet}{\text{N}}< \xrightarrow{-\bullet\text{R}} >\text{C}=\overset{+}{\text{N}}< \quad m/z\ 30+14n$$

值得一提的是，α-碳上无支链的仲胺和叔胺，α 裂解发生之后会进一步重排，最后也出现 m/z 30（$\text{CH}_2=\overset{+}{\text{N}}\text{H}_2$）峰，因此 $\text{CH}_2=\overset{+}{\text{N}}\text{H}_2$ 并非伯醇所特有。

$$\text{R}-\text{CH}_2-\overset{+\bullet}{\text{N}}(\text{C}_2\text{H}_5)_2 \longrightarrow \text{CH}_2=\overset{+}{\text{N}}(\text{C}_2\text{H}_5)-\text{CH}_2-\text{CH}_2-\text{H} \xrightarrow{-\ \text{CH}_2=\text{CH}_2}$$

$$\text{CH}_2=\overset{+}{\text{N}}\text{H}(\text{C}_2\text{H}_5) \xrightarrow{-\ \text{CH}_2=\text{CH}_2} \text{CH}_2=\overset{+}{\text{N}}\text{H}_2$$

m/z 58　　　　m/z 30

（2）直链伯胺有一系列强度减弱的峰（*m*/*z* 30，44，58，…），这是连续断裂 C—C 键所致。同时还出现 C_nH_{2n+1}、C_nH_{2n} 和 C_nH_{2n-1} 等烃类离子群，间隔 14 u。

2. 芳　胺

分子离子峰很明显。许多芳胺有中等强度的（M−1）峰，芳胺脱去 HCN、H_2CN 而产生 M−27 和 M−28 峰，此裂解过程类似于苯酚脱 CO 和 CHO。

$$C_6H_5\overset{+\cdot}{N}H-H \xrightarrow{-H\cdot} C_6H_5\overset{+}{N}H$$

m/*z* 93　　*m*/*z* 92(M−1)

$$\xrightarrow{-HCH} \xrightarrow{-H\cdot}$$

m/*z* 66 (M−27)　　*m*/*z* 65 (M−28)

和脂肪族仲胺类似，芳仲胺也可进行 α 裂解

$$C_6H_5\overset{+\cdot}{N}H-CH_2-CH_2R \xrightarrow[\alpha]{-\cdot CH_2R} C_6H_5\overset{+}{N}H=CH_2$$

m/*z* 106

七、腈　类

脂肪族腈类的分子离子峰很弱，有时甚至不出现。芳香族腈化合物的分子离子峰很强，且都是基峰。

（1）脂肪腈易失去 α-氢生成稳定的（M−1）峰，但其强度不大。

$$R-\underset{H}{CH}-C\equiv\overset{+\cdot}{N} \xrightarrow{-H\cdot} R\dot{C}H-C\equiv\overset{+\cdot}{N} \longleftrightarrow RCH=C=\overset{+}{\ddot{N}}$$

(M − 1)

（2）有 γ-氢的腈易进行 Mclafferty 重排，生成 $CH_3-C=\overset{+\cdot}{N}$（或 $CH_2=C=\overset{+\cdot}{N}H$）*m*/*z* 41 的离子峰。

$$R-CH(H)-CH_2-CH_2-C\equiv\overset{+\cdot}{N} \longrightarrow RCH=CH_2 + CH_2=C=\overset{+\cdot}{N}H$$

m/*z* 41

此外，腈类化合物还常常发生骨架重排和氢迁移等反应，而失去中性烯分子，形成碎片。

八、有机卤化物

由于氯和溴都有很典型的重同位素，^{35}Cl 和 ^{37}Cl 的丰度比约为 3∶1，^{79}Br 和 ^{81}Br 的丰度比约为 1∶1，所以卤素化合物的图谱很容易识别。

有机卤化物的分子离子峰能观察到，其中芳香族卤化物分子离子峰较强。

（1）C—X 裂解是常见的裂解反应：

$$R-\overset{+\cdot}{X} \xrightarrow{\text{均裂}} \cdot R + X^{+} \qquad (1)$$

$$R-\overset{+\cdot}{X} \xrightarrow{\text{异裂}} R^{+} + X\cdot \qquad (2)$$

氟和氯电负性强，易发生裂解（2），产生 R^+（M−X），溴与碘易发生裂解（1），产生 X^+（M−R）。

（2）脱 HX：有机氟化物和氯化物易发生脱 HX 的反应。小分子卤化物，可 1, 2-位脱 HX；若烷基较大则可 1, 4-位或其他位脱 HX。

$$R-\underset{}{CH(H)}-CH_2(\overset{+\cdot}{X}) \longrightarrow \underset{(M-HX)}{RCH=CH_2^{+\cdot}} + HX$$

（当 X=F 或 Cl 时，$RCH=CH_2^{+\cdot}$呈强峰）

（3）有机卤化物可发生 α 裂解，形成 M−R 峰。

$$R-CH_2-\overset{+\cdot}{X} \xrightarrow[-R\cdot]{\alpha} \underset{(M-R)}{CH_2=X^{+}} \longleftrightarrow \underset{(M-R)}{^{+}CH_2-X}$$

（4）含六个碳原子以上的直链氯（或溴）化合物易反应生成环状 $C_3H_6\overset{+}{X}$、$C_4H_8\overset{+}{X}$ 和 $C_5H_{10}\overset{+}{X}$ 离子峰，均为环状结构，其中 C_4H_8X 峰较强，有时是基峰。

$$R-CH_2-CH_2-CH_2-CH_2-\overset{+\cdot}{X} \xrightarrow{-R\cdot} \underset{(M-R)}{\text{环状 } C_4H_8\overset{+}{X}\ (CH_2-CH_2-CH_2-CH_2-X)}$$

（X=Cl 或 Br）

九、有机硫化物

硫的重同位素的存在（^{34}S 自然丰度为 4.44%），使得含硫化合物的质谱较易辨认，硫原子数目可以从 M+2 峰的相对丰度来确定。

1. 硫　醇

硫醇的质谱与普通醇类相似。但分子离子峰比一般醇类明显，而其烷基部分的离子相同。

硫醇的α、β、γ、δ-键断裂的碎片都有，其α断裂形成m/z 47峰$\left(CH_2{=}\overset{+}{S}H \longleftrightarrow CH_2{-}SH\right)$。和醇脱水一样，硫醇可以脱$H_2S$以及脱$H_2S$后，再脱$C_2H_4$。

例如，正戊硫醇的质谱如图8-21所示。

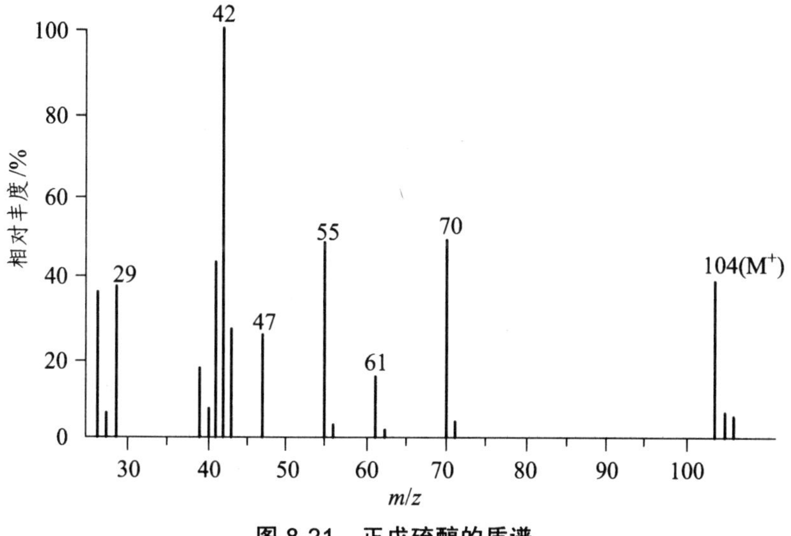

图8-21　正戊硫醇的质谱

2. 硫　醚

硫醚分子离子峰比普通的脂肪醚大。易发生α裂解。其烷基链大于3个碳原子时有氢重排裂解反应发生。

第七节　应用实例

质谱主要用于定性及测定分子结构，也可用于混合物的含量测定。由于质谱的复杂性，其重复性不如NMR及IR等光谱，以及人们对于质谱规律的掌握还有一些不足之处，因而在四大光谱中，质谱主要用于测定相对分子质量、分子式和作为光谱解析结论的佐证。对于一些较简单的化合物，单靠质谱也可确定分子结构。

一、解析顺序

（1）首先确认分子离子峰，确定相对分子质量；

（2）用同位素峰强比法或精密质量法确定分子式；

（3）计算不饱和度；

（4）解析某些主要质谱峰的归属及峰间关系；

（5）推定结构；

（6）验证：查对标准光谱验证或参考其他光谱及物理常数。

二、解析示例

【例 8.3】 正庚酮有三种异构体，某正庚酮的质谱如图 8-22 所示。试确定羰基的位置。

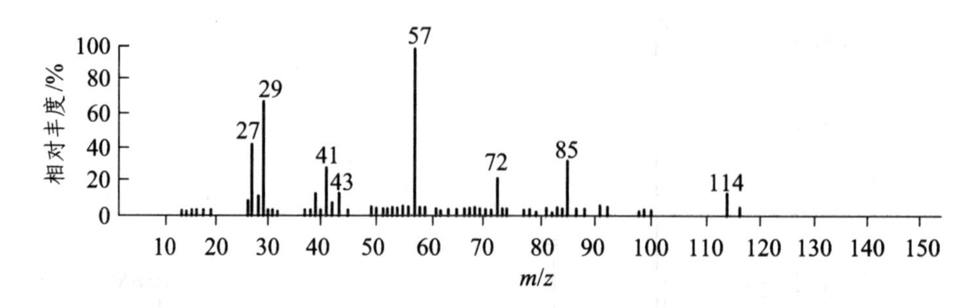

图 8-22 正庚酮的质谱

解：酮易发生 α 裂解，生成 $R—C\equiv\overset{+}{O}$，稳定，强度很大，是鉴别羰基位置的有力证据。三种庚酮异构体的 α 裂解比较：

图 8-22 上 m/z 57 为基峰，而且有 m/z 85 峰，而无 99 及 71 峰。图上虽有 m/z 43 峰，但太弱，不是 $H_3C—C\equiv\overset{+}{O}$ 而是由 β 裂解产生的 $C_3H_7^+$。因此证明该化合物是 3-庚酮。

综上所述，图 8-22 中各质谱峰的归属：

m/z 114（$M^{+\cdot}$）、85（$\overset{+}{O}\equiv C—C_4H_9$）、72（重排离子，$H_5C_2—C(\overset{+\bullet}{O}H)\equiv CH_2$）、57（$H_5C_2—C\equiv\overset{+}{O}$）、43（$C_3H_7^+$）、41（$C_3H_5^+$）、29（$C_2H_5^+$）、27（$C_2H_3^+$）。

【例 8.4】 一个未知物的质谱如图 8-23 所示，试确定其分子结构。

解：统观质谱，分子离子峰的质量数为偶数，说明未知物不含氮原子或含偶数个氮原子。由同位素峰强比说明不含 Cl、Br 及 S。具有很强的 m/z 91 峰，说明未知物可能具有烷基取代苯官能团。

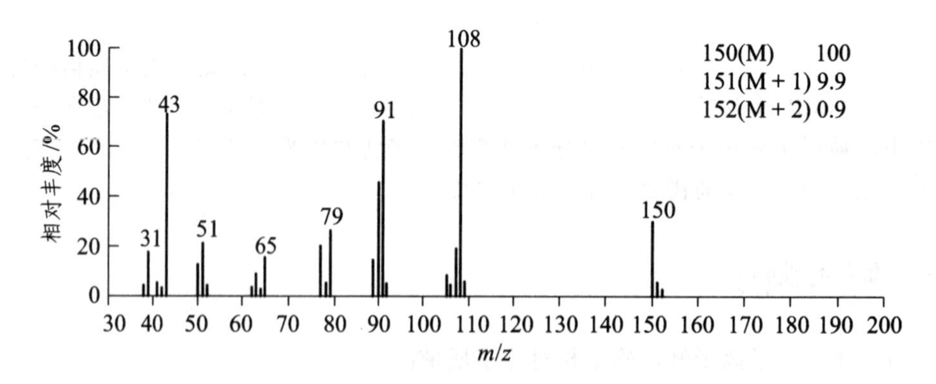

图 8-23 某未知物的质谱

（1）求不饱和度：

$$U=\frac{2+2\times 9-10}{2}=5$$

$U>4$，说明结构中可能具有苯环。

（2）谱图解析：

$C_7H_7^+$, m/z 91 $\xrightarrow{-CH\equiv CH}$ $C_5H_5^+$, m/z 65

$C_6H_5^+$ m/z 77 $\xrightarrow{-CH\equiv CH}$ $C_4H_3^+$, m/z 51

上述碎片离子峰表明未知物具有 $C_6H_5-CH_2-$ 基团。

m/z 43 峰很强，而且分子式中共 9 个碳，7 个碳已有归属，只余 2 个碳。因此该峰只能是 $CH_3C\equiv\overset{+}{O}$。

（3）推测结构：

由 $C_9H_{10}O_2$ 中减去 $C_6H_5-CH_2$ 及 CH_3CO，余一个氧，因而未知物的结构只能是 $C_6H_5-CH_2-O-COCH_3$（醋酸苄酯）。

（4）验证：

m/z 108 为重排离子峰：

$C_6H_5-CH_2-\overset{+\bullet}{O}-C(=O)-CH_3 \longrightarrow C_6H_5CH_2OH$ (m/z 108) $+ CH_2=C=O$

该重排反应为醋酸苄酯或苯酯的特征反应。苯酯产生 $C_6H_5-\overset{+\bullet}{O}H$（$m/z$ 94）。

$C_6H_5CH_2-\overset{+\bullet}{O}H \xrightarrow[\text{扩环}]{-H\cdot}$ m/z 107 $\xrightarrow{-CO}$ m/z 79 $\xrightarrow{-H_2}$ m/z 77

上述各离子均能在未知物质谱上找到，证明结论正确。

综上所述，峰归属：m/z 151（M+1，$C_8C^*H_{10}O_2^+$）、150（$M^{+\bullet}$）、108（基峰，$C_6H_5CH_2\overset{+\bullet}{O}H$）、107（$C_7H_6\overset{+}{O}H$）、91（$C_7H_7^+$）、90（$C_7H_{16}^{+\bullet}$）、79（$C_6H_7^+$）、77（$C_6H_5^+$）、51（$C_4H_3^+$）、50（$C_4H_2^+$）、43（$CH_3C\equiv O^+$）、39（$C_3H_2^+$）。

【例 8.5】 图 8-24 是某一由 C、H、O 三种元素组成的化合物的质谱，其亚稳离子峰在 m/z 56.5 和 33.8 处，试推断其结构。

解：（1）由分子离子峰强，推测该物质可能是芳香族化合物。

由 m/z 39、51、77 知其分子中含苯环。

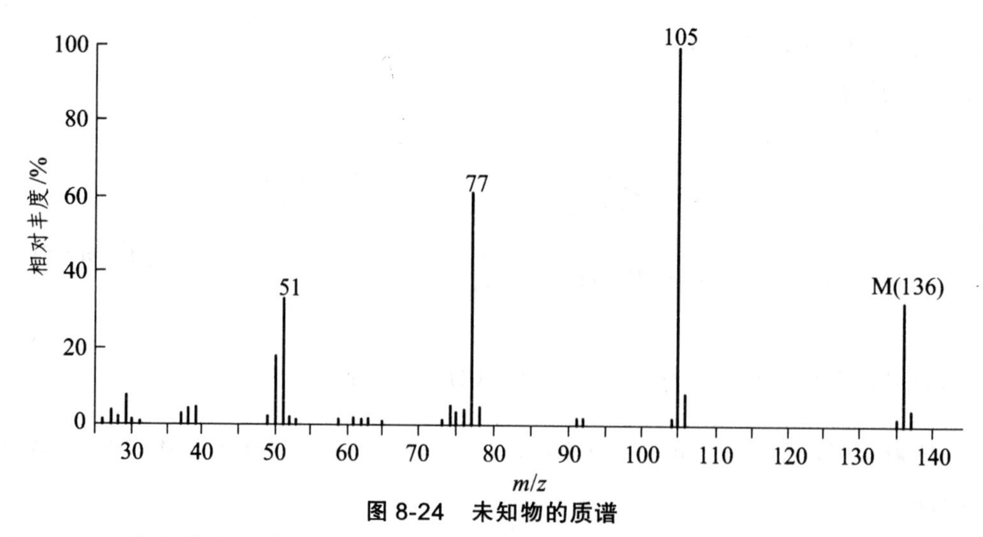

图 8-24　未知物的质谱

由 m/z 105 离子峰为基峰，查表（碎片离子及其质量）推测可能是 $C_6H_5CO^+$。若该推测正确，则可能有以下裂解：

$$C_6H_5C\equiv O^+\ (m/z\ 105) \xrightarrow{-CO} C_6H_5^+\ (m/z\ 77) \xrightarrow{-CH\equiv CH} C_4H_3^+\ (m/z\ 51)$$

$$m_1^* = \frac{77^2}{105} = 56.5$$

$$m_2^* = \frac{51^2}{77} = 33.8$$

亚稳离子峰进一步证实了 $C_6H_5C\equiv O^+$ 的正确。因此可得该分子元素组合应为 $C_8H_8O_2$，U=5。

由分子式和以上碎片可知剩下 $C_8H_8O_2 - C_7H_5O = CH_3O$，其可能为 OCH_3 或 CH_2OH。

因此，该化合物的结构式可能为

$$C_6H_5-C(=O)-OCH_3 \quad (A) \qquad 或 \qquad C_6H_5-C(=O)-CH_2OH \quad (B)$$

最后由其他光谱数据来确定结构式：若为 B，则 IR 谱在 3 100～3 700 cm^{-1} 应有 ν_{OH} 的吸收峰。但该物质 IR 无此吸收，故结构为 A。

$$C_6H_5-C(=\overset{+\cdot}{O})-OCH_3 \xrightarrow[-\cdot CH_3]{\alpha} C_6H_5C\equiv O^+\ (m/z\ 105) \xrightarrow{-CO} C_6H_5^+\ (m/z\ 77) \begin{cases} \xrightarrow{-CH\equiv CH} C_4H_3^+\ (m/z\ 51) \\ \xrightarrow{-C_3H_2} C_3H_3^+\ (m/z\ 39) \end{cases}$$

【例 8.6】 某未知物的质谱如图 8-25，分子离子峰（m/z 87）很弱，仅为基峰的 2.8%，M+1 峰（m/z 88）为 0.14%，M+2 峰测不出，试确定未知物的结构。

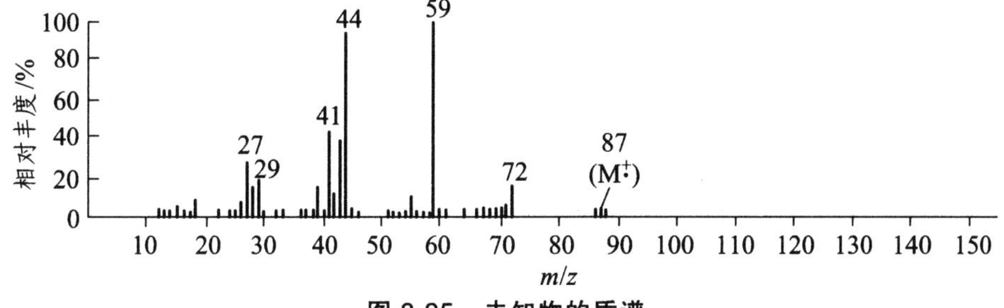

图 8-25 未知物的质谱

解：（1）求分子式：$M^{+\cdot}$为奇数质量，说明未知物含奇数个氮原子。由 M+2 峰测不出，可知分子中不含 Cl、Br、S 等元素。因 $M^{+\cdot}$的 m/z 87 较小，含一个氮的可能性大，含三个氮的可能性小，先以含一个氮计算。

$$(M+1)\% = \frac{0.14}{2.81} \times 100 = 4.98\%$$

计算：

$$n_C = \frac{(M+1)\% - 0.36 n_N}{1.12} = \frac{4.98 - 0.36 \times 1}{1.12} = 4.1 \approx 4$$

根据饱和烷基中氢原子数为 $2n_C+1$ 及有机物中一个氮最多连两个氢的原则，未知物最多 11 个氢。则质量数余 87−(12×4+11+14) = 14。而该分子只能含奇数个 N，不可能再含一个 N，说明假设 11 个氢是错误的。假若含一个双键，减少两个氢，即假设含 9 个氢，剩余质量 16（可能分子中有一个氧），则分子式可能为 C_4H_9NO。它的验证需通过质谱解析。

（2）$U = \dfrac{2+2\times4+1-9}{2} = 1$，含有一个双键或环。

（3）m/z 59 是基峰，质量的奇偶性与 $M^{+\cdot}$一致，为重排离子峰。m/z 59 有四种离子，先选其中含氮离子 $CH_2{=}C(OH)NH_2^+$，试解释。

$CH_2{=}C(\overset{+\cdot}{O}H)NH_2$ 是酰胺的特征离子，经麦氏重排而得。

$$H_2N{-}C(={\overset{+\cdot}{O}}\cdots H){-}CH_2{-}CH_2{-}CHR \longrightarrow H_2N{-}C(\overset{+\cdot}{O}H){=}CH_2 \ (m/z\ 59) + CH_2{=}CHR$$

因为相对分子质量为 87，若未知物是酰胺，则只可能丢失质量为 28 的碎片（$CH_2{=}CH_2$），所以分子结构可能为 $CH_3CH_2CH_2CONH_2$。下面由裂解来验证与质谱图的一致性。

$$CH_3CH_2CH_2{-}\overset{\overset{+\cdot}{O}}{\overset{\|}{C}}{-}NH_2 \xrightarrow[\alpha]{-\ CH_3CH_2CH_2\cdot} \overset{+\cdot}{O}{\equiv}C{-}NH_2 \longleftrightarrow O{=}C{=}\overset{+}{N}H_2 \quad m/z\ 44$$

由于共振结构的存在，离子很稳定。

其他碎片产生过程如下：

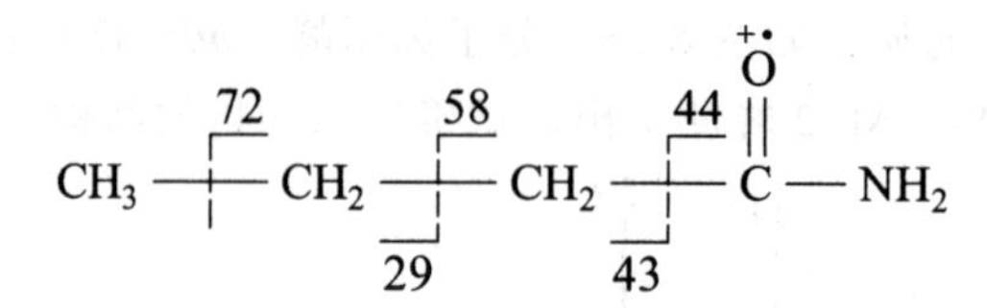

上述各碎片离子均可在未知物的质谱上找到。各峰归属：*m/z* 87（$M^{+\cdot}$）、72（M−15）、59[基峰，$CH_2=C(\overset{+\cdot}{O}H)NH_2$]、43（$C_3H_7^+$）、41（$CH_2=CH-CH_2^+$）、44（$^+O\equiv C-NH_2$）、29（$C_2H_5^+$）、27（$C_2H_3^+$）。

可证明未知物结构为

$$CH_3CH_2CH_2\overset{\overset{\displaystyle O}{\|}}{C}-NH_2$$

习　题

1．为什么只有正离子在有机质谱中有意义？

2．当混合卤原子如氯和溴存在时，应用二项展开式$(a+b)^m(c+d)^n$，第一个括号涉及氯同位素（a=3，b=1），第二个括号（c=1，d=1）；m 和 n 指每种存在的卤原子的数目，当 $m=n=1$ 时，二项式展开得四项。请问每一项是哪几种同位素的贡献？代入 a、b、c、d 的近似值并计算一溴和一氯化合物中由卤素提供的 M、M+2、M+4 峰的相对丰度。

3．在质谱图中，离子的稳定性和相对丰度的关系怎样？

4．某质谱仪能够分开 C_2H_4 和 N_2 两个离子峰，该仪器的分辨率至少多少？

5．分子离子发生 Mclafferty 重排的条件是什么？

6．一个酯（*M*=116），在质谱中出现下述碎片离子峰：*m/z* 31（43）、29（57）、43（27）。试问是下列化合物中哪一个？

A．$(CH_3)_2CHCOOC_2H_5$

B．$CH_3CH_2COOCH_2CH_2CH_3$

C．$CH_3CH_2CH_2CH_2COOCH_3$

D．$(CH_3)_2CHCH_2COOCH_3$

7．怎样验证最高质量峰是否为分子离子峰？

8．亚稳离子峰的特征是什么？它在图谱解析中的作用是什么？

9．只含 C、H、O 的分子离子或碎片所含电子的奇偶性与其质量数之间的关系是什么？含 N 的碎片所含电子的奇偶性与其质量数与上述关系一致吗？

10．由低分辨质谱仪测得某生物碱的分子离子峰 *m/z* 718，相符合的分子式为 $C_{43}H_{50}N_4O_6$ 或 $C_{42}H_{46}N_4O_7$。高分辨质谱仪测得 *m/z* 718.3743，该生物碱的正确分子式是哪一个？

11．3-庚烯（MW=98）质谱中，*m/z* 69 和 70 出现离子峰。试解释，并写出其裂解过程。

12．某化合物仅含 C、H、O，熔点 40 °C，质谱比较简单，有 *m/z* 184（M）（10）、91（100）峰，另有两个弱峰 *m/z* 77 和 65，亚稳定离子峰 45.0 和 46.4。试推出该化合物的结构。

13. 鉴别下列质谱（图 8-26）是苯甲酸甲酯（$C_6H_5COOCH_3$）还是乙酸苯酯（$CH_3COOC_6H_5$）。说明理由及峰归属。

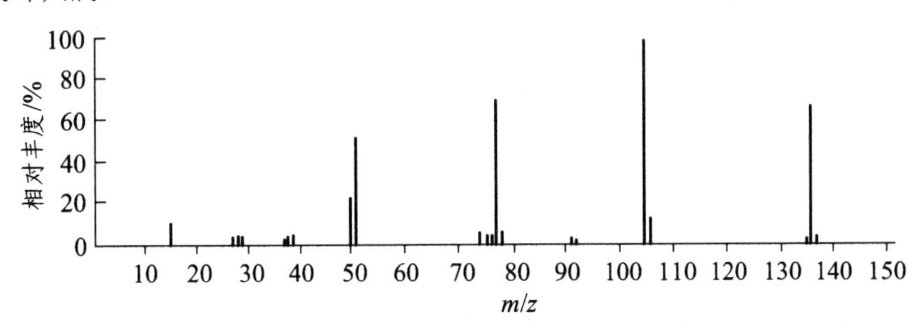

图 8-26 未知物的质谱

14. 某化合物的质谱如图 8-27 所示。试推断该分子结构及峰归属。

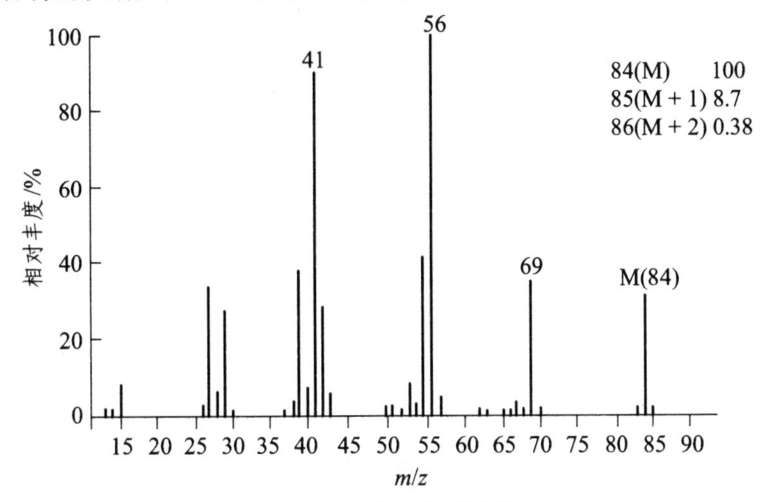

图 8-27 未知物的质谱

15. 某化合物的分子式为 $C_9H_{10}O_2$，其质谱见图 8-28。试推测其结构。

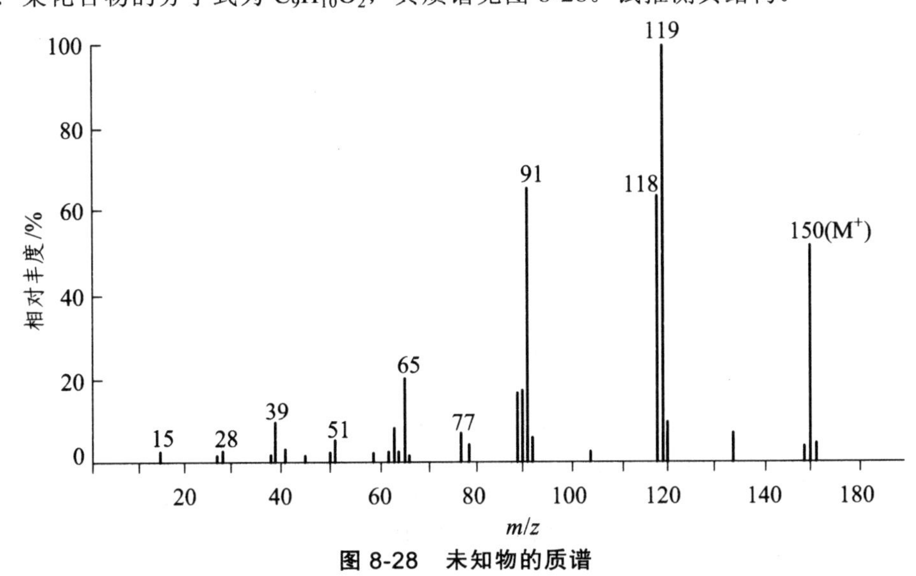

图 8-28 未知物的质谱

16. 某未知物的质谱如图 8-29 所示。试推断其分子结构及峰归属。

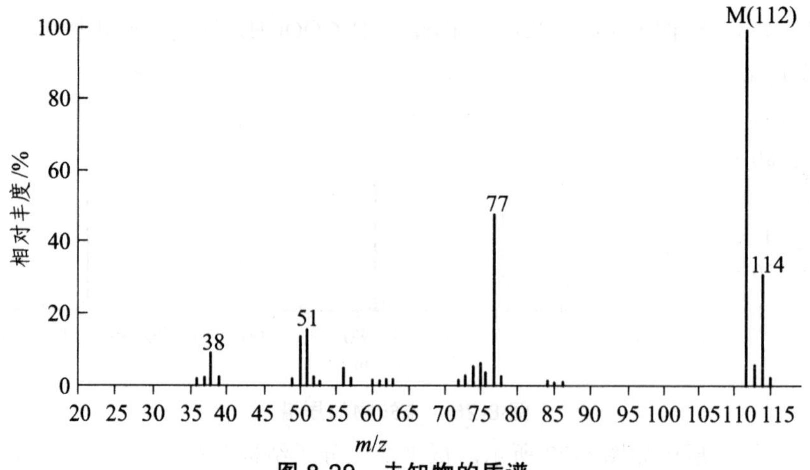

图 8-29　未知物的质谱

17．某未知物的分子式为 $C_8H_{16}O$，其质谱如图 8-30 所示。试推断其分子结构与峰归属。

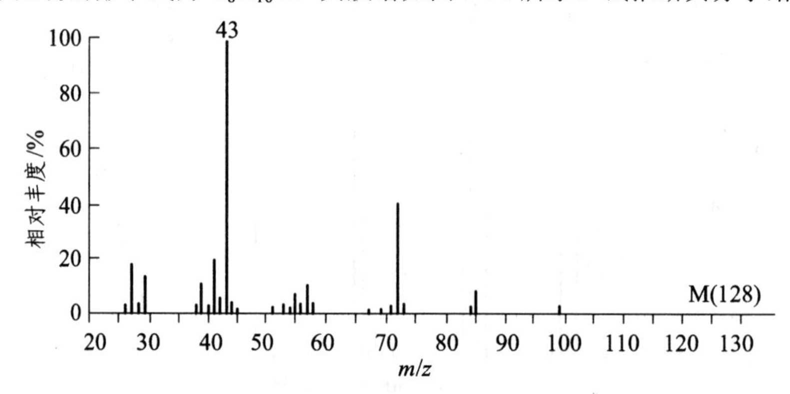

图 8-30　未知物的质谱

18．某未知物的质谱见图 8-31，试推测其分子式及结构。

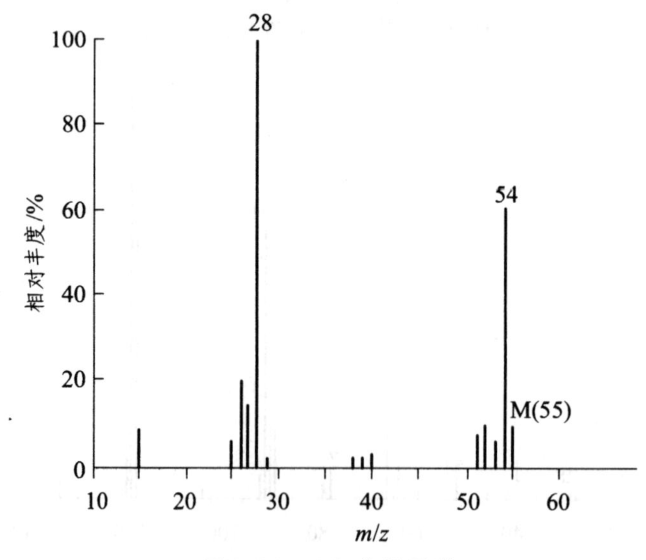

图 8-31　未知物的质谱

参考文献

[1] 易大年，徐光漪．核磁共振波谱——在药物分析中的应用[M]．上海：上海科学技术出版社，1985．
[2] 梁晓天．核磁共振（高分辨氢谱的解析和应用）[M]．北京：科学出版社，1982．
[3] 洪山海．光谱解析法在有机化学中的应用[M]．北京：科学出版社，1981．
[4] 赵藻藩，周性尧，张悟铭，等．仪器分析[M]．北京：高等教育出版社，1990．
[5] 朱明华，胡坪．仪器分析[M]．北京：高等教育出版社，2008．
[6] 苏克曼，潘铁英，张玉兰．波谱解析法[M]．上海：华东理工大学出版社，2002．
[7] 宁永成．有机化合物结构鉴定与有机波谱学[M]．北京：科学出版社，2000．
[8] 杨文火，王宏钧，卢葛覃．核磁共振原理及其在结构化学中的应用[M]．福州：福建科学技术出版社，1988．
[9] 李润卿．有机结构波谱分析[M]．天津：天津大学出版社，2003．
[10] 陈德恒．有机结构分析[M]．北京：科学出版社，1985．
[11] 沈其丰．核磁共振碳谱[M]．北京：北京大学出版社，1988．
[12] EWING G W. Instrumental methods of chemical analysis[M]. NewYork: Mc Graw-Hill, 1975.
[13] DAVIS R, WELLS C H J. Spectral problems in organic chemistry[M]. NewYork: International Textbook Company, 1984.
[14] 孙毓庆．分析化学（下册）[M]．3 版．北京：人民卫生出版社，1992．
[15] 张正行．有机光谱分析[M]．北京：人民卫生出版社，1995．
[16] 施耀曾．有机化合物光谱和化学鉴定[M]．江苏：江苏科技出版社，19880．
[17] 余仲建．现代有机分析[M]．天津：天津科学出版社，1994．
[18] 清华大学分析化学教研室．现代仪器分析（下册）[M]．北京：清华大学出版社，1983．
[19] 小川雅弥，等．仪器分析导论（第一册）[M]．翟羽伸，译．北京：化学工业出版社，1988．
[20] MCLAFFERTY F W. Interpretation of mass spectra[M]. 3rd, ed. California, 1980.
[21] PAVIA D L. Introduction to spectroscopy[M]. Phiadelphia: Saunders College, 1979.
[22] SILVERSTEIN R M. Spectrometric identification of organic compounds[M]. 4th ed., New York: John Wiley & Sons, 1981.
[23] PARIKTH V M. Absorption spectroscopy of organic molecules. USA: Addison-Weslty, 1974.